高等职业教育农业农村部"十三五"规划教材

畜牧基础

张响英　张登辉　主编

中国农业出版社

北京

图书在版编目（CIP）数据

畜牧基础/张响英，张登辉主编 . —北京：中国
农业出版社，2015.7（2025.1重印）
高等职业教育农业部"十二五"规划教材
ISBN 978-7-109-20746-2

Ⅰ.①畜…　Ⅱ.①张…②张…　Ⅲ.①畜牧学—高等
职业教育—教材　Ⅳ.①S8

中国版本图书馆 CIP 数据核字（2015）第 179938 号

中国农业出版社出版
（北京市朝阳区麦子店街 18 号楼）
（邮政编码 100125）
责任编辑　徐　芳
文字编辑　张彦光
————————————————
三河市国英印务有限公司印刷　　新华书店北京发行所发行
2015 年 9 月第 1 版　　2025 年 1 月河北第 7 次印刷
————————————————
开本：787mm×1092mm　1/16　　印张：16.5
字数：396 千字
定价：40.00 元
（凡本版图书出现印刷、装订错误，请向出版社发行部调换）

编审人员名单

主　　编　张响英　张登辉

副主编　宋之波　王桂瑛　康　晖

编　　者（以姓名笔画为序）

　　　　　王桂瑛　杨菊凤　宋之波

　　　　　张响英　张登辉　赵武恒

　　　　　康　晖

审　　稿　潘庆杰

企业指导　袁俊国　王巧珍　张胜福

　　畜牧基础是动物医学、动物防疫与检疫等相关专业开设的一门专业基础课，其实践性、操作性和技术性都很强，与现代畜牧生产联系紧密。编者根据多年的教学经验，开展充分的企业调研，贯彻"以服务为宗旨，以就业为导向"的职业教育方针，改革传统教材的"章、节"模式，构建"以工作项目为导向、以工作任务为驱动、以典型案例为引导"的教材体系，具有很强的针对性和应用性，实现"教、学、做"一体化。

　　本教材共分为畜禽营养物质的利用、饲料原料的识别、饲料原料的加工调制、配合饲料的配方设计、畜禽的环境控制、遗传规律的解析及应用、畜禽的育种技术及畜禽的繁殖技术等8个项目，共33个任务。在编写体例上，每个项目都包括项目导学和学习目标两部分内容；每个任务都设计了任务描述、任务实施、背景知识、思考题等，部分任务增加了拓展知识。本教材在编写过程中，按照毕业生就业岗位对知识、能力和素质的要求，把职业资格标准、技术规范、仪器设备使用引入教材中，融入产业、行业、企业、职业和实践要素，以"必需""够用"为度，注重培养学生的核心岗位能力。本教材编写深入浅出，通俗易懂，便于学生理解和掌握。教材结构紧凑，图文并茂，清晰明了，美观实用。

　　本教材由张响英、张登辉担任主编。项目一和项目四由王桂瑛（云南农业职业技术学院）编写，项目二和项目三由赵武恒（朔州职业技术学院）编写，项目五由康晖（湖南生物机电职业技术学院）编写，项目六由杨菊凤（山东畜牧兽医职业学院）编写，项目七由张登辉（甘肃畜牧工程职业技术学院）编写，项目八中的任务一、任务二、任务三、任务四和任务五由张响英（江苏农牧科技职业学院）编写，项目八中的任务六、任务七、任务八和任务九由宋之波（山东畜牧兽医职业学院）编写。全书由张响英统稿。青岛农业大学潘庆杰教授对本教材进行了审定并提出了修改意见，在此表示衷心的感谢。

本教材在编写过程中参考了大量的国内外书籍和文献资料，江苏农牧科技职业学院的张力、唐现文、陈宏军、殷洁鑫等老师对本书编写提出了许多宝贵意见并给予帮助，同时也得到了南京卫岗奶业集团袁俊国、中粮肉食江苏有限公司王巧珍、高邮红太阳食品有限公司张胜福等企业生产一线技术骨干的大力支持，在此一并致谢。

由于编者的经验和水平有限，书中难免会有疏漏与不足之处，敬请广大读者与同仁批评指正。

编　者

2015 年 3 月

目 录

项目一

畜禽营养物质的利用

📺 项目导学

畜禽为了维持自身的生命和生产活动，必须不断地从饲料中摄取各种营养物质。畜禽生产效率的提高，很大程度上依赖于饲料营养物质利用效率的提高。饲料中的营养物质可分为水分、蛋白质、糖类、脂肪、矿物质和维生素六大类，它们既具有各自的生理功能，又在代谢过程中密切联系，共同参与生命活动。任何营养物质的缺乏、过量或代谢失常，均可造成机体内某些营养物质代谢过程的障碍，由此而引起营养代谢病。因此，了解畜禽对饲料营养物质的需要，掌握各营养物质在畜禽体内的消化代谢特点，才能进行合理供应，从而促进产品数量增长和质量提高。

⌛ 学习目标

1. 知识目标
- 掌握饲料的营养物质组成。
- 理解饲料与动物体组成成分的差异。
- 掌握六大类营养物质的营养生理作用。
- 了解畜禽对饲料营养物质的消化利用特点。
- 理解能量在畜禽体内转化的规律。

2. 能力目标
- 能准确判断畜禽饲养过程中出现的营养代谢病，并提出合理的改进措施。
- 掌握饲料样品的采集和制备方法。
- 掌握饲料常规分析所用仪器的使用方法。
- 掌握饲料常规成分测定的方法、原理及操作步骤。

任务一　饲料常规营养成分的分析

📖 任务描述

近年来，我国所发生的瘦肉精、苏丹红、三聚氰胺等重大食品安全事件，都与饲料有着密切联系，饲料安全乃至动物产品安全已成为人们的广泛共识。加强饲料生产企业规范化管理，狠抓饲料原料和养殖环节非法添加物监管，是饲料质量安全监管部门长期的目标任务。准确测定饲料中的营养成分是提高饲料利用率和有效控制质量的关键。化学分析是饲料鉴定的基础，随着科学技术的发展，涌现出许多先进的快速测定方法，如镜检法、近红外光谱技术分析法及借助计算机用大量资料的统计结果来估测饲料营养成分的方法等。但不论何种方法，其基础均是建立在准确的化学分析之上的。

子任务一 饲料样品的采集和制备

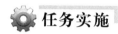 **任务实施**

一、准备工作

饲料样品、采样器（图 1-1-1）、分样板、粉碎机、标准筛、剪刀、瓷盘、天平、恒温电热干燥箱等。

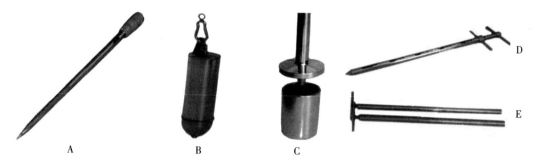

图 1-1-1　各种采样器

A. 管抽样器　B. 底部抽样器　C. 瓶式抽样器　D. 抽样探子　E. 抽样管

二、采　样

从待检饲料产品或原料中抽取一定数量具有代表性样品的过程称为采样。采样是饲料分析的第一步，对饲料和养殖企业而言，采样都是质量控制非常重要的环节。

（一）样品的分类

1. 原始样品　原始样品又称为初级样品，是指从一批受检的饲料或原料中最初抽取的样品。原始样品一般不少于 2kg。

2. 平均样品　平均样品是指将原始样品"四分法"缩减获得的样品，也称为次级样品。

3. 分析样品　也称为试验样品，平均样品经过粉碎、混匀等制备处理后，根据需要从中抽取一部分，用作实验室分析。

（二）采样的方法

1. 几何法　把整个一堆物品看成一种有规则的几何形状（立方体、圆柱体、圆锥体），取样时可将该立体形状分为若干体积相等的部分，然后从这些部分中取出体积相等的样品，每点采样 200g 左右，这部分样品称为支样，支样混合后即得原始样品。

2. 缩分法

（1）四分法。常用于小批量样品和均匀样品的采样或从原始样品中分出次级样品或分析样品的分样用。分样时将原始样品置于一张方形纸或塑料布上，混合均匀，铺成圆形或方形薄层（1~2cm），用分样板（图 1-1-2）或药铲将样品分成四等份，除去对角的两份，将剩余的两份再混合均匀。如此重复操作，直至达到规定的样品量为止（图 1-1-3）。一般饲料样品缩分至 500g 左右即可作为分析样品。

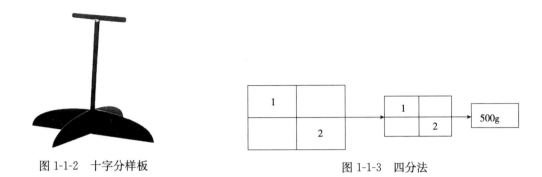

图 1-1-2　十字分样板　　　　　　　　　　图 1-1-3　四分法

（2）正方形法。将混匀后的样品摊成正方形或长方形薄层，然后用直尺划分成若干个正方形，也可以用分样板（图 1-1-4），将一定间隔的小正方形样品取出，再混合均匀。此法常用于缩分的最后阶段。

（3）分样器法。采用槽式分样器（图 1-1-5）进行缩分，样品倒入后，分别由槽底两侧的开口流出，从而形成两等份试样。分样器的槽口越窄，缩分的准确性越高，但要保证试样不堵塞隔槽。

图 1-1-4　二十格分样板

图 1-1-5　横格式分样器

三、制　　样

制样是将采集的平均样品或分析样品经过烘干、粉碎及混匀等加工处理并达到一定粒度要求的过程，其目的在于保证样品的均匀性。

1. 风干样品的制备　风干饲料是指自然含水量在 15％ 以下的饲料，如玉米、小麦、稻谷、糠麸、干草、鱼粉等。将分析样品先剪短或锤碎，再用粉碎机粉碎、过筛（40～60 目标准筛），取 200～500g 粉碎样品于磨口广口瓶中保存，贴上标签，注明样品名称、采样地点、采样日期、制样人和制样日期等。

2. 半干样品的制备　水分含量较高的一些饲料样品，如青饲料、青贮饲料，含水量高达 70％～90％，不易粉碎和保存，通常要将其制成半干样品，即测定初水分后的样品。将半干样品用饲料粉碎机粉碎，然后通过 40 目标准筛，密封保存于磨口广口瓶中，贴好标签。

子任务二　饲料常规营养成分的测定

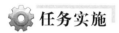 **任务实施**

一、饲料中水分的测定

（一）仪器准备

实验室用样品粉碎机或研钵、分析筛（40 目）、分析天平（感量 0.000 1g）、电热恒温干燥箱（可控制温度为 103℃±2℃）、称样皿、干燥器等。

（二）测定方法

将称样皿洗净编号后放入 103℃±2℃ 电热恒温干燥箱 1h，取出，移入干燥器中冷却 30min，称重，准确至 0.000 2g。重复以上操作，直至两次质量之差小于 0.000 5g。在恒重的称样皿中精确称取 2 份平行样，每份 2～5g。将盛有样品的称样皿放入 103℃±2℃ 电热恒温干燥箱内，揭盖 1/3，烘 3h，取出称样皿，将盖盖严，放入干燥器中冷却 30min，称重。再同样烘干 1h，冷却称重，直至两次质量差小于 0.000 2g。样品水分含量为：

$$水分 = \frac{W_1 - W_2}{W_1 - W_0} \times 100\%$$

式中，W_0 为已恒重的称样皿质量（g）；W_1 为 103℃烘干前试样及称样皿质量（g）；W_2 为 103℃烘干后试样及称样皿质量（g）。

（三）注意事项

（1）两个平行样测定值相差不得超过 0.2%，否则重做。含水量在 10% 以上，允许相对偏差为 1%；含水量在 5%～10% 时，允许相对偏差为 3%；含水量在 5% 以下时，允许相对偏差为 5%。

（2）某些脂肪含量高的样品，烘干时间长易引起脂肪氧化而增重，因此应以增重前那次称量为准。

（3）糖分含量高的样品易分解或焦化，应采用减压干燥法测定水分。

二、饲料中蛋白质的测定

（一）准备工作

1. 仪器设备　实验室用样品粉碎机、分析筛（40 目）、分析天平或电子天平（感量 0.000 1g）、凯氏烧瓶、锥形瓶、移液管、容量瓶、滴定管、电炉、凯氏定氮消化架、凯氏定氮蒸馏装置（图 1-1-6）等。

2. 试剂配制　浓硫酸（98%）、混合催化剂（0.4g 硫酸铜，6g 硫酸钾或硫酸钠，磨碎混匀）、2% 硼酸、40% 氢氧化钠、混合指示剂（0.1% 甲基红乙醇溶液和 0.5% 溴甲酚绿乙醇溶液等体积混合，阴凉处保存 3 个月）、盐酸标准溶液、蔗糖、硫酸铵等。

（二）测定方法

1. 消化　准确称取 0.5～1.0g 样品（含氮量 5～80mg）放入凯氏烧瓶中（准确至 0.000 2g），加入 6.4g 混合催化剂，混合均匀，再缓慢加入 12mL 硫酸，然后将凯氏烧瓶置于通风柜中的电炉上低温加热（100～200℃），待样品焦化泡沫消失后，再加强火力（360～410℃）直至呈透明的蓝绿色，消化全过程至少 4h。

2. 蒸馏、吸收　将消化液冷却，加入 20mL 蒸馏水，转入 100mL 容量瓶中，并用蒸馏水反复冲洗凯氏烧瓶，直至消化液全部转入容量瓶中，并加蒸馏水至刻度、摇匀。将半微量蒸馏装置的冷凝管末端浸入装有 20mL 硼酸吸收液和 2 滴混合指示剂的锥形瓶内。在蒸汽发生器的水中应加入甲基红指示剂数滴、硫酸数滴，在蒸馏过程中保持此液为橙红色，否则需补加硫酸。准确移取 10～20mL 消化液注入反应室中，用少量蒸馏水冲洗加液口，塞好入口玻璃塞，再加入 10mL 氢氧化钠溶液，小心提起玻璃塞使其流入反应室，将玻璃塞塞好，且在入口处加水密封，防止漏气。蒸馏 4min 降下锥形瓶使冷凝管末端离开吸收液面，再蒸馏 1min，用蒸馏水冲洗冷凝管末端，洗液均流入锥形瓶内，然后停止蒸馏。

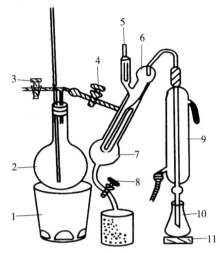

图 1-1-6　凯氏定氮蒸馏装置
1. 可调电炉　2. 蒸汽发生器　3、4、8. 螺丝夹
5. 小玻杯及棒状玻塞　6. 反应室　7. 反应室外层
9. 冷凝管　10. 锥形瓶　11. 升降台
（张力．2012．动物营养与饲料）

3. 滴定　蒸馏后的吸收液立即用盐酸标准溶液滴定，溶液由蓝绿色变成灰红色为终点，记录消耗的盐酸溶液的体积。

4. 空白测定　取蔗糖 0.5g 代替样品，进行空白测定。另取凯氏烧瓶或消化管 1 个，除了不加样品外，其余的操作步骤与试样完全相同。空白测定所用盐酸标准溶液的总体积一般不得超过 0.4mL。

5. 测定步骤的检验　准确称取 0.2g 硫酸铵代替试样，按照和测定试样相同的操作步骤进行测定，所测硫酸铵的含氮量应为 21.19％±0.2％，否则应检查加碱、蒸馏和滴定各步骤是否正确。

6. 结果计算

$$粗蛋白质 = \frac{(V-V_0) \times c \times 0.0140 \times 6.25}{m} \times \frac{V_1}{V_2} \times 100\%$$

式中，V 为滴定样品时消耗的盐酸标准溶液的体积（mL）；V_0 为滴定空白时消耗的盐酸标准溶液的体积（mL）；c 为盐酸标准溶液的浓度（mol/L）；V_1 为试样分解液的总体积（mL）；V_2 为蒸馏时吸取的试样分解液的体积（mL）。

每个样品取两个平行样进行测定，如果相对偏差在允许范围之内，求其平均值。粗蛋白质含量在 25％以上，允许相对偏差为 1％；粗蛋白质含量在 10％～25％，允许相对偏差为 2％；粗蛋白质含量在 10％以下，允许相对偏差为 3％。

（三）注意事项

（1）样品消化过程中，一定要将凯氏烧瓶或消化管放入通风柜中，并注意控制好消化温度，不要将消化液溢出或蒸干。

（2）消化时硫酸的用量以刚没过样品为宜，但脂肪含量高的样品应适当增加用量。在消化过程中可在凯氏烧瓶口插入一个小漏斗，以减少硫酸的损失。

（3）蒸馏前应将盛有吸收液的锥形瓶首先放入冷凝管下，防止反应产生的氨气损失；而蒸馏完毕后应先将锥形瓶取下，然后关闭蒸汽，以免吸收液倒流。

（4）蒸汽发生器的塞子上应设有两个蒸汽通道，操作中两个通道不能同时关闭。

三、饲料中粗脂肪的测定

（一）准备工作

1. 仪器设备　粉碎机或研钵、分样筛、分析天平、电热恒温水浴锅、恒温烘箱、索氏脂肪提取器（图 1-1-7）、滤纸（筒）等。

2. 试剂准备　无水乙醚。

（二）测定方法

（1）将索氏脂肪提取器洗净，在 103℃±2℃烘箱中烘干 1h，干燥器中冷却 30min，称重。再烘干 30min，同样冷却称重，两次重量之差小于 0.000 8g 为恒重。

（2）称取样品 1～5g 于滤纸筒中或用滤纸包好（用铅笔编号），放入 103℃±2℃烘箱中烘 2h（或称量测水分后的干试样）。滤纸包长度以全部浸泡于乙醚为准。

（3）将滤纸包放入抽提管，在抽提瓶中加入无水乙醚 60～100mL，在 60～75℃的水浴（用蒸馏水）上加热，使乙醚回流，控制乙醚回流次数约为每小时 10 次，共回流约 50 次（含油高的试样约 70 次），或检查抽提管流出的乙醚挥发后不留下油迹为抽提终点。

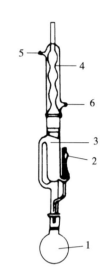

图 1-1-7　索氏脂肪提取器
1. 抽提瓶　2. 虹吸管　3. 抽提管
4. 冷凝管　5. 出水口　6. 入水口
（张力 . 2012. 动物营养与饲料）

（4）取出试样，仍用原提取器回收乙醚直至抽提瓶中的乙醚全部抽完，取下抽提瓶，在水浴上蒸去残余乙醚，擦净瓶外壁。将抽提瓶放入 105℃±2℃烘箱中烘干 2h，干燥器冷却 30min 称重，再烘干 30min，同样冷却称重，两次称重之差小于 0.001g 为恒重。

（5）结果计算。

$$粗脂肪 = \frac{m_2 - m_1}{m} \times 100\%$$

式中，m 为风干样品质量（g）；m_1 为已恒重的抽提瓶质量（g），m_2 为已恒重的盛有脂肪的抽提瓶质量（g）。

每个样品取两个平行样进行测定，求其平均值。粗脂肪含量≥10%，允许相对偏差为 3%；粗蛋白质含量<10%，允许相对偏差为 5%。

（三）注意事项

（1）全部称量操作以及样品包装时要戴乳胶手套或棉手套。

（2）使用乙醚时，严禁明火加热，保持室内良好通风，抽提时防止乙醚过热而爆炸。

（3）测定样品在浸提前必须粉碎烘干，以免在浸提过程中样品水分随乙醚溶解样品中糖类而引起误差。

（4）若样品为富含脂肪的饲料（如鱼粉、饼粕等），为避免脂肪在烘干时氧化，应在真空干燥箱中干燥。

（5）回流时间视样品脂肪含量而定，若用乙醚浸泡过夜，回流时间可缩短 2h 左右。

四、饲料中粗灰分的测定

（一）仪器设备

粉碎机或研钵、分析筛、分析天平、可调温电炉、高温炉（炉温 550～600℃）、坩埚、干燥器等。

（二）测定方法

将干净坩埚放入高温炉，在 550℃±20℃ 下灼烧 30min，冷却至 200℃ 时取出，在空气中冷却约 1min，放入干燥器中冷却 30min，称重。再重复灼烧、冷却、称重，直至 2 次称重之差小于 0.000 5g 为恒重。然后称取 2～5g 样品，在电炉上低温炭化至无烟，再高温炭化至无明显黑色炭粒。炭化后移入高温炉 550℃±20℃ 灼烧 3h。冷却至 200℃ 时取出，在空气中冷却约 1min，放入干燥器中冷却 30min，称重。再同样灼烧 1h，冷却、称重，直至 2 次称重之差小于 0.001g 为恒重。结果计算为：

$$粗灰分 = \frac{m_2 - m_1}{m_1 - m_0} \times 100\%$$

式中，m_0 为恒重空坩埚的质量（g）；m_1 为坩埚加样品的质量（g）；m_2 为灰化后坩埚加灰分质量（g）。

每个样品取两个平行样进行测定，求其平均值。粗灰分含量≥5%，允许相对偏差为 1%；粗蛋白质含量<5%，允许相对偏差为 5%。

（三）注意事项

（1）样品开始炭化时，应打开部分坩埚盖，便于气流流通。温度应逐渐上升，防止火力过大而使部分样品颗粒被逸出的气体带走。

（2）为了避免样品氧化不足，不应把试样压得过紧。

（3）灼烧温度不宜超过 600℃，否则会引起磷、硫等盐的挥发。

（4）灼烧残渣颜色与样品中元素含量有关，含铁高时为红棕色，含锰高时为淡蓝色。但有明显黑色炭粒时，为灰化不完全，应延长灼烧时间或将坩埚取出，冷却后滴入 5～10 滴蒸馏水或双氧水（过氧化氢），小心蒸干后，重新灼烧，直至全部灰化为止。

🖥️ **背景知识**

一、饲料的化学元素组成

饲料是畜禽的食物，是畜禽生产的物质基础。一切能被畜禽采食、消化、利用并对畜禽无毒无害的物质，皆可作为畜禽的饲料。绝大多数饲料来源于植物。饲料和动物体内化学元素组成基本相同，约含 60 多种化学元素，按其在饲料、动物体内含量的多少分为两大类：含量大于或等于 0.01% 者称为常量元素，如碳、氢、氧、氮、钙、磷、钾、钠、氯、镁、硫等，其中碳、氢、氧、氮含量最多，在植物中约占 95%，在动物中约占 91%；含量小于 0.01% 者称为微量元素，如铁、铜、钴、锌、锰、硒、碘、铬、氟等。饲料与动物体中的化学元素，绝大部分并非以游离状态单独存在，而是互相结合为复杂的无机物或有机物。

二、饲料的营养物质组成

国际上通常采用常规饲料分析方案，即概略养分分析方案，将饲料中的养分分为六大类（图 1-1-8）。

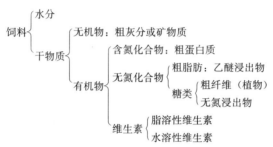

图 1-1-8　6 种营养物质与饲料组成的相互关系

1. 水分　各种饲料均含有水分，含量相差很大，多者可达 95％，少者仅有 5％。同一种饲用植物，由于收割时期不同水分含量也不一样，幼嫩时含水较多，成熟后较少；植株部位不同，水分含量也有差异，枝叶中水分较多，茎秆中较少。饲料中水分含量越高，干物质越少，饲料的营养价值越低且不利于保存。

2. 粗蛋白质　饲料中含氮物质总称为粗蛋白质，包括真蛋白与非蛋白氮（NPN）两部分。NPN 又包括游离氨基酸、肽、氨、酰胺、硝酸盐、铵盐（如硫酸铵）、生物碱、尿素等。几乎所有饲料均含有蛋白质，但其含量和品质各不相同，如豆科植物及油饼类饲料含蛋白质高且品质较好，而禾本科植物含蛋白质较少，藁秆饲料则最少且品质最差。同一种饲料植物由于生长阶段不同，其蛋白质含量也不同，幼嫩时含量多，开花后含量迅速下降。部位不同蛋白质含量也有差异，一般来讲，籽实＞叶部＞茎秆。

3. 粗脂肪　油脂类物质的总称，可分为真脂肪和类脂肪两大类。真脂肪由脂肪酸和甘油结合而成，类脂肪含有游离脂肪酸、磷脂、脂溶性维生素等。饲料中脂肪含量差异较大，高的在 10％以上，低的不及 1％，部位不同含脂量也不同，籽实＞茎叶＞根。

4. 糖类

（1）粗纤维。由纤维素、半纤维素、木质素、角质等组成，是植物细胞壁的主要成分，也是饲料中最难消化的营养物质。含量随植物生长阶段而有差异，幼嫩时含量低，成熟时含量高。部位不同，粗纤维的含量不同，茎部＞叶部＞果实、块根。

（2）无氮浸出物。饲料有机物质中的无氮物质除去脂肪及粗纤维，称为无氮浸出物，或称可溶性糖类，包括淀粉、单糖、双糖和多糖。一般植物性饲料中均含有较多的无氮浸出物，特别是植物籽实和块根、块茎饲料中含量高达 70％～85％。

5. 粗灰分　饲料有机物质完全氧化后剩余的残渣，主要为矿物质氧化物或盐类等无机物质，有时还含有少量泥沙，故称为粗灰分。植物部位不同，灰分含量也不同，茎叶灰分含量较多。同种矿物质元素在不同植物品种中也有较大差异，如禾本科植物钙含量较低，而豆科植物钙含量较高。

6. 维生素　维生素是一类机体维持正常代谢和生理机能所必需的、且需要量很少的低分子有机化合物。在饲料中含量不多，对畜禽来说既不提供能量，也不构成组织和器官，但它是畜禽体内物质代谢过程中必不可少的活化剂和加速剂，任何物质都不可替代。维生素在饲料中的含量因饲料种类不同而异，如黄色玉米中含类胡萝卜素多而白色玉米则很少。

三、饲料与动物体营养物质组成的差异

1. 相同点　两者都由水分、蛋白质、脂肪、糖类、粗灰分和维生素6种营养物质组成。

2. 不同点

（1）植物性饲料中粗蛋白质除蛋白质外还包括氨化物，而动物体内除蛋白质外还有一些游离氨基酸、激素和酶。

（2）绝大多数植物性饲料中脂肪含量低于动物体，而且性质与动物脂肪有明显区别。饲料除含真脂肪外，还含有脂肪酸、色素、树脂、蜡质等；动物脂肪主要是真脂肪、脂肪酸及脂溶性维生素，不含树脂和蜡质。

（3）植物性饲料中的糖类包括无氮浸出物（主要淀粉）和粗纤维，而动物体没有粗纤维，只含有少量葡萄糖和糖原。

（4）植物性饲料中矿物质钙含量较低，钾、镁、铁含量较高。而动物体则相反，钙较高，钾、镁含量较低。

3. 相互关系　动物从饲料中摄取6种营养物质后，必须经过体内的新陈代谢过程，才能将饲料中营养物质转变为机体成分、动物产品或提供能量。

 拓展知识

饲料中真蛋白质的测定方法

真蛋白质又称为纯蛋白质，是由氨基酸组成的一类高分子有机化合物。常用的凯氏定氮法测定结果是真蛋白质和非蛋白氮化合物中氮的总量，其中有一些非蛋白氮化合物中的氮不能被单胃动物利用，因此，粗蛋白质的含量不能完全反映饲料的真正价值。为了评价饲料的真正价值，必须进行真蛋白质的测定。

1. 测定原理　饲料蛋白质经沸水提取并在碱性溶液中被硫酸铜沉淀，过滤和洗涤后，可将纯蛋白质和非蛋白氮化合物分离，再用凯氏定氮法测定沉淀物中的真蛋白质含量。

2. 仪器设备　烧杯、定性滤纸、漏斗、其他设备，与粗蛋白质测定法相同。

3. 试剂配制　10%硫酸铜溶液、2.5%氢氧化钠溶液、1%氯化钡溶液、2mol/L盐酸溶液，其他试剂与一般粗蛋白质测定法相同。

4. 测定方法　准确称取样品1g左右（精确至0.000 1g）置于250mL烧杯中，加50mL水，加热至沸腾（样品中的非蛋白氮溶解于沸水中）。再加入20mL硫酸铜溶液、20mL氢氧化钠溶液，用玻璃棒充分搅拌，放置1h以上。用定性滤纸过滤，然后用60～80℃热水洗涤沉淀5～6次，用氯化钡溶液5滴和盐酸溶液1滴检查滤纸，直至不生成白色硫酸钡沉淀为止。将沉淀和滤纸放在65℃烘箱干燥2h，然后全部转移到凯氏烧瓶中，按粗蛋白质测定方法进行氮的测定。

思考题

1. 概略养分分析方案中，饲料含有哪些营养物质？
2. 简述饲料与动物体营养物质组成的差异。

3. 采集饲料样品的方法有哪些？

4. 分别阐述饲料中水分、蛋白质、粗脂肪及粗灰分的测定方法。

任务二 畜禽对饲料营养物质的利用

 任务描述

畜禽要维持自身的生长发育，必须从饲料中获得营养物质并转化为机体的组织，形成畜产品或供给热能。因此，畜禽的生产过程就是物质和能量的转化过程。为了最大限度发挥畜禽的生产潜力，必须保证饲料中适宜的养分含量和养分间的平衡。生产中，由于饲养和饲料配合不当，畜禽易出现各种各样的营养物质缺乏症，这种情况在畜禽生产中最为多见。

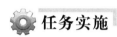

 任务实施

蛋白质是氨基酸组成的一类高分子有机化合物的总称。蛋白质是细胞的重要组成部分，一切生命活动均与蛋白质密切相关，其在生命活动过程中起着重要的营养作用。

一、畜禽对饲料蛋白质的消化吸收

（一）单胃动物对饲料蛋白质的消化吸收

1. 消化 动物采食的饲料蛋白质进入胃，在胃酸和胃蛋白酶的作用下，部分蛋白质被分解为小分子的胨与□，然后随同未被消化的蛋白质一同进入小肠继续进行消化。蛋白质和大分子肽在小肠中被胰蛋白酶和肠蛋白酶共同作用分解成大量的游离氨基酸和小分子肽（寡肽），小肠未被消化的饲料蛋白质经由大肠以粪的形式排出体外，其中部分蛋白质和氨化物可降解为吲哚、粪臭素、酚、硫化氢、氨气等有毒物质，少部分可被细菌利用合成菌体蛋白，绝大部分随粪便排出体外。

马、驴、骡、兔等盲肠发达的动物，利用氨化物的能力较强，主要消化方式是微生物发酵。

2. 吸收 单胃动物主要以氨基酸的形式吸收利用蛋白质，其吸收部位在小肠，而且主要在十二指肠部位。

3. 代谢特点 蛋白质在体内不断发生分解和合成，最终被分解为氨基酸后进行代谢。因此，蛋白质代谢实质上就是氨基酸的代谢。在代谢过程中，氨基酸可用于合成组织蛋白质，供机体组织的更新、生长、形成动物产品，还可用于合成各种活性物质（如酶、激素、核苷酸、胆碱等）。未用于合成组织蛋白质和生物活性物质的氨基酸则在细胞内分解，经脱氨基作用生成氨气，哺乳动物将其转化为尿素，禽类转化为尿酸排出体外；非含氮部分则氧化分解为二氧化碳和水，并释放能量或转化为脂肪和糖原作为能源贮备。

（1）猪。蛋白质消化吸收的主要场所是小肠，并在消化酶的作用下，最终以大量氨基酸和少量寡肽的形式被机体吸收、利用。大肠的细菌虽然可利用少量氨化物合成菌体蛋白，但最终绝大部分还是随粪便排出体外。因此，猪能大量利用饲料中蛋白质，而不能大量利用氨化物。

（2）禽。腺胃容积小，饲料停留时间短，消化作用不大，而肌胃则是磨碎饲料的器官。因此，家禽蛋白质消化吸收的主要场所也是小肠，其特点大致与猪相同。

（3）马属动物和兔等草食单胃动物。盲肠与结肠相当发达，它们在蛋白质消化过程起着重要作用，其消化蛋白质过程类似反刍动物。而胃和小肠蛋白质的消化过程与猪相似。因此，单胃草食类动物利用饲料中氨化物转化为菌体蛋白的能力较强。

（二）反刍动物对饲料蛋白质的消化吸收

1. 反刍动物对蛋白质的消化吸收过程

（1）消化。进入瘤胃的饲料蛋白质有 60%～80% 被细菌和纤毛虫分解，仅有 20%～40% 的蛋白质未经变化而进入小肠进一步消化。

①瘤胃。饲料蛋白质在瘤胃微生物蛋白质水解酶的作用下，首先分解为多肽，进一步分解为游离氨基酸，部分氨基酸被微生物用于合成菌体蛋白，部分氨基酸也可在细菌脱氨酶的作用下经脱氨基作用进一步降解为氨气、二氧化碳和挥发性脂肪酸。在瘤胃中被发酵而分解的蛋白质称为瘤胃降解蛋白质（RDP）。

②小肠。未经瘤胃微生物降解的饲料蛋白质进入小肠，通常称这部分饲料蛋白质为过瘤胃蛋白质（RBPP），也称未降解蛋白质（UDP）。过瘤胃蛋白质与菌体蛋白质进入小肠进一步消化，其消化过程和单胃动物相似。

（2）吸收。氨是瘤胃蛋白质的降解产物，一部分被微生物合成菌体蛋白，其余部分经瘤胃吸收，进入门静脉，随血液进入肝合成尿素。合成的尿素一部分进入肾随尿排出，另一部分经唾液、血液返回瘤胃，再次被微生物合成菌体蛋白，这种氨和尿素的合成和不断循环，称为瘤胃中的氮素循环。小肠对蛋白质的吸收与单胃动物相似。

2. 反刍动物蛋白质消化代谢的特点　蛋白质的消化吸收主要在瘤胃内，靠微生物的降解完成，其次是在小肠，通过消化酶的作用进行。反刍动物不仅能利用饲料中的蛋白质，而且还能利用氨化物。小肠可消化的蛋白质来源于瘤胃合成的菌体蛋白和过瘤胃蛋白。瘤胃微生物蛋白质品质好，仅次于优质动物蛋白质，与豆饼、苜蓿叶蛋白质相当，而优于大多数谷物蛋白质。

3. 反刍动物对饲料非蛋白氮的利用　反刍动物瘤胃中的微生物，能利用非蛋白氮分解生成氨，合成菌体蛋白，所以人工合成的非蛋白氮化合物被广泛用于反刍动物。如目前使用的尿素、二缩脲、铵盐等，可代替部分动植物性蛋白质饲料，以降低饲养成本。

（1）喂量。以日粮粗蛋白质含量的 20%～30% 或不超过日粮干物质的 1% 为宜。生后2～3月内的犊牛和羔羊，由于瘤胃尚未发育完全，严禁饲喂。如果日粮中蛋白质水平较高，尿素用量要酌减。

（2）喂法。必须将尿素均匀地搅拌到精饲料中混喂，或将尿素加到青贮原料中，青贮后一起饲喂，1 000kg 玉米青贮原料中，均匀加入 4kg 尿素、2kg 硫酸钠。开始少喂，逐渐加量，使动物有 5～7d 适应期。严禁单独饲喂或溶于水中饮用，应在饲喂尿素 3～4h 后再饮水。

（3）在饲喂反刍动物尿素时应注意的问题。①补加尿素的日粮必须保证无氮浸出物的一定配比。②补加尿素的日粮中蛋白质含量要适宜，一般以 9%～12% 为适宜。若蛋白质含量超过 13%，尿素在瘤胃转化为菌体蛋白质的速度和利用程度显著降低，甚至会发生氨气中毒；若蛋白质含量低于 8%，则影响细菌的生长繁殖。③保证供给微生物生命活动所需的矿物质，氮与硫适宜的比例为（10～14）：1。④要控制饲喂量，注意饲喂方法。

二、蛋白质缺乏对畜禽的影响

日粮中缺乏蛋白质对于畜禽的健康、生产性能及产品品质均会产生不良影响。动物体储备蛋白质的能力极其有限，在最良好的营养条件下，动物体储备量也不超过体蛋白的 5%～6%。当进食蛋白质减少时，储备蛋白质将很快被畜禽消耗殆尽。所以必须经常通过日粮供给畜禽适宜数量和品质的蛋白质，否则很快会出现氮的负平衡，从而危害畜禽健康和降低生产性能，其后果主要表现为以下几方面：

1. 消化机能紊乱 日粮蛋白质缺乏，胃肠黏膜及其分泌消化液的腺体组织蛋白得不到及时更新，影响消化液的正常分泌，引起消化功能紊乱。此外，反刍动物瘤胃中微生物的正常发酵也需一定数量的蛋白质，若蛋白质缺乏则会导致微生物发酵作用减弱，瘤胃消化功能减退。因此，日粮蛋白质不足时，畜禽将会出现食欲下降、采食量减少、营养吸收不良及慢性腹泻等异常现象。

2. 生长发育受阻 幼龄畜禽正处于皮肤、骨骼、肌肉等组织迅速生长和各种器官发育的旺盛时期，若日粮蛋白质不足，则增重缓慢，生长停滞，甚至死亡。

3. 繁殖功能紊乱 日粮蛋白质不足，公畜性欲降低，精液品质下降；母畜发情紊乱，卵子质量降低，流产、难产、死胎增多，繁殖率下降。

4. 生产性能下降 各种畜产品如乳、肉、蛋和毛等，其基本组分均为蛋白质，故当日粮缺乏蛋白质时，将严重影响畜禽生产潜力的正常发挥，使生产性能下降，产品品质降低。

5. 抵抗力下降 日粮中缺乏蛋白质，血液中免疫球蛋白合成减少，各种激素和酶的分泌量显著减少，从而使机体的抗病力减弱，易于发生传染性和代谢性疾病。

三、蛋白质过量的危害

日粮中蛋白质过剩一般不会对畜禽造成持久的不良影响，因为机体具有氮代谢平衡的调节机制。当日粮蛋白质含量超过机体实际需要时，不仅造成浪费，而且多余的氨基酸，形成尿素或尿酸随尿排出体外，加重肝肾负担，严重时引起肝肾疾病。

四、提高饲料蛋白质利用率的措施

目前，蛋白质饲料既短缺又昂贵，为了合理利用有限的蛋白质资源，应采取各种措施，以提高饲料蛋白质的利用率。

1. 配合日粮时饲料应多样化 饲料种类不同，蛋白质中所含必需氨基酸的种类、数量也不同。多种饲料搭配，能起到氨基酸的互补作用，改善饲料中氨基酸的平衡，提高蛋白质的利用率。例如，豆饼中赖氨酸较高，芝麻饼中蛋氨酸较高，若将两者混合饲喂雏鸡，要比单独喂豆饼或芝麻饼效果好。

2. 补饲氨基酸添加剂 在合理利用饲料资源的基础上，参照饲养标准向饲粮中添加所缺乏的限制性氨基酸，从而使氨基酸达到平衡。目前，生产中广泛应用的氨基酸添加剂有赖氨酸、蛋氨酸和色氨酸等。

3. 日粮中的能量蛋白比要适当 正常情况下，被吸收的蛋白质 70%～80% 被畜禽用以合成体组织或产品，20%～30% 用于分解供能。当供给能量的糖类和脂肪不足时，蛋白质供能增加，转化率降低。因此，必须合理确定日粮中能量蛋白比，以减少蛋白质分解供能的损失。

4. 控制日粮中的粗纤维含量　单胃动物日粮中粗纤维含量过高，导致饲料通过消化道的速度加快，降低蛋白质及其他营养物质的消化吸收率。因此要严格控制猪、禽饲粮中粗纤维的含量。

5. 掌握好日粮中蛋白质的水平　日粮蛋白质含量合理、品质好，蛋白质转化率就高，蛋白质过多，转化率反而下降，造成浪费。生豆类和生豆饼饲料中含有抗胰蛋白酶，抑制胰蛋白酶和糜蛋白酶等的活性，因而会影响蛋白质消化吸收。一般采取高温、高压蒸汽的方法进行处理，破坏抗胰蛋白酶，但加热时间不宜过长。

子任务二　糖类营养的利用

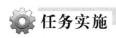
任务实施

糖类是自然界存在最多、分布最广的一类重要的有机化合物，主要由绿色植物经光合作用而形成。糖类在畜禽日粮中的含量达50%以上，是畜禽生产所必需的主要能量来源，其来源丰富，成本较低。

一、畜禽对饲料糖类的消化吸收

（一）单胃动物对糖类的消化吸收

1. 无氮浸出物的消化吸收　单胃动物对饲料中无氮浸出物的消化起始于口腔。当食物被摄入口腔后，在唾液淀粉酶的作用下，少部分淀粉消化为麦芽糖，但由于饲料在口腔停留时间很短，此消化作用很弱。食糜进入胃，在胃内酸性条件下淀粉酶失去活性，仅有部分淀粉和部分半纤维素酸解。进入小肠，在各种消化酶的作用下，无氮浸出物分解成最终产物单糖，被小肠壁吸收，经血液输送至肝，单糖转变为葡萄糖。大部分葡萄糖参与代谢，释放能量以供给畜禽需要。一部分葡萄糖在肝合成肝糖原，一部分葡萄糖通过血液输送至肌肉形成肌糖原，其余的葡萄糖则合成体脂肪储备。

小肠内未被吸收的葡萄糖在微生物作用下分解产生有机酸，其中1/2以上为乳酸，其余为乙酸、丙酸和丁酸等挥发性脂肪酸。小肠内未被消化的淀粉和葡萄糖到达盲肠、结肠后在微生物作用下产生挥发性脂肪酸和二氧化碳、甲烷等气体。气体随粪便排出体外，挥发性脂肪酸则被肠壁吸收，参与体内代谢。

2. 粗纤维的消化吸收　饲料中的纤维素和半纤维素在盲肠和结肠微生物的作用下，最终酵解为挥发性脂肪酸及甲烷、二氧化碳等气体。部分挥发性脂肪酸可被肠壁吸收，进入血液被细胞利用，二氧化碳可经氢化作用形成甲烷，随粪便排出体外。

猪糖类的代谢以葡萄糖代谢为主，消化吸收的主要场所在小肠。挥发性脂肪酸为辅助代谢方式，且在大肠中靠细菌发酵进行，其营养作用较小，可见猪能大量利用淀粉和各类单糖、双糖，但不能大量利用粗纤维。因此，猪饲粮中粗纤维水平不宜过高，一般为4%～8%。

禽糖类代谢特点与猪相似，但乳糖不能在家禽消化道中水解，粗纤维的消化只在盲肠。因此，禽利用粗纤维的能力比猪还低。鸡饲粮中，粗纤维的含量以3%～5%为宜。

单胃草食动物如马、驴、骡、兔等，盲肠、结肠比较发达，对纤维素和半纤维素的消化能力较强。

（二）反刍动物对糖类的消化吸收

1. 粗纤维的消化吸收 反刍动物瘤胃是消化粗纤维的主要器官。饲料粗纤维在瘤胃细菌的作用下，降解为乙酸、丙酸和丁酸等挥发性脂肪酸，同时产生甲烷、氢气和二氧化碳等气体。挥发性脂肪酸可被肠壁吸收参加机体代谢，被动物体所利用；乙酸、丁酸是合成乳脂肪的原料；丙酸是合成乳糖的原料；气体以嗳气的方式排出体外。

瘤胃中未被降解的粗纤维，在小肠中不能消化，到达盲肠与结肠后，部分粗纤维被细菌降解为挥发性脂肪酸及气体。

2. 无氮浸出物的消化吸收 饲料中淀粉在瘤胃细菌的作用下，大部分被降解为挥发性脂肪酸及气体。瘤胃中未被降解的淀粉进入小肠，在淀粉酶、麦芽糖酶、蔗糖酶的作用下最终分解为葡萄糖被肠壁吸收，参与机体代谢，未被小肠消化的淀粉进入结肠与盲肠，被细菌降解为挥发性脂肪酸并产生气体。在所有消化道中未被消化吸收的无氮浸出物和粗纤维，最终由粪便排出体外。

3. 代谢特点 以挥发性脂肪酸代谢为主，以葡萄糖代谢为辅，在瘤胃和大肠中靠细菌发酵，在小肠中靠酶的作用进行。故反刍动物不仅能大量利用无氮浸出物，也能大量利用粗纤维。

二、影响反刍动物粗纤维利用率的因素

1. 日粮中粗纤维含量 粗纤维不仅本身消化率低，而且还会影响其他营养物质的消化吸收，降低日粮的利用价值。在一定饲养水平上，日粮中的粗纤维每增加 1%，会使牛、猪、鸡和兔等有机物质消化率分别降低 0.38%、1.68%、2.23% 和 1.45%。

2. 日粮粗蛋白质水平 日粮蛋白质含量的高低与瘤胃对粗纤维消化能力有着重要关系。蛋白质是微生物繁殖的基础，蛋白质含量过低，将限制微生物的生长繁殖，从而影响对粗纤维的分解能力。例如：用含粗蛋白质 3.28%～4.51% 的干草饲喂绵羊时，粗纤维的消化率为 49%，若补加 10g 缩二脲则粗纤维的消化率提高到 61.8%。

3. 日粮中矿物质水平 日粮中补充适量的钙、磷、硫等矿物质可提高粗纤维的消化率，补加食盐对提高粗纤维的消化率也有重要作用。

4. 粗饲料加工调制技术 粗饲料加工调制技术不同，粗纤维消化率也不同。粗饲料粉碎过细，饲料粗纤维的消化率降低 10%～15%，这是由于食糜在瘤胃停留时间缩短，减少了微生物的作用。秸秆饲料经氨化处理，粗纤维的消化率可提高 20%～40%。

子任务三 脂类营养的利用

⚙ 任务实施

脂肪存在于动植物组织中，不溶于水，但溶于乙醚、苯、氯仿等有机溶剂。脂肪是畜禽营养中重要的一类营养素，常规饲料分析中将这类营养物质统称为粗脂肪。脂类是动物的主要能量贮存形式，主要以脂肪的形式贮存在动物的脂肪组织中，脂肪的含量可达 97%。脂肪在体内含量随饲料摄入热能和活动消耗热能的不同而变化较大，又称为"动脂"。脂肪贮

存能量的能力是糖原的 6 倍。动物组织中的结构脂类是磷酸甘油酯，占肌肉和脂肪组织的 0.5%～1.0%，在肝中为 2%～3%。

一、畜禽对饲料脂类的消化吸收

1. 单胃动物对脂类的消化吸收 单胃动物脂类的消化开始于胃，胃脂酶可水解脂肪，但胃的酸性环境不利于脂肪的乳化，故在胃中脂肪不易消化。小肠是脂肪消化与吸收的主要场所，脂肪在小肠中胰脂肪酶、肠脂肪酶和胆汁的共同作用下，被分解为甘油和脂肪酸，后由肠壁吸收参与体内代谢，合成体脂肪。

2. 反刍动物对脂类的消化吸收 反刍动物日粮中含有较高比例的不饱和脂肪酸，这些不饱和脂肪酸主要是存在于饲草中的半乳糖甘油酯和谷实、油料种子中的甘油三酯、磷脂。幼龄反刍动物对脂肪的消化吸收与单胃动物相似。随着瘤胃微生物的逐渐成熟，饲料中的脂肪在瘤胃内微生物的作用下，水解成甘油和脂肪酸，其中大量的不饱和脂肪酸在微生物作用下氢化为饱和脂肪酸，甘油转化为挥发性脂肪酸。再由小肠吸收合成体脂肪。

二、饲料脂肪对畜禽产品品质的影响

（一）饲料脂肪对肉类脂肪的影响

1. 单胃动物 单胃动物将饲料中的脂肪消化吸收后，可直接转变为体脂肪，体脂肪内不饱和脂肪酸高于饱和脂肪酸。因此，单胃动物所采食饲料中的脂肪性质直接影响体脂肪的品质。在猪的催肥期，如喂给脂肪含量高的饲料，可使猪体脂肪变软，易于酸败，不适于制作腌肉和火腿等肉制品。因此，猪肥育期应少喂脂肪含量高的饲料，多喂富含淀粉的饲料，以提高猪肉品质，降低饲养成本。饲料脂肪性质对鸡体脂肪的影响与猪相似。

2. 反刍动物 由于反刍动物瘤胃微生物作用，可将饲料中不饱和脂肪酸氢化为饱和脂肪酸，再由小肠吸收后合成体脂肪。因此，反刍动物体脂肪中饱和脂肪酸较多，体脂肪较为坚硬。反刍动物体脂肪品质受饲草脂肪性质影响极小，但高精料饲养容易使皮下脂肪变软。

（二）饲料脂肪对乳脂品质的影响

饲料脂肪在一定程度上可直接进入乳腺，饲料脂肪的某些成分，可不经变化地用以形成乳脂肪。因此，饲料脂肪性质与乳脂品质密切相关。奶牛饲喂大豆时黄油质地较软，而饲喂大麦粉、豌豆粉和黑麦麸时黄油则坚实。添加油脂对乳脂率影响较小，一般不能通过添加油脂的办法改善奶牛的乳脂率。

（三）饲料脂肪对蛋黄脂肪的影响

将近 1/2 的蛋黄脂肪是在卵黄发育过程中，摄取经肝而来的血液脂肪而合成，这说明蛋黄脂肪的质和量受饲料脂肪影响较大。据研究，饲料脂类使蛋黄脂肪偏向不饱和程度大，一些特殊饲料成分可能对蛋黄造成不良影响，例如硬脂酸进入蛋中会产生不适宜的气味。添加油脂（主要为植物油）可促进蛋黄的形成，继而增加蛋重，并可能生产富含亚油酸的"营养蛋"。

子任务四　水营养的利用

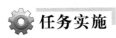 **任务实施**

畜禽生产中，水一般因为容易获得并且比较廉价，因而很容易被忽视。事实上，水是畜

禽所必需的营养成分，动物绝食期间，消耗体内全部脂肪，1/2 以上的蛋白质，失去 40％的体重时仍能存活。但失去 10％的水就会引起代谢紊乱，失水 20％则会导致死亡。因此，保证水的充足供给和饮水卫生，对畜禽的健康和生产均具有十分重要的意义。

一、畜禽体内水的代谢

（一）水的来源

1. 饮水　饮水是畜禽获取水的主要来源。畜禽饮水的多少与畜禽种类、饲料类型、日粮结构及环境温度等有关。一般牛的饮水量最多，羊和猪其次，家禽较少。要求饮水水质良好，无污染，并符合饮水水质标准和卫生要求。

2. 饲料水　饲料含水量为 5％～95％，也是畜禽体内水分的重要来源。畜禽采食饲料中水分含量越多，饮水越少。

3. 代谢水　所谓代谢水是指畜禽体内有机物质代谢过程中生成的水，也是畜禽所需水的来源之一。通常畜禽需水量的 5％～10％可由代谢水提供。

有汗腺的动物和蛋白质代谢尾产物主要以尿素形式排泄的动物，随着三大营养物质的摄入和代谢，产热量增加，水的需要量更大，体内营养物质氧化产生的代谢水明显不能满足失水的需要。猪、牛、羊等动物采食蛋白质越多，需水量越大，否则可能因尿素在体内积蓄而引起中毒。蛋白质代谢尾产物主要以尿酸或胺形式排泄的动物，排泄这类产物需要的水很少，甚至代谢水已能满足需要。

（二）水的排出

畜禽体内的水经复杂的代谢过程后，通过粪和尿的排泄、肺和皮肤的蒸发，以及形成畜产品等途径而排出体外，保持畜禽体内水的平衡。

1. 粪和尿的排出　泌尿器官是调节机体水平衡的重要器官，畜禽排尿量受饮水量、饲料性质、活动量及环境温度等多种因素的影响而发生变化。饮水量越多，排尿量越多；环境温度越高，排尿量越少。通常随尿液排出的水约占排水总量的 50％。粪中排水量因畜禽种类不同而不同，如牛粪含水量 80％，羊粪含水量 65％～70％。

2. 肺和皮肤的蒸发　畜禽由肺呼出的水量，随环境温度的升高和活动量的增加而增加。通过皮肤表面失水的方式有两种：一是血管和皮肤的体液简单地扩散到皮肤表面而蒸发，二是通过排汗失水。汗腺不发达或缺乏汗腺的动物，体内水的蒸发多以水蒸气的形式经肺呼气排出。如母鸡通过皮肤的扩散作用失水和肺呼出水蒸气的排水量占总排水量的 17％～35％。

3. 经畜产品排出　泌乳也是水排出的重要途径。每产 1kg 牛奶就能排出约 0.87kg 的水。家禽产蛋也是一个重要的排水途径，每产一枚 60g 重的蛋，含水 42g 以上。

二、畜禽的合理供水

1. 畜禽的需水量　畜禽的需水量因动物种类、生产目的、日粮组成和环境温度等不同而有差异。在生产实践中，畜禽的需水量常以采食饲料干物质的量来计算，在适宜的温度条件下，采食饲料干物质的量与需水量之间有高度的相关性。对牛和绵羊，每采食 1kg 饲料干物质需水 3～4kg，猪和家禽需 2～3kg。

2. 畜禽的合理供水　有条件时应采用自动饮水的办法，使畜禽随时能饮到清洁的水。

在没有自动饮水设备时，应注意以下问题：

(1) 饮水的次数基本上与饲喂的次数相同，做到先饲喂后饮水。

(2) 放牧的家畜在出圈舍前，要给以充足的饮水。

(3) 饲喂易发酵饲料，如豆类、苜蓿时，应在饲喂 1～2h 后饮水，以避免造成胀气。

(4) 使役家畜，尤其是重役后切忌马上饮冷水，应休息 30min 后慢慢饮水。

(5) 初生 1 周内的家畜最好饮用 12～15℃的温水。

三、畜禽缺水的后果

1. 影响健康 畜禽缺水初期表现为食欲减退，采食量下降；长期饮水不足，则会损害健康。当水含量减少 8% 时，出现严重口渴感，拒绝采食，消化机能迟缓乃至完全丧失，机体免疫力和抗病力显著减弱。

2. 影响生产 短期缺水，引起畜禽生产力下降。如：幼龄畜禽生长受阻，肥育畜禽增重缓慢，泌乳母畜产奶量减少，母鸡蛋重减轻、蛋壳变薄、产蛋量下降。据报道，母鸡断水 24h 产蛋量下降 30%，而且恢复供水后需经 25～30d 才能恢复正常产蛋；若断水 36h，母鸡则不能恢复正常产蛋。

3. 危及生命 严重缺水危及畜禽的健康和生命。各组织器官严重缺水，血液浓缩，营养物质代谢发生障碍，体温升高，组织内积蓄有毒代谢产物而引起机体死亡。生产中，必须保证水的供给，尤其是高温季节。

子任务五 矿物质元素营养的利用

⚙ 任务实施

畜禽在生长发育、生产、繁殖过程中，均需要矿物质元素。矿物质供给不足或缺乏时，会影响畜禽的健康和生产性能，甚至死亡。但有些矿物质元素含量过高，又会导致中毒。

一、常量矿物质元素的利用

(一) 钙和磷

1. 来源与补充 饲喂富含钙磷的天然饲料，如鱼粉、肉骨粉、大豆、苜蓿草、花生秧等。补饲矿物质饲料，如骨粉、磷酸氢钙、贝壳粉、石粉、蛋壳粉等。各类动物对钙、磷的需要量可参考相应的饲养标准。

2. 缺乏症 幼畜在生长发育时需要较多的钙、磷来形成骨骼。若饲料中钙、磷供应不足，则表现为生长受阻、异嗜癖，严重可患"佝偻病"（图 1-2-1）。患畜骨端粗大、关节肿大、四肢弯曲（呈 X 形或 O 形）、脊柱呈弓状。成年动物钙、磷不足时，易患软骨症。高产奶牛易发生产后瘫痪，产蛋鸡产软壳蛋、薄壳蛋，产蛋量和孵化率下降。

(二) 镁

1. 来源与补充 镁普遍存在于各种饲料中，青绿饲料、糠麸、饼粕等饲料含量丰富，谷实类、块根块茎也含较多的镁。缺镁地区的畜禽，可补饲氧化镁、硫酸镁、碳酸镁。

2. 缺乏症 主要表现为厌食，生长受阻，过度兴奋，痉挛和肌肉抽搐，严重时可导致

图 1-2-1 佝偻病

昏迷死亡。反刍动物可能出现"草痉挛"。

（三）钠、钾与氯

1. 来源与补充 各种饲料中钠、氯都比较缺乏，一般在饲粮中添加食盐以弥补饲料中钠、氯的不足。植物性饲料中含丰富的钾，一般不需要补充。

2. 缺乏症 表现为食欲差、生长慢、体重减轻、生产力下降、饲料转化率低等。猪缺钠可能出现咬尾、咬耳等现象；产蛋鸡缺钠，可形成异嗜癖、产蛋率下降、蛋重减轻等现象。

3. 过量的危害 一般有耐受力，食盐过多、饮水量少，会引起中毒，猪和鸡对食盐过量较为敏感。钾过量可干扰镁的吸收和代谢，引起缺镁痉挛症。

（四）硫

1. 来源与补充 动物性蛋白质饲料如鱼粉、肉粉和血粉等含硫丰富，一般日粮中能满足畜禽的需要，不需要补饲。如果缺乏，可补饲硫酸钠、硫酸钙、硫酸镁等。

2. 缺乏症 正常情况下，硫的缺乏症很少出现。在畜禽日粮蛋白质缺乏时易发生，缺硫畜禽表现为消瘦，角、蹄、爪、毛、羽生长缓慢。禽类缺硫易发生异食癖。

二、微量矿物质元素的利用

生产中微量矿物质元素的来源及其缺乏症见表 1-2-1。

表 1-2-1 微量矿物质元素与动物营养

微量矿物质元素	来源	缺乏症
铁	硫酸亚铁	贫血
铜	硫酸铜	贫血，骨畸形或骨折，羊患"摆腰症"
锌	碳酸锌、硫酸锌	生长受阻，被毛发育不良，患"不全角化症"
硒	亚硒酸钠	羔羊、犊牛发生营养性肌肉萎缩或白肌病，家禽患渗出性素质症，猪发生肝坏死
锰	硫酸锰、氧化锰	生长受阻，繁殖异常，禽类患"滑腱症"
碘	碘化食盐	甲状腺肿大，繁殖力低，生长畜患"呆小病"
钴	氯化钴、硫酸钴	食欲不振，消瘦，贫血

子任务六　维生素营养的利用

任务实施

维生素是一类畜禽代谢所必需而需要量极少的低分子有机化合物，是维持健康和生产性能不可缺少的有机物质。维生素不是构成畜禽组织器官的原料，也不是能源物质，但却是畜禽物质代谢过程的必需参加者，虽数量少，但作用大，而且相互间不可替代。维生素按其溶解性可分为脂溶性维生素和水溶性维生素两大类。

一、脂溶性维生素营养的利用

（一）维生素 A（视黄醇、抗干眼病维生素）

1. 来源与供应　为了保证畜禽对维生素 A 的需要，应饲喂富含维生素 A 或胡萝卜素的饲料，也可补饲维生素 A 添加剂。动物性饲料如鱼肝油、肝、蛋黄、鱼粉中均含有丰富的维生素 A。青绿饲料和胡萝卜中含胡萝卜素丰富，优质干草、青贮饲料、黄玉米等也是胡萝卜素的良好来源。

2. 缺乏症　在弱光下，视力减退或完全丧失，患"夜盲症"；上皮组织干燥和过度角质化，易受细菌侵袭而感染多种疾病，如干眼病（图 1-2-2）、尿道结石、肺炎、下痢等；幼畜生长发育受阻；抗病力弱，生产性能降低；繁殖机能障碍；运动失调，如痉挛、麻痹等。

图 1-2-2　干眼病

3. 过量的危害　长期或突然摄入过量维生素 A 均可引起畜禽中毒。非反刍动物及禽类维生素 A 的中毒剂量是需要量的 4～10 倍，反刍动物为需要量的 30 倍。当饲粮中维生素 A ≥300mg/kg 时，小公鸡表现精神抑郁，采食量下降或拒食。猪中毒表现被毛粗糙，触觉敏感，粪尿带血，发抖，最终死亡。

（二）维生素 D（钙化醇、抗佝偻病维生素）

1. 来源与供应　动物性饲料如鱼肝油、肝、血粉等都含有丰富的维生素 D；经阳光晒制的干草维生素 D_2 含量丰富；加强户外运动和多晒太阳，可促进 7-脱氢胆固醇大量转变为维生素 D_3；补饲维生素 D 添加剂。

2. 缺乏症　维生素 D 缺乏，可引起钙、磷代谢紊乱，幼龄动物患"佝偻病"，成年动物表现为软骨病或骨质疏松症，禽类产软壳蛋。

3. 过量的危害　维生素 D 过量，早期骨骼钙化加速，后期血钙过高致使动脉管壁、心脏、肾小管等软组织钙化。当肾严重损伤时，常死于尿毒症。短期饲喂，多数动物可耐受 100 倍的剂量。维生素 D_3 的毒性比维生素 D_2 大 10～20 倍，由于中毒剂量很大，故生产中少见中毒现象。

（三）维生素 E（生育酚、抗不育症维生素）

1. 来源与供应 谷实类饲料维生素 E 含量丰富，但在一般条件下贮存 6 个月后维生素 E 会损失 30%～50%。青绿饲料、优质干草中也含有丰富的维生素 E，还可使用维生素 E 添加剂。畜禽对维生素 E 需要量一般为每千克饲料 5～10mg。

图 1-2-3 雏鸡小脑软化症

2. 缺乏症 维生素 E 缺乏，畜禽易患白肌病、渗出性素质病，繁殖力降低，雏鸡发生"脑软化症"（图 1-2-3）。

3. 过量的危害 过量摄取维生素 E 会抑制维生素 A 及维生素 K 的吸收，且摄取量大于 1 200mg/d 时，可干扰维生素 K 的代谢。

（四）维生素 K（抗出血症维生素）

1. 来源与供应 维生素 K_1 遍布于各种植物性饲料中，尤其是青绿饲料中含量丰富；维生素 K_2 除动物性饲料含量丰富外，还能在动物消化道（反刍动物在瘤胃，猪、马在大肠）中经微生物合成。畜禽对维生素 K 需要量一般为每千克饲料 1～2mg。

2. 缺乏症 正常情况下，家畜不会缺乏维生素 K。维生素 K 缺乏症主要发生在禽类，凝血时间延长和出血，严重导致死亡。

3. 过量的危害 维生素 K_1 和维生素 K_2 几乎无毒，大剂量维生素 K_3 可引起溶血。

二、水溶性维生素营养的利用

（一）维生素 B_1（硫胺素）

1. 来源与供应 植物性饲料中几乎都含有维生素 B_1，其中糠麸类饲料含量丰富，根茎类饲料含量较少，玉米缺乏。干酵母维生素 B_1 含量最丰富。畜禽维生素 B_1 需要量一般为每千克饲料 1～2mg。

2. 缺乏症 维生素 B_1 缺乏，主要表现为神经症状，鸡患多发性神经炎（图 1-2-4），头部后仰，呈观星姿势；患畜消化机能紊乱（厌食、呕吐、腹泻等），严重时出现运动失调和痉挛。

图 1-2-4 雏鸡多发性神经炎

（二）维生素 B_2（核黄素）

1. 来源与供应 绿色植物、酵母和某些细菌能合成核黄素，快速生长的绿色植物、牧草（特别是苜蓿）中富含维生素 B_2，叶片中最丰富。乳品加工副产品、动物性饲料含量较高，饼粕饲料中等，谷实类及副产物含量较低。畜禽维生素 B_2 的需要量为每千克饲料 1～4mg，随年龄增长，需要量减少。

2. 缺乏症 维生素 B_2 缺乏，主要表现为口角发炎、口舌溃疡、角结膜发炎、白内障等。雏鸡对维生素 B_2 极敏感，易患"卷爪麻痹症"（图 1-2-5）。母鸡缺乏维生素 B_2，产蛋率、孵化率下降，鸡胚死亡率增高。

（三）维生素 B$_3$（泛酸、遍多酸）

1. 来源与供应　泛酸广泛存在于各种饲料中，如麦麸、米糠、燕麦、大麦、苜蓿粉及亚麻籽饼等均含有丰富的泛酸，因此畜禽发生泛酸缺乏的可能性较小。但许多猪、禽日粮泛酸含量低，玉米—豆饼日粮容易缺乏。畜禽对泛酸的需要量一般为每千克饲料 7～12mg。

2. 缺乏症　猪缺乏泛酸，增重缓慢，呈现鹅步样运动姿势（图 1-2-6）；雏鸡缺乏主要表现为皮炎，严重缺乏可引起死亡。

图 1-2-5　雏鸡卷爪麻痹症

图 1-2-6　猪呈鹅行步伐

（四）维生素 B$_5$（烟酸、尼克酸、维生素 PP）

1. 来源与供应　谷实、糠麸、饼粕及动物性饲料均含有较多的烟酸，但谷实及其加工制品中的烟酸为结合型，不能被畜禽有效利用。因此，长期饲喂以玉米或高粱为基础饲料的日粮应补饲烟酸。畜禽对烟酸的需要量一般为每千克饲料 10～50mg。

2. 缺乏症　烟酸缺乏，猪患癞皮病，结黑痂；鸡与犬出现黑舌病。

（五）维生素 B$_6$（吡哆醇）

1. 来源与供应　酵母、动物性饲料、谷实及其副产物中含量丰富，块根块茎含量很少。饲料加工贮藏、精炼、蒸煮等均会破坏维生素 B$_6$，利用率降低 10%～50%。

2. 缺乏症　缺乏维生素 B$_6$ 可引起神经紊乱，猪表现为癫痫性痉挛，鸡异常兴奋、痉挛惊跑。此外，维生素 B$_6$ 缺乏还会造成皮炎、生长发育受阻、心肌变性等症状。

（六）维生素 B$_7$（生物素）

1. 来源与供应　广泛存在于动植物组织中，饲料中一般不缺乏，但利用率不同。苜蓿、油粕及干酵母中生物素利用率最好，肉粉、血粉其次，谷物一般都较差，其中小麦、大麦最差。畜禽对生物素的需要量一般为每千克饲料 50～300mg。

2. 缺乏症　生物素缺乏，主要表现为皮炎、贫血、脱毛，小鸡喙及趾部皮肤裂口并变性，成鸡孵化率降低，猪蹄裂，后肢痉挛。

（七）维生素 B$_{11}$（叶酸）

1. 来源与供应　叶酸分布甚广，各种绿色植物、谷实和酵母等均含有丰富的叶酸，动物性饲料中含量也较多。畜禽叶酸的需要量一般为每千克饲料 0.21～1.00mg。

2. 缺乏症　各种动物中，禽易发生叶酸缺乏。生长家禽典型的叶酸缺乏症为贫血、生长缓慢、羽毛脱色、脊柱麻痹。猪叶酸缺乏表现为皮炎，脱毛，消化、呼吸及泌尿器官黏膜损伤。

（八）维生素 B$_{12}$（氰钴素、钴胺素）

1. 来源与供应　植物性饲料不含维生素 B$_{12}$，动物饲料中以肝含量最高。集约化饲养畜禽维生素 B$_{12}$ 需要来源是动物性饲料和人工合成维生素 B$_{12}$。家禽的需要量一般为每千克饲料 3～9mg，猪为每千克饲料 20～40mg，幼龄畜禽需要量高，食粪动物及垫草饲养需要量低，全植物饲料、肠道有疾病时需要增加用量。

2. 缺乏症　畜禽的维生素 B$_{12}$ 不足主要发生于缺钴地区，表现为营养不良、贫血、皮炎、抗病力和繁殖力降低。

（九）胆碱

按维生素的严格意义，将胆碱看作维生素类是不确切的，尽管如此，还是将其作为 B 族维生素。胆碱不同于其他 B 族维生素，它可以在肝中合成，机体对胆碱的需要量也较高。

1. 来源与供应　正常饲料中胆碱含量充足，尤以动物性饲料为多，玉米中含量较少。畜禽胆碱的一般需要量为 0.05%～0.20%，高蛋白日粮应考虑补充胆碱，氯化胆碱是常用的添加剂。

2. 缺乏症　家禽和生长猪易发生胆碱缺乏症，引起脂肪代谢障碍，肝和肾出现脂肪浸润，导致脂肪肝和肾小球堵塞。

（十）维生素 C（抗坏血酸）

1. 来源与供应　青绿饲料、青干草、块茎类及瓜类饲料中维生素 C 含量较丰富。动物机体内可合成维生素 C，一般对畜禽来说是能满足其需要的。但在各种应激情况下，如仔猪断奶、高温应激，应考虑给予补充。

2. 缺乏症　维生素 C 缺乏的典型症状是动物坏血病、齿龈出血、牙齿松动、伤口溃疡不易愈合、骨质疏松易折、抗病能力下降等。

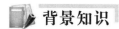 **背景知识**

一、畜禽对饲料的消化方式

畜禽的种类不同，消化道的结构和功能均有差异，但是它们对饲料中各种营养物质的消化却具有许多共同的规律，其消化方式主要归纳为物理性消化、化学性消化和微生物消化。

1. 物理性消化　物理消化主要靠畜禽的牙齿和消化道管壁的肌肉运动把饲料压扁、撕碎、磨烂，从而增加饲料的表面积，易于与消化液充分混合，并把食糜从消化道的一个部位运送到另一个部位。物理性消化后食物只是颗粒变小，没有化学性变化，其消化产物不能吸收，但它为胃和肠的化学性消化与微生物消化做好准备。

2. 化学性消化　化学性消化主要是指在畜禽的胃和小肠中酶的消化，是非反刍动物主要消化方式。畜禽对饲料中的蛋白质、脂肪和淀粉三大有机营养物质的消化，主要靠消化腺分泌相应的蛋白酶、脂肪酶、淀粉酶等作用，变成能被吸收的小分子化合物。畜禽对饲料中粗纤维的消化，主要靠消化道内微生物的发酵。

3. 微生物消化　消化道中的微生物对饲料的消化作用称为微生物消化。反刍动物的微生物消化场所主要在瘤胃，其次在盲肠和大肠。单胃草食动物的微生物消化主要在盲肠和大肠。

瘤胃中寄生着大量的细菌和纤毛虫，这些微生物能分泌淀粉酶、蔗糖酶、蛋白酶、纤维素酶、半纤维素酶等，这些酶可将饲料中的糖类、蛋白质、纤维素、半纤维素等物质逐级分解，最终产生挥发性脂肪酸等物质，供宿主利用。同时产生大量气体二氧化碳、甲烷等，通过嗳气排出体外。

瘤胃微生物能直接利用饲料蛋白质分解的氨基酸或氨气合成菌体蛋白，还能合成必需氨基酸、必需脂肪酸、B族维生素等供宿主利用。

草食单胃动物中，马、兔的盲肠和结肠也能进行微生物消化。猪的大肠、家禽的盲肠也能进行少量的微生物消化。

二、蛋白质的营养生理作用

1. 蛋白质是机体组织的主要原料　畜禽的各种组织器官如肌肉、皮肤、内脏、神经、结缔组织、腺体、血液、精液、毛发、角、喙等，均以蛋白质为主要成分，起着传导、运输、支持、保护、连接、运动等多种作用。

2. 蛋白质是组织更新修补的必需物质　在畜禽的新陈代谢过程中，组织与器官的蛋白质不断更新，损伤的组织也需要修补，这种更新与修补正是生命的最基本特征。据实验测定，动物体蛋白质总量中每天有 0.25%～0.30% 进行更新，即每 12～14 个月体组织蛋白质全部更新一次。

3. 蛋白质是机体内功能物质的主要成分　在畜禽的生命和代谢活动中起催化作用的酶、起调节作用的激素、具有免疫和防御机能的免疫球蛋白，都是以蛋白质为主体构成。另外，蛋白质在维持体内的渗透压、水分的正常分布、遗传信息的传递、机体内环境酸碱平衡等方面也起着重要作用。

4. 蛋白质可提供能量和转化为糖、脂肪　在机体营养不足时，蛋白质也可氧化供能，维持机体的基本代谢活动。当摄入蛋白质过多时，也可转化成糖、脂肪贮存起来或分解产热供机体代谢利用。日粮氨基酸不平衡时，多余的氨基酸在体内也会分解供能。

5. 蛋白质是畜产品的原料　蛋白质是形成肉、蛋、奶、毛、皮等畜产品的重要原料。肉中含蛋白质 13%～22%，蛋中含 12%～15%，奶中含 2%～6%，毛中含 80%～85%，皮中含 20%～25%。

三、氨基酸与理想蛋白质

氨基酸是组成蛋白质的基本单位，蛋白质的营养实质上是氨基酸的营养，饲料蛋白质品质的好坏，取决于它所含各种氨基酸是否平衡。

（一）必需氨基酸与非必需氨基酸

1. 必需氨基酸（EAA）　指在畜禽体内不能合成，或能合成而合成速度及数量不能满足正常需要，必须由饲料来供给的氨基酸。成年畜禽必需氨基酸有 8 种：赖氨酸、蛋氨酸、色氨酸、亮氨酸、异亮氨酸、苯丙氨酸、苏氨酸、缬氨酸；生长畜禽有 10 种，除上述 8 种外，还有精氨酸、组氨酸；雏鸡必需氨基酸有 13 种，在生长畜禽的基础上再加甘氨酸、胱氨酸、酪氨酸。

2. 非必需氨基酸（NEAA） 指在畜禽体内可以合成，或者可由其他种类氨基酸转变而成，不需饲料提供即可满足需要的氨基酸，如丙氨酸、谷氨酸、丝氨酸等。

从饲料供应角度，氨基酸有必需与非必需之分。但从营养角度考虑，两者都是畜禽合成体蛋白和合成畜产品所必需的营养，且关系密切，某些必需氨基酸是合成某些特定非必需氨基酸的前体，如果日粮中某些非必需氨基酸不足时则会动用必需氨基酸来转化代替，这点在饲养实践中不可忽视。

（二）限制性氨基酸

饲料或日粮中缺乏一种或几种必需氨基酸时，就会限制其他氨基酸的利用，使日粮中蛋白质的利用率下降，这些氨基酸称为该日粮的限制性氨基酸。必需氨基酸的供给量与需要量相差越多，则缺乏程度越大，限制作用越强。根据饲料或日粮中各种必需氨基酸缺乏程度的大小，分别称为第一、第二、第三……限制性氨基酸。

饲料种类不同，所含必需氨基酸的种类和数量有显著差别。畜禽则由于种类和生产性能等不同，对必需氨基酸的需要量也有明显差异。因此，同一种饲料对不同畜禽，或不同种饲料对同一种畜禽，限制性氨基酸的种类和顺序不同。谷实类饲料中赖氨酸均为猪和肉鸡的第一限制性氨基酸；玉米—豆饼型日粮，蛋氨酸和赖氨酸分别是家禽和猪的第一限制性氨基酸。

（三）理想蛋白质与日粮的氨基酸平衡

1. 理想蛋白质 所谓理想蛋白质，是指氨基酸平衡的蛋白质，是各种必需氨基酸之间及必需氨基酸总量与非必需氨基酸总量之间具有最佳比例的蛋白质。理想蛋白质模式，通常以赖氨酸作为 100，其他氨基酸用相对比例表示。在设计饲料配方时，就必须使蛋白质和氨基酸的利用率达到最高，即用最少量的氨基酸而获得最大的经济效益，理想蛋白质模式是实现这一目标的有效方法。

2. 饲料的氨基酸平衡 饲料的氨基酸平衡是指日粮中各种必需氨基酸的数量和比例符合畜禽的生理需要，即供给与需求相平衡，一般是指与最佳生产水平的需要量相平衡。

进行日粮氨基酸平衡的方法，一般是参考理想蛋白质模式确定日粮中必需氨基酸的限制顺序，根据限制性氨基酸选择相应的必需氨基酸含量不同的饲料，进行合理搭配，以改善日粮氨基酸之间的比例，使不同饲料的氨基酸起到一种互补作用。实践中可按照限制性氨基酸缺乏的多少添加人工合成氨基酸。

（四）氨基酸互补作用

对于猪、禽等单胃动物，供给单一某种植物性饲料，往往不能满足机体对各种氨基酸的需要，因而影响蛋白质的合成。如果把两类或几类饲料合理搭配，混合使用，取长补短，互相补充，便可以达到氨基酸平衡，提高饲用价值，这种作用就称为氨基酸互补作用。

四、糖类的营养生理作用

1. 形成体组织器官所必需的成分 糖类普遍存在于动物体各种组织中，作为细胞的构成成分，参与多种生命过程，在组织生长的调节上起着重要的作用。例如：五碳糖是细胞核酸的组成成分；黏多糖参与形成结缔组织基质；许多糖类还与蛋白质结合成糖蛋白质，是细胞膜的组成成分。

2. 畜禽体内能量的主要来源 糖类，特别是葡萄糖是供给畜禽代谢能量需求的最有效营养素。葡萄糖是大脑神经系统、肌肉、脂肪组织、胎儿生长发育、乳腺等代谢的主要能源。糖类除了直接氧化供能外，也可以转变成糖原。肌肉及肝中的糖原随时可经氧化产生热量，以维持体温恒定，并满足呼吸、循环、消化道蠕动等体内各器官正常活动的需要。

3. 畜禽体内的能量贮备物质 饲料糖类在畜禽体内可转变成糖原和脂肪而作为能量贮备。糖类在畜禽体内除供能外还有多余时，可转变为肝糖原和肌糖原。若畜禽采食的糖类在合成糖原之后仍有剩余时，将合成脂肪贮备于体内。

4. 合成乳脂和乳糖的重要原料 单胃动物主要利用葡萄糖合成乳脂，而反刍动物则利用糖类在瘤胃中发酵产生的乙酸合成乳脂中的脂肪酸，利用血液中的葡萄糖合成乳脂中的甘油。葡萄糖是合成乳糖的原料。

5. 粗纤维是日粮中不可缺少的成分 粗纤维是各种畜禽，尤其是草食动物日粮中不可缺少的成分。粗纤维具有以下 3 个方面的作用：①营养作用。粗纤维是草食动物的主要能量来源物质。②填充作用。粗纤维体积大，吸水性强，不易消化，可填充胃肠容积，使家畜食后有饱感。③刺激作用。粗纤维可刺激消化道黏膜，促进胃肠的蠕动、消化液的分泌和粪便的排出。

五、脂肪的营养生理作用

1. 供能贮能 脂肪是动物体内重要的能量物质，在体内氧化产生的能量为同质量糖类的 2.25 倍。动物采食的脂肪除直接供能外，多余的转变成体脂沉积，是畜禽贮备能量的最佳方式。

2. 畜禽体组织的重要成分 畜禽的各种组织器官，如神经、肌肉、骨骼、皮肤及血液中均含有脂肪，各种组织的细胞膜和细胞原生质也是由蛋白质和脂肪按一定比例组成的，脑和外周神经组织都含有鞘磷脂。脂肪是组织细胞增殖、更新及修补的原料。

3. 脂溶性维生素的溶剂 脂溶性维生素 A、维生素 D、维生素 E、维生素 K 及胡萝卜素，在畜禽体内必须溶于脂肪后才能被吸收和利用。若饲喂含脂肪不足的饲料，会导致脂溶性维生素代谢障碍，并引起相应的缺乏症。

4. 供给畜禽必需脂肪酸 凡是在畜禽体内不能合成，或通过体内特定前体合成，但合成的量很少，必须由饲料供给的脂肪酸统称为必需脂肪酸，包括亚油酸、亚麻酸和花生四烯酸。其中亚油酸是畜禽最重要的必需脂肪酸，亚油酸缺乏时，会导致幼龄畜禽生长停滞，甚至死亡。

5. 其他作用 沉积在畜禽皮下的脂肪能够防止体热的散失，在寒冷的季节有利于抵御寒冷，维持畜禽体温的恒定。脂肪充填在脏器周围，具有固定和保护器官及缓和外力冲击的作用。另外，禽类尤其是水禽尾脂腺中的脂肪对羽毛的抗湿起重要作用。

六、畜禽能量的来源

能量是饲料的重要组成部分，饲料能量浓度的高低决定畜禽采食量，畜禽的营养需要以能量为基础表示。饲料中的能量不能完全被畜禽利用，其中，可被畜禽利用的能量称为有效能，饲料中的有效能含量反映了饲料能量的营养价值。

畜禽所需的能量来自饲料中 3 种有机物质：糖类、脂肪、蛋白质。单胃动物能量主要来源于淀粉，而反刍动物能量来源除淀粉外，主要是粗纤维。畜禽采食饲料后，三大养分经消化吸收进入体内，经糖酵解、三羧酸循环或氧化磷酸化过程可释放出能量，最终以 ATP 的形式满足机体需要。此外，当机体处于绝食、饥饿、产奶、产蛋等状态时，饲料来源的能量难以满足需要时，也可依次动用体内贮存的糖原、脂肪和蛋白质来供能，以应一时之需。

七、饲料能量在畜禽体内的转化

畜禽摄入的饲料能量伴随着养分的消化代谢过程，发生一系列转化，饲料能量可相应划分成若干部分，如图 1-2-7 所示。

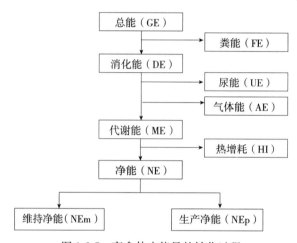

图 1-2-7 畜禽体内能量的转化过程

1. 总能（GE） 指饲料中 3 种有机物质完全氧化燃烧所产生的能量总和称为总能，表示单位为 kJ/g 或 MJ/kg。饲料总能的大小取决于其糖类、蛋白质和脂肪含量。含脂肪高的饲料总能值也高，植物性饲料的总能值没有多大差别，例如：玉米总能值为 18.87MJ/kg，燕麦秸秆总能值为 18.83MJ/kg，两者几乎相等，但其营养价值相差甚远。这说明总能不能反映饲料的真实营养价值，但是总能是评定能量代谢过程中其他能值的基础。

2. 消化能（DE） 饲料中可消化的营养物质所含的能量称为消化能，即畜禽摄入饲料的总能与粪能（FE）之差。

$$DE=GE-FE$$

3. 代谢能（ME） 饲料中可利用营养物质所含的能量称为代谢能，即饲料的消化能减去尿能（UE）和甲烷气体能（AE）。

$$ME=DE-UE-AE$$

4. 净能（NE） 饲料总能中，完全用来维持畜禽生命活动和生产产品的能量，包括维持净能和生产净能。即饲料的代谢能减去饲料在体内的热增耗（HI）。

$$NE=ME-HI$$

热增耗又称体增热，是指绝食畜禽在采食饲料后短时间内，体内产热高于绝食代谢产热的那部分热能，以热的形式散失。在低温条件下，体增热可作为维持畜禽体温的热能来源，但在高温条件下体增热将成为畜禽的额外负担。

维持净能（NEm）指饲料能量用于维持生命活动、适度随意运动和维持体温恒定部分。这部分能量最终以热的形式散失掉。生产净能（NEp）指饲料能量用于沉积到产品中的部分，也包括用于劳役做功的能量。因畜禽种类和饲养目的不同，生产净能的表现形式也不同，包括增重净能、产奶净能、产毛净能；产蛋净能和使役净能等。

在我国，猪一般采用消化能，禽采用代谢能；奶牛采用奶牛能量单位（NND），即1kg含乳脂率4%的标准乳能量或3 138kJ产奶净能；肉牛采用肉牛能量单位（RND），即1kg中等品质玉米所含的综合净能，8.08MJ为一个肉牛能量单位。

八、水的营养生理作用

水约占畜禽体重的70%，从幼龄到成年体内水分含量范围为80%～50%。畜禽的不同器官和组织中含水量不同：血液中含水量约80%，肌肉72%～78%，脂肪含水量10%以下。

1. 一种理想溶剂 畜禽体内各种营养物质的消化吸收、运输与利用及其代谢废物的排出，都必须溶于水后才能进行。

2. 化学反应的媒介 畜禽体内的化学反应是在水媒介中进行的，水不仅参加体内的水解反应，还参与氧化还原反应、有机化合物的合成和细胞呼吸过程。

3. 调节体温 水的比热大，导热性好，蒸发热高，所以水能储备热能，并能迅速传导热能和蒸发散失热能，有利于恒温动物体温的调节。水的蒸发散热对具有汗腺的家畜尤为重要。

4. 润滑作用 畜禽的关节囊内、体腔内和各器官间的组织液可减少器官间的摩擦力，起到润滑作用。泪液可防止眼球干燥。唾液可湿润饲料和咽部，便于吞咽。

5. 维持组织、器官的形态 畜禽体内的水大部分与蛋白质结合形成胶体，直接参与构成活的细胞与组织，使组织器官具有一定的形态、硬度及弹性，以利于完成各自的机能。

九、矿物质元素的营养生理作用

矿物质在畜禽体内含量为体重的2%～5%。虽然它不产生能量，但对畜禽的生长、繁殖和健康有重要作用，是不可缺少的营养物质。

（一）常量矿物质元素的营养生理作用

1. 钙和磷 钙、磷是畜禽体内含量最多的矿物质元素，平均占体重的1%～2%。机体内99%的钙构成骨骼和牙齿，其余存在于血浆和软骨组织中。钙维持着神经和肌肉的正常功能，血钙低时，神经和肌肉的兴奋性增强，引起抽搐。钙参与凝血过程，也是多种酶的激活剂或抑制剂。80%的磷存在于骨骼和牙齿中，是RNA、DNA及辅酶的成分，也是细胞膜和血液中缓冲物质的成分，以磷酸根形式参与多种物质代谢过程。

2. 镁 70%的镁以磷酸盐与碳酸盐的形式存在于骨骼和牙齿中，25%左右的镁与蛋白质结合成络合物存在于软组织的细胞中。镁与某些酶的活性有关，是多种酶的激活剂，在糖和蛋白质代谢中起重要作用。

3. 钠、钾与氯 钠、钾、氯作为电解质维持渗透压，调节酸碱平衡，控制水的代谢。钠对传导神经冲动和营养物质吸收起重要作用，细胞内钾与很多代谢有关。钠、钾、氯可为酶提供有利于发挥作用的环境或作为酶的活化因子。氯与氢离子结合成盐酸,可激活胃蛋白酶,保持胃液的酸性。

4. 硫 无机硫能合成含硫氨基酸和维生素,含硫氨基酸参与合成体蛋白、被毛及多种激素。硫是硫胺素、生物素和胰岛素的成分,参与糖类的代谢。

(二)微量矿物质元素的营养生理作用

微量矿物质元素的营养生理作用见表1-2-2。

表1-2-2 微量矿物质元素的营养生理作用

微量矿物质元素	营养生理作用
铁	血红蛋白和肌红蛋白的成分,与氧的输送有关
铜	促进血红蛋白的形成,参与某些酶的合成和激活,与被毛生长、色素产生、骨骼发育、生殖泌乳等有关
锌	为多种酶的组分,如肽酶、碳酸酐酶等;参与蛋白质、糖类和脂肪的合成与代谢;为胰岛素的组分
硒	是谷胱甘肽过氧化物酶的主要成分,具有抗氧化作用;促进脂肪和脂溶性维生素的消化吸收;促进蛋白质和免疫球蛋白的合成
锰	参与骨骼形成;催化胆固醇的合成;影响正常的繁殖功能;是许多酶的激活剂,参与蛋白质、糖类、核酸代谢
碘	甲状腺素的组分,参与机体的物质代谢
钴	为维生素 B_{12} 的组分,与蛋白质、糖类的代谢有关

十、维生素的营养生理作用

各种维生素的特性及营养生理作用见表1-2-3。

表1-2-3 各种维生素的特性及营养生理作用

维生素		特 性	营养生理作用
脂溶性维生素	维生素 A	动物体内含有维生素 A,植物体内有胡萝卜素,动物可将胡萝卜素转化为维生素 A,维生素 A 遇热不稳定,易受紫外线及氧化剂破坏	维持畜禽正常的视觉功能;维持上皮组织的健全与完整,尤其是眼、呼吸、消化、生殖、泌尿系统;促进生长发育
	维生素 D	无色结晶,比较稳定,舍饲条件下,阳光照射少时易缺乏	促进钙、磷吸收与骨骼的钙化
	维生素 E	对酸、热稳定,对碱不稳定,易氧化	维持正常生殖机能,防止肌肉萎缩,用作抗氧化剂,维持毛细血管结构的完整和中枢神经系统机能的健全
	维生素 K	耐热,但易被光、碱破坏	促进肝合成凝血酶原及凝血因子
水溶性维生素	维生素 B_1	对热和酸稳定,遇碱易分解	作为能量代谢的辅酶促进食欲,促进生长,参与糖类代谢,维持神经组织及心肌的正常功能
	维生素 B_2	对热和酸稳定,遇光和遇碱易破坏	是酶系统的组成部分,为体内生物氧化所必需
	泛酸	对湿热及氧化剂、还原剂均稳定,干热及在酸、碱中加热则易破坏	辅酶 A 的组成部分,为中间代谢的必要因子
	烟酸	稳定,遇酸、碱、热、氧化剂都不易破坏	是辅酶 I 和辅酶 II 的组成成分,为体内生物氧化所必需
	维生素 B_6	对热稳定,对光不稳定	为蛋白质和氮代谢辅酶,参与红细胞形成,在内分泌系统中起作用

（续）

维生素		特　性	营养生理作用
水溶性维生素	生物素	耐酸、碱和热，氧化剂可使其破坏	参与糖类、脂肪与蛋白质代谢
	叶酸	在中性、碱性中对热稳定，在酸性中加热易分解，易被光破坏	参加一碳基团代谢，与核酸蛋白质合成，红细胞、白细胞成熟有关
	维生素 B$_{12}$	遇强酸、日光、氧化剂、还原剂均易破坏	参与核酸和蛋白质的生物合成，维持造血机能的正常运转
	胆碱	耐热，干燥环境下易贮存	为磷脂及乙酰胆碱等组成成分，与神经冲动的传导有关，参与脂肪代谢
	维生素 C	在弱酸中稳定，遇光、遇碱、遇金属离子或荧光物质都能促其氧化分解	参与胶原蛋白质合成及氧化还原反应，促进铁离子的吸收，有解毒作用，促进抗体的形成

思考题

1. 蛋白质有哪些营养生理作用？
2. 什么是必需氨基酸？简述氨基酸的平衡、氨基酸的互补作用。
3. 简述 NPN 的利用原理及合理利用措施。
4. 要改善猪肉胴体脂肪品质，喂什么饲料好？
5. 简述影响反刍动物粗纤维利用率的因素。
6. 生产中，怎样才能及时满足畜禽对水的需要？
7. 矿物质、维生素对畜禽有哪些营养功能？生产中典型缺乏症有哪些？
8. 从营养角度分析鸡产软壳蛋、砂皮蛋的原因，如何预防？
9. 从营养角度分析仔猪营养性贫血的原因，如何预防？
10. 在教师的指导下，对本地区养殖场进行畜禽营养缺乏症的调查，分析其产生的原因，提出防治的办法。

项目二

饲料原料的识别

项目导学

近年来，随着饲料工业的快速发展，大多数饲料生产企业在配方技术、加工设备和加工工艺上的差距越来越小，从而使饲料成品品质在很大程度上取决于饲料原料质量的优劣。饲料原料的种类很多，按其营养特性可分为粗饲料、青绿饲料、青贮饲料、能量饲料、蛋白质饲料、矿物质饲料、维生素饲料和饲料添加剂八大类。目前，一些不法分子在利益的驱使下，向饲料原料中掺假夹杂，使原料质量难以鉴定，生产出的产品也没有了竞争力。因此，为了保证饲料质量，必须控制好原料质量。

学习目标

1. 知识目标

- 了解国际、国内饲料的分类方法。
- 掌握饲料原料的种类、营养特性及其应用。
- 掌握饲料原料的识别与品质检验方法。

2. 能力目标

- 能正确分类各饲料原料。
- 能正确描述各饲料原料的营养特性及使用方法。
- 熟练掌握饲料原料的品质检验及掺假鉴别方法。

任务一 饲料的分类

任务描述

饲料是在合理饲喂条件下能给畜禽提供营养物质、调控生理机制、改善畜禽产品品质且不发生有毒、有害作用的物质。饲料是畜禽生产的物质基础，为了科学地利用饲料，有必要建立现代饲料分类体系，以适应现代畜禽生产发展需要。目前，世界各国饲料分类方法尚未完全统一，美国学者L. E. Harris提出的饲料分类原则和编码体系，已被美国科学研究委员会（NRC）所接受。1987年，张子仪将国际饲料分类原则与我国传统分类体系相结合，提出了我国的饲料分类法和编码系统。

任务实施

一、国际饲料分类法

L. E. Harris 根据饲料的营养特性将饲料分为粗饲料、青绿饲料、青贮饲料、能量饲料、蛋白质补充料、矿物质饲料、维生素饲料和添加剂饲料等八大类。其分类依据原则如表2-1-1所示。

表 2-1-1　国际饲料分类依据原则

饲料类别	饲料编码	划分饲料类别依据（％）		
		水分	粗纤维（干物质计）	粗蛋白质（干物质计）
粗饲料	1-00-000	＜45	≥18	—
青绿饲料	2-00-000	≥45	—	—
青贮饲料	3-00-000	≥45	—	—
能量饲料	4-00-000	＜45	＜18	＜20
蛋白质补充料	5-00-000	＜45	＜18	≥20
矿物质饲料	6-00-000	—	—	—
维生素饲料	7-00-000	—	—	—
饲料添加剂	8-00-000	—	—	—

二、我国饲料分类法

张子仪等在1987年建立了我国饲料数据库管理系统及饲料分类方法，共分为八大类和17个亚类（表2-1-2）。

表 2-1-2　中国饲料分类编码（％）

饲料类别	饲料编码	水分	粗纤维（干物质计）	粗蛋白质（干物质计）
一、青绿饲料	2-01-0000	＞45	—	—
二、树叶类				
1. 鲜树叶	2-02-0000	＞45	—	—
2. 风干树叶	1-02-0000	—	≥18	—
三、青贮饲料				
1. 常规青贮饲料	3-03-0000	65～75	—	—
2. 半干青贮饲料	3-03-0000	45～55	—	—
3. 谷实青贮饲料	4-03-0000	28～35	＜18	＜20
四、块根、块茎、瓜果				
1. 含天然水分的块根、块茎、瓜果	2-04-0000	≥45	—	—
2. 脱水块根、块茎、瓜果	4-04-0000	—	＜18	＜20
五、干草				
1. 第一类干草	1-05-0000	＜15	≥18	—
2. 第二类干草	4-05-0000	＜15	＜18	＜20
3. 第三类干草	5-05-0000	＜15	＜18	≥20
六、农副产品				
1. 第一类农副产品	1-06-0000	—	≥18	—
2. 第二类农副产品	4-06-0000	—	＜18	＜20
3. 第三类农副产品	5-06-0000	—	＜18	≥20

（续）

饲料类别	饲料编码	水分	粗纤维（干物质计）	粗蛋白质（干物质计）
七、谷实	4-07-0000	—	＜18	＜20
八、糠麸				
1. 第一类糠麸	4-08-0000	—	＜18	＜20
2. 第二类糠麸	1-08-0000	—	≥18	—
九、豆类				
1. 第一类豆类	5-09-0000	—	＜18	≥20
2. 第二类豆类	4-09-0000	—	＜18	＜20
十、饼粕				
1. 第一类饼粕	5-10-0000	—	＜18	≥20
2. 第二类饼粕	1-10-0000	—	≥18	≥20
3. 第三类饼粕	4-08-0000	—	＜18	＜20
十一、糟渣				
1. 第一类糟渣	1-11-0000	—	≥18	—
2. 第二类糟渣	4-11-0000	—	＜18	＜20
3. 第三类糟渣	5-11-0000	—	＜18	≥20
十二、草籽、树实				
1. 第一类草籽、树实	1-12-0000	—	≥18	—
2. 第二类草籽、树实	4-12-0000	—	＜18	＜20
3. 第三类草籽、树实	5-12-0000	—	＜18	≥20
十三、动物性饲料				
1. 第一类动物性饲料	5-13-0000	—	—	≥20
2. 第二类动物性饲料	4-13-0000	—	—	＜20
十四、矿物质饲料	6-14-0000	—	—	—
十五、维生素饲料	7-15-0000	—	—	—
十六、饲料添加剂	8-16-0000	—	—	—
十七、油脂类饲料及其他	4-17-0000	—	—	—

思考题

1. 按国际饲料分类法，可将饲料原料分为哪几类？
2. 国内饲料分类的依据是什么？

任务二　饲料原料的识别与利用

任务描述

　　粗饲料、青饲料以及青贮饲料的干物质中粗纤维含量较高，主要用于饲喂反刍家畜；能量饲料以玉米、糠麸和油脂为主，主要为畜禽提供能量；蛋白质饲料种类较多，以豆粕为主，杂粮、动物性蛋白质饲料作为补充；矿物质饲料主要使用食盐、石粉和磷酸氢钙；饲料添加剂起到调节饲料营养的平衡性，提高饲料加工质量和防止饲料质量降低的作用。

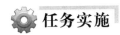 **任务实施**

一、粗饲料

粗饲料是指自然状态下水分含量在45％以下，饲料干物质中粗纤维含量大于或等于18％的饲料。此类饲料能量价值较低，主要包括干草、农副产品（秸、壳、荚、秧、藤）、树叶、糟渣等，是草食家畜日粮的主要成分。

（一）青干草

青干草是指天然或人工种植的牧草及饲料作物在未结籽实之前，刈割后干制而成的饲料。调制后的优质青干草保持青绿颜色，气味芬芳，质地柔软，营养也比较完善。青干草可分为豆科青干草（如紫花苜蓿、三叶草、草木樨、毛苕子等）和禾本科青干草（羊草、冰草、青燕麦、青稞草、苏丹草等）。

1. 营养特性 优质青干草的蛋白质含量为7％～14％，个别豆科牧草可达20％以上。干物质中可消化糖类占40％～60％，粗纤维消化率也较高。矿物质和维生素含量较丰富，豆科青干草含有丰富的钙和胡萝卜素，晒制青干草是反刍动物维生素D的主要来源。

2. 饲用价值 青干草便于保存和运输，可以解决某些地区冬季和早春季节的饲料供不应求问题，能保证全年均衡供给草料。青干草可直接用于饲喂，也可切短后拌精料饲喂，多用于饲喂牛、羊、马、骡、驴、兔等。优质豆科牧草的青干草还可以粉碎成草粉，混合于精料中饲喂猪和鸡。将干草与多汁饲料混合饲喂奶牛，可促进干物质及粗纤维的采食量，提高产奶量和乳脂含量。

（二）稿秕类饲料

稿秕类饲料是指将农作物籽实收获后剩余的秸秆和秕壳。

1. 秸秆类 秸秆类饲料主要有稻草、玉米秸、麦秸、豆秸和谷草等，此类饲料不仅营养价值低，消化率也低。稻草是我国南方农区主要的粗饲料来源，但以稻草为主的日粮应补充钙，最好能做氨化和碱化处理。玉米秸秆外皮光滑，质地坚硬，反刍家畜对玉米秸秆粗纤维的消化率大约为65％。小麦秸秆粗纤维含量高，并含有硅酸盐和蜡质，适口性差。豆秸粗蛋白质含量较高，适于饲喂反刍家畜，喂羊效果更好。谷草质地柔软厚实，适口性好，是马、骡的优良粗饲料，还可以铡碎饲喂牛和羊，与野干草混喂，效果更好。

2. 秕壳类 秕壳类饲料是指农作物籽实脱壳的副产品，包括稻壳、高粱壳、花生壳、豆荚、棉籽壳等。

（三）高纤维糟渣类

高纤维糟渣类饲料主要有甘蔗渣、甜菜渣、蚕豆粉渣、马铃薯粉渣、红薯粉渣等，这些都是制糖或制粉的副产品。该类饲料粗纤维含量高达30％～40％，但蛋白质和可溶性糖类极低，其营养特点及饲用价值类同于秸秆类饲料，是牛、羊等反刍家畜较好的粗饲料。

二、青绿饲料

青绿饲料是指天然水分含量高于60％、富含叶绿素、处于青绿状态的饲料。我国青绿饲料资源丰富，种类繁多，主要有天然牧草、栽培牧草（如紫花苜蓿、三叶草、紫云英、黑麦草、草木樨、苏丹草等）、青饲作物（如青刈玉米、青刈高粱、燕麦等）、叶菜类饲料（如苋菜、胡萝卜等）、树枝树叶及水生植物（如水葫芦、水花生、海藻类等）。青绿饲料营养丰富，是草食畜禽的良好饲料。

（一）营养特性

1. 水分含量高 青绿饲料一般水分含量比较高，陆生植物的水分含量为 75%～90%，水生植物可高达 95% 左右。

2. 适口性好 青绿饲料具有多汁性和柔嫩性，还含有丰富的酶、激素和有机酸，而且容易消化。

3. 蛋白质含量较高 青绿饲料蛋白质含量丰富，按干物质计算，禾本科牧草和叶菜类饲料的粗蛋白质含量一般为 13%～15%，豆科青绿饲料粗蛋白质含量可达到 18%～24%。青绿饲料还含有各种必需氨基酸，其中赖氨酸含量较高，可补充谷物饲料赖氨酸的不足。

4. 维生素含量丰富 青绿饲料中维生素含量比较丰富，特别是胡萝卜素含量较高，每千克饲料可含 50～80mg，但缺乏维生素 D，维生素 B_6 含量也很低。

5. 粗纤维含量较低 幼嫩的青绿饲料含粗纤维较少，木质素含量也较少，无氮浸出物含量较高，干物质中粗纤维含量为 15%～30%，无氮浸出物含量为 40%～50%。

6. 矿物质含量丰富 青绿饲料中矿物质含量因植物种类、土壤及施肥情况而异，一般钙占干物质的比例为 0.25%～0.50%，磷为 0.20%～0.35%。青绿饲料还含有丰富的铁、锰、锌、铜等微量矿物元素，但一般牧草中钠和氯的含量不能满足畜禽需要，放牧家畜应注意补充食盐。

（二）饲用价值

青绿饲料中有机物质的消化率牛、羊为 75%～85%，马为 50%～60%，猪为 40%～50%。反刍家畜可以大量饲用青绿饲料，作为高产奶牛日粮的主要成分，既能降低奶牛的饲养成本，又可提高饲料的转化效率，还可减少奶牛由于长期饲用高精料而引起的消化代谢疾病，提高鲜奶质量。

（三）饲用时应注意的问题

1. 防止亚硝酸盐中毒 青绿饲料如蔬菜、饲用甜菜、萝卜叶、芥菜叶、油菜叶中都含有硝酸盐，不能堆放时间过长、过夜，要随喂随取，防止亚硝酸盐中毒。

2. 防止氢氰酸中毒 高粱苗、玉米苗、马铃薯幼芽、南瓜蔓、三叶草等青绿饲料中含有氰苷配糖体，这些饲料如果堆放发霉或霜冻枯萎，在植物体内酶的作用下，氰苷配糖体被水解生成氢氰酸，畜禽采食这些饲料，容易引起中毒。

3. 防止草木樨中毒 霉变的草木樨不能饲用。草木樨内含有香豆素，当草木樨发霉腐败时，香豆素可转变为双香豆素，抑制畜禽肝中凝血原的合成，破坏维生素 K，延长凝血时间。饲喂草木樨时应逐渐增加喂量，不能突然大量饲喂。

4. 防止农药中毒 蔬菜园、棉花地、水稻田刚喷过农药后，应注意农药对蔬菜及其周围饲草、杂草的污染，应等下过雨或隔一个月后再利用，谨防引起农药中毒。

5. 防止胀气病 豆科牧草中含有产气物质，单独用豆科牧草饲喂时家畜容易发生胀气病，需搭配禾本科、稿秕饲料饲喂。

另外，树叶中含有单宁，具有苦涩味，适口性差，宜浸泡后过滤再与其他饲料混用。还要注意防止其他有毒植物的中毒，如夹竹桃、嫩栎树芽、青枫叶等。

三、青贮饲料

青贮饲料是指将牧草、饲料作物等新鲜青饲料，切短装入密闭的设备（容器）内，通过原料中的乳酸菌等微生物发酵制成的青绿多汁饲料。青贮饲料带有酸香味，适口性好，消化率高，但加工过程中会导致蛋白质含量减少，部分矿物质和维生素损失。

1. 取用　青贮饲料一般在调制 30d 左右即可开窖取用。一旦开窖，就要注意防雨淋或冻结。取用时要逐层或逐段，从上往下或从一端开始，按畜禽的实际采食量取用，随取随用。切忌全面打开或挖洞掏取，尽量减少与空气接触面，以防霉变。

2. 喂法　青贮饲料具有酸味，在开始饲喂时，畜禽有不愿采食现象。可先空腹饲喂青贮饲料，再喂其他草料；或先喂少量青贮饲料，而后逐渐加量；或将青贮饲料与其他草料拌在一起饲喂。青贮饲料具有轻泻作用，故妊娠母畜喂量不宜过多，以防流产。奶牛生产中，最好选择在挤奶后饲喂，以免影响牛奶的风味。

3. 喂量　各种家畜的适宜饲喂量，应根据家畜的种类、性别和饲喂效果而定。各种家畜每 100kg 体重的参考日喂量为：绵羊 4.0～5.0kg，奶山羊 1.5～3.0kg，公山羊 1.0～1.5kg，奶牛 5.0～7.0kg，育肥牛 4.0～5.0kg，种公牛 1.5～2.0kg，马 12～15kg。

四、能量饲料

能量饲料是指干物质中粗纤维含量在 18% 以下、粗蛋白质含量在 20% 以下的饲料，包括谷实类、糠麸类、块根块茎及瓜果类和油脂类等。能量饲料在畜禽饲粮中所占的比例最大，一般为 50%～70%，是畜禽的重要能量来源。

（一）谷实类饲料

1. 玉米　玉米种植面积广、产量高、有效能值高，号称"能量之王"，在配合饲料中所占的比例很大。优质玉米颗粒整齐均匀，光泽性强，黄玉米为淡黄色至金黄色。玉米含无氮浸出物 74%～80%，主要为易消化的淀粉，其消化率达 90% 以上。蛋白质含量为 7.2%～8.9%，且品质差，缺乏赖氨酸、蛋氨酸、色氨酸等必需氨基酸。钙、铁、铜、锰、锌、硒等矿物质元素含量较低。不饱和脂肪酸含量较高，主要是油酸和亚油酸等，亚油酸含量达 2%，为谷实类之首。因其脂肪含量高，故粉碎后的玉米粉不易久贮，容易被霉菌污染而产生黄曲霉毒素。黄玉米中含有丰富的维生素 A 原，而维生素 D、维生素 K 缺乏。黄玉米含色素较多，主要是 β-胡萝卜素、叶黄素和玉米黄质，对鸡的蛋黄、脚、皮肤及喙的着色有重要影响。在育肥猪日粮中玉米的饲喂量不宜过高，否则会引起体脂变软而降低胴体品质。

2. 大麦　大麦的粗蛋白质含量平均为 12%，赖氨酸、苏氨酸、色氨酸、异亮氨酸含量高于玉米，但利用率低。粗脂肪含量约为 2%，脂肪酸中 1/2 以上为亚油酸，是育肥猪后期的理想饲料，能获得高质量的硬脂胴体。大麦不宜饲喂仔猪，用量不应超过 25%。大麦是奶牛和肉牛的优良精饲料，但对鸡的饲喂价值明显不如玉米。

3. 小麦　小麦为椭圆形，颜色有白色、淡黄色、黄褐色和红色等。小麦的能值也较高，仅次于玉米。蛋白质含量高于玉米，但必需氨基酸含量较低，尤其是赖氨酸。小麦含 B 族维生素和维生素 E 较多，而维生素 A、维生素 D、维生素 C、维生素 K 极少。小麦对猪的适口性较好，在等量取代玉米饲喂育肥猪时，虽饲料利用率降低，但可节约部分蛋白质饲料，改善屠体品质。小麦喂鸡的效果不如玉米，其替代量以 1/3～1/2 为宜。小麦是反刍动物很好的能量来源，但用量不宜过多，以防产生过酸症，宜粗粉碎或压片使用。

4. 高粱 高粱脂肪含量较高，约为 3.4%，消化能比玉米稍低。但高粱中含较多的单宁，有涩味，适口性不好，而且容易引起便秘，因此在配合日粮中比例不宜过大。

（二）糠麸类饲料

1. 小麦麸 小麦麸又称麸皮，是小麦加工成面粉时的副产物，呈麦黄色，片状或粉状，适口性好，是国内外广泛应用的畜禽能量饲料原料。小麦麸粗蛋白质含量高（11.4%～18.0%），但品质较差。维生素含量丰富，特别是富含 B 族维生素和维生素 E。矿物质元素磷、铁、锰、锌含量较高，但缺乏钙。小麦麸结构疏松，含有适量的粗纤维和硫酸盐类，具有轻泻作用，可防止便秘。小麦麸还可作为添加剂预混料的载体、稀释剂和吸附剂等。

2. 米糠 稻谷在加工成精米的过程中所产生的副产物即米糠，呈淡黄灰色，色泽鲜艳一致，无酸败、霉变、结块、虫蛀和异味。国产米糠的蛋白质含量为 12.5%，赖氨酸含量为 0.55%。脂肪含量最高达 22.4%，且大多属于不饱和脂肪酸，油酸及亚油酸占 79.2%。米糠钙含量偏低，磷含量较高，且主要是植酸磷，因此利用率不高。微量元素中铁、锰含量丰富，而铜偏低。米糠富含 B 族维生素，而缺少维生素 C、维生素 D。米糠用量过多可使猪的背膘变软，胴体品质变差，因此育肥猪的饲粮用量应控制在 15% 以下。米糠易发生氧化酸败和水解酸败而引起发热和霉变，因此一定要使用新鲜米糠。

（三）块根、块茎及瓜果类饲料

块根、块茎及瓜果类饲料有甘薯、马铃薯、木薯、萝卜、胡萝卜、饲用甜菜、芜菁甘蓝、菊芋及南瓜等。该类饲料含水量高（75%～90%），适口性好和消化性均较好，属于重要的高能量饲料之一，是畜禽日粮的重要能量来源。

（四）油脂类饲料

油脂种类繁多，根据产品的来源及状态可分为动物性油脂、植物性油脂和海产动物油脂，能量含量高，是配制高能量饲料必不可少的原料。饲料中添加油脂，可以降低畜禽的呼吸道疾病，缓解热应激反应，改善饲料风味，提高制粒效果，减少混合机等机械设备的磨损。

油脂易氧化酸败，故需密闭保存，避免使用变质或劣质油脂。加油脂的配合饲料需同时加入适量的抗氧化剂（一般占油脂重的 0.01%），以防酸败。

（五）其他能量饲料

其他能量饲料有糖蜜、乳清粉、甜菜渣及甘蔗渣等。糖蜜是甘蔗和甜菜制糖的副产物，适口性好，但具有缓泻作用。甜菜渣对母畜有催乳作用，饲喂奶牛和其他哺乳动物效果较好。甜菜渣作为尿素载体，可以明显降低血氨浓度、改善适口性和饲料转化率等。甘蔗渣质地粗硬，含有较多的纤维素，但木质素含量较少。

五、蛋白质饲料

蛋白质饲料是指饲料干物质中粗纤维含量在 18% 以下、粗蛋白质含量在 20% 以上的饲料，包括植物性蛋白质饲料、动物性蛋白质饲料、微生物蛋白质饲料和非蛋白氮蛋白质饲料。

（一）植物性蛋白质饲料

1. 豆类籽实　豆类籽实主要包括黄豆、青豆、黑豆、豌豆和蚕豆等，其中比例最大的是黄豆，约占63%。豆类籽实蛋白质含量为20%～40%，氨基酸组成也较好，赖氨酸丰富，而蛋氨酸等含硫氨基酸相对不足。生大豆中含有多种抗营养因子，最典型的是胰蛋白酶抑制因子、凝集素、皂角苷等。因此，生喂豆类籽实不利于畜禽对营养物质的吸收，而蒸煮、适度加热和膨化可以钝化或破坏这些抗营养因子，提高蛋白质的利用率。

2. 饼粕类

（1）大豆饼粕。是我国最常用的一种植物性蛋白质饲料，一般呈不规则碎片状，颜色为浅黄色至浅褐色，具有烤大豆的香味。大豆饼粕蛋白质含量为40%～45%，去皮豆粕可高达49%，蛋白质消化率达80%以上。大豆饼粕赖氨酸、异亮氨酸含量丰富，但蛋氨酸含量较低。生大豆饼粕含有与大豆相似的抗营养因子，故不宜生喂。适当加热处理的优质大豆饼粕具有芳香味，适口性好，是各种畜禽的优质蛋白质饲料。

（2）棉籽饼粕。是棉籽经脱壳去油后的副产品，呈微红或黄色的颗粒状物品，有粉状、块状和片状3种。棉籽饼粕的蛋白质含量一般为35%～40%，有效赖氨酸含量较低。棉籽饼粕含有游离棉酚，易引起畜禽中毒，因此饲喂前需经脱毒处理。在猪的配合饲料中，棉籽饼粕用量不应超过10%。棉酚对反刍家畜几乎无毒性，是良好的蛋白质来源，适当使用可提高奶牛乳脂率。

（3）菜籽饼粕。是油菜籽榨油后的副产物，呈淡灰褐色，有粉状、片状和粒状3种。菜籽饼粕的蛋白质含量为35%～39%，氨基酸组成比较平衡。菜籽饼粕中含有硫葡萄糖苷、芥子碱、植酸和单宁等抗营养因子，脱毒后方可使用。另外，菜籽饼粕具有辛辣味，适口性较差。一般在单胃家畜及禽类的日粮中要限量饲喂，母猪在3%以下，肉猪5%以下，产蛋鸡7%以下，生长鸡10%以下，反刍家畜15%以下。

（4）花生饼粕。是脱壳花生仁经脱油后的副产物，呈淡褐色或深褐色，有淡花生香味，形状为小块或粉状。花生饼粕的蛋白质含量为45%～50%，氨基酸含量不平衡，赖氨酸、蛋氨酸含量低而精氨酸含量高。花生饼粕极易感染黄曲霉而产生黄曲霉毒素，可引起畜禽中毒。花生饼粕适口性极好，宜用于成年鸡，育成期用量可达6%，产蛋鸡用量可达9%。猪饲料中花生饼粕用量应不超过10%为宜，哺乳仔猪最好不用。奶牛挤奶期花生饼粕的用量应在2%以下。

（5）芝麻饼。粗蛋白质达40%以上，蛋氨酸、色氨酸、精氨酸含量较高，但赖氨酸含量低。芝麻饼具有苦涩味，适口性较差，育肥猪用量不应超过10%，且需补加赖氨酸。芝麻饼是反刍家畜较好的蛋白质来源，能促使被毛光滑，但喂量太多，可降低牛奶的乳脂率。

3. 农副产品及糟渣类　玉米蛋白粉是玉米生产淀粉的副产物，蛋白质含量为25%～60%，是养鸡生产中的优质饲料。此外，酒糟、醋糟、豆腐渣等均含有丰富的蛋白质，粗纤维含量也较高，不宜饲喂禽类，但是喂肉牛的好饲料。

（二）动物性蛋白质饲料

1. 鱼粉　鱼粉是以全鱼或鱼下脚料（鱼头、尾、鳍、内脏等）为原料，经过蒸煮、压榨、干燥、粉碎加工之后的粉状物。优质鱼粉一般色泽一致，呈红棕色、黄棕色或黄褐色等，细度均匀。鱼粉蛋白质含量丰富，进口鱼粉一般在60%以上，国产鱼粉约为50%。鱼粉中矿物质和维生素含量丰富，粗脂肪含量为5%～12%，贮藏过久易发生氧化酸败。日粮鱼粉用量不宜过多，不仅会增加成本，还会引起鸡蛋、鸡肉和猪肉产生异味。

2. 肉骨粉与肉粉 肉骨粉、肉粉是以肉类加工厂的废弃物（如残骨、皮、脂肪、内脏、碎肉等）经干燥脱脂粉碎而成，不应含有毛发、蹄、角、皮革、排泄物及胃内容物。肉骨粉或肉粉的蛋白质含量为30%～65%，赖氨酸含量丰富。钙、磷及B族维生素含量高，维生素A、维生素D含量较少。新鲜肉骨粉或肉粉为淡褐色，具有烤肉香及牛油或猪油味，贮藏不良会出现酸败味。在日粮中的含量，鸡一般应在6%以下，猪5%以下，幼龄畜禽不宜使用。

3. 血粉 血粉是用新鲜干净的动物血液制成的一种高蛋白质饲料产品，一般为红褐色至深褐色。血粉蛋白质含量高达80%，赖氨酸含量丰富，异亮氨酸和蛋氨酸含量较少，且氨基酸比例不平衡。由于血粉味苦，适口性差，用量不宜过高。鸡饲粮中以2%为宜，猪饲粮中不应超过5%。

4. 羽毛粉 羽毛粉是由禽类的羽毛经清洗、高压水解、粉碎所得的产品。羽毛粉含蛋白质在80%以上，但是氨基酸组成不平衡，因而蛋白品质较差。羽毛粉的饲用价值低，必须与其他蛋白质饲料搭配使用，日粮中的用量不超过3%～5%。

5. 其他动物性蛋白饲料

（1）蚕蛹粉。是蚕蛹经干燥粉碎后的产物。蛋白质含量为55%，必需氨基酸含量丰富，是优质的蛋白质氨基酸来源。脂肪含量高，约为22%，易腐败变质，使鸡蛋、鸡肉、猪肉带有不良气味，猪肉肉脂发黄。

（2）脱脂奶粉。指脱脂乳经浓缩、干燥制成的粉末制品，其主要成分为蛋白质和乳糖，并富含维生素和矿物质，除乳脂含量低外，是一种全价营养源。脱脂奶粉在所有畜禽饲料中均可使用，尤其对哺乳仔猪饲用价值较高，适口性好。一般在哺乳仔猪人工乳中的用量为10%～20%。

（3）蝇蛆粉。粗蛋白质含量为63.1%，必需氨基酸含量丰富，富含维生素B_1、维生素B_2和微量元素，且无臭、无异味，是各类畜禽优质的蛋白质饲料。

（4）蚯蚓粉。饲料价值较高，粗蛋白质含量为66.3%，粗脂肪含量为7.9%。

（三）微生物蛋白质饲料

微生物蛋白质饲料主要包括饲料酵母、细菌、真菌及微型藻类。饲料酵母粗蛋白质含量为40%～50%，赖氨酸含量较高，B族维生素丰富，但适口性较差，饲粮配比不超过10%。

（四）非蛋白氮蛋白质饲料

非蛋白氮蛋白质饲料指供饲料用的尿素、双缩脲、氨、铵盐及其他合成的简单含氮化合物，可作为瘤胃微生物合成蛋白质所需的氮源，以节省饲料蛋白质。

（五）人工合成氨基酸和小肽类饲料

天然饲料中氨基酸的平衡性很差，因此需要另外添加氨基酸来平衡或补充某种特定生产目的的需要，如赖氨酸、蛋氨酸、色氨酸、苏氨酸等。目前，市场上出现了很多饲料肽制品，生物利用率高，在缓解幼畜的断奶应激、降低腹泻和促进生长等方面都具有很好的效果。

六、矿物质饲料

（一）钙源饲料

1. 石粉 石粉是天然的碳酸钙，含钙量为34%～39%，是补钙最廉价、最方便的矿物质原料。一般而言，碳酸钙颗粒越细，吸收率越好，但产蛋期蛋鸡以粗粒为好。

2. 贝壳粉 由各种贝壳类动物的外壳（如牡蛎壳、蚌壳、蛤蜊壳等）经过消毒、清理、粉碎而制成的粉状或颗粒状产品，主要成分为碳酸钙，含钙量 33％～38％。贝壳粉主要应用于蛋鸡和种鸡料中，可增强蛋壳强度，改善蛋壳品质。但应注意有无发霉、发臭的生物尸体。

另外，蛋壳粉、碳酸钙、氧化钙、葡萄糖酸钙等都可作为钙源饲料，钙源饲料来源广、价格便宜，但使用量不宜过多。

（二）磷源饲料

畜禽常用的植物性饲料中磷并不缺乏，但主要以植酸磷形式存在，利用率低，必须从饲料中补充。生产上常用的磷源饲料主要有磷酸钙盐、磷酸钠盐和骨粉。

（三）食盐

食盐是补充钠、氯的最简单、最价廉和最有效的添加源。食盐还可以改善口味、增进食欲、促进消化。一般在猪、禽日粮中以 0.3％～0.5％为宜，牛、羊等草食家畜日粮中可达 1％。喂量不可过多，否则会导致食盐中毒。

（四）微量矿物质饲料

多为化工生产的各种微量元素的无机盐类和氧化物。近年来，有机酸盐和螯合物以其生物效价高和抗营养干扰能力强而受到重视。饲料中补饲的微量元素主要有铁、铜、锌、锰、钴、碘和硒等。

（五）其他天然矿物质饲料

1. 沸石 沸石是一种天然矿石，其分子中有许多空隙与通道，具有吸附气体（如氨气）、离子交换和催化作用。日粮中使用少量沸石，可提高畜禽的生产性能，减少肠道疾病，降低畜禽舍臭味。在反刍家畜的日粮中添加沸石，可提高非蛋白氮的使用安全和利用率。

2. 麦饭石 麦饭石在我国医药中曾作为一种"药石"，用于防病治病。麦饭石也有许多空隙，具有很强的吸附性，与活性炭一样具有一定的收敛作用，能吸附氨、硫化氢等不良气体及一些肠道细菌，如大肠杆菌、痢疾杆菌等。在畜禽消化道内，麦饭石能释放出铜、铁、锌、锰、钴、硒等微量元素，延长饲料在消化道内的停留时间，提高饲料的消化率，改善畜禽的生产性能。

3. 海泡石 属于稀有非金属矿石，热稳定性较强，可吸附氨，消除排泄物臭味，常用于饲料，也可作为微量元素的载体和稀释剂及颗粒料黏合剂。

4. 膨润土 具有阳离子交换、膨胀和吸附性，能吸附大量的水和有机质。膨润土中含有磷、钾、钙、锰、锌、铜、钴、镍、钼、钒、钡等畜禽所需要的微量及常量元素。

此外，凹凸棒石、稀土、白陶土等，均可作为畜禽的矿物质饲料加以开发和利用。

七、维生素饲料

维生素饲料是由工业合成或提纯的单一或复合维生素制品，包括脂溶性维生素饲料和水溶性维生素饲料两大类。

1. 脂溶性维生素饲料 主要包括维生素 A、维生素 D、维生素 E、维生素 K 等制品。商品维生素 A 制品主要是合成产品，呈淡黄色片状结晶，易被紫外线和氧化剂破坏，因此应装在棕色瓶内避光保存。商品维生素 D 制品是以维生素 D_3 油为原料，配以适量的抗氧化剂和稳定剂，并以明胶和淀粉等为辅料，经喷雾法制成的微粒，外观为黄色，易被光、氧和酸所破坏。商品维生素 E 制品为微黄色透明黏稠液体，无味，遇光色渐变深，一般均需包被处理制成微型胶囊，以减缓氧化损失，在预混料中可储存 3～4 个月，在全价料中可储存 6 个月。商品维生素 K 为白色或灰黄褐色结晶粉末，无臭，遇光易分解，易吸潮。

2. 水溶性维生素饲料　主要包括维生素 B 族的维生素 B_1、维生素 B_2、维生素 B_6、维生素 B_{12}、泛酸、尼克酸、生物素、胆碱、叶酸及维生素 C 等制品，外观一般为白色、黄色或淡黄色结晶性粉末（胆碱除外）。当以单体形式存在时，性质都比较稳定（维生素 C 除外）；当以复合形式存在或与微量矿物元素混合存在时，则性质不稳定，很容易遭受破坏。

八、饲料添加剂

饲料添加剂是指在饲料加工、制作和使用过程中添加的少量或微量物质，用以完善饲料的营养特性，提高饲料转化效率，促进畜禽生长，预防疾病，减少饲料在贮存期间营养损失以及改善畜禽产品品质等。在畜禽生产中往往不是使用单一的饲料添加剂，而是同时使用几种饲料添加剂或复合添加剂预混料。广义的饲料添加剂包括营养性添加剂（氨基酸、微量矿物元素、维生素）和非营养性添加剂（酶制剂、抗氧化剂、着色剂等）。

（一）益生素

益生素，又称微生态制剂、活菌制剂等，是指一种可以直接饲喂畜禽并能改善肠道微生态平衡、提高机体免疫力、促进畜禽生长和提高饲料利用率的活性微生物或培养物。

1. 活菌制剂　主要有乳酸杆菌制剂、枯草杆菌制剂、双歧杆菌制剂、链球菌制剂和曲霉菌类制剂等。饲料中添加量一般为 0.02%～0.20%。

2. 灭活益生素　多由经热灭活的嗜酸乳酸菌的菌体细胞及其培养过程所分泌的代谢产物组成，主要用来预防和治疗畜禽常见的细菌性和病毒性腹泻，具有耐高温、无毒副作用、无残留等优点，将成为益生素发展的新趋势。

3. 化学益生素　化学益生素是一种非消化性食物成分，具有促进有益菌增殖的效果，主要包括多糖和寡糖，如低聚果糖、甘露寡聚糖等。

（二）酶制剂

酶制剂目前已在饲料中广泛应用，品种约 20 余种，如 β-葡聚糖酶、α-淀粉酶、蛋白酶、纤维素酶、脂肪酶、果胶酶、植酸酶和复合酶制剂等。饲用酶制剂大多属于助消化的酶类，均需稳定化处理，多用于仔猪、家禽和犊牛等。

（三）中草药添加剂

中草药来源于天然的动植物或矿物质，本身含有丰富的维生素、蛋白质和矿物质。在饲料中添加中草药添加剂可补充营养、促进生长、增强畜禽体质和提高抗病力。中草药来源丰富、价格低廉、作用广泛，而且具有毒性低、无残留、不易产生耐药性等优点，是近年来国际动物营养学研究的一大热点，具有较高的经济效益和社会效益。目前用于饲料的中草药添加剂主要有穿心莲、黄芪、苦参、大蒜素、牛蒡油、糖萜素、黄芪多糖、常山酮、类黄酮等。

（四）饲料保存剂

1. 防腐剂　防腐剂是指能抑制微生物生长繁殖、防止饲料发霉变质和延长贮存时间的饲料添加剂。一般在多雨地区的夏季，应向饲料中添加防腐剂。常见的防腐剂有丙酸、丙酸钠、富马酸（延胡索酸）、山梨酸钾、苯甲酸钠、柠檬酸、柠檬酸钠及双乙酸钠等。现在生产上也多采用复合防霉剂。

2. 抗氧化剂　饲料抗氧化剂是指能够阻止或延迟饲料氧化，提高饲料稳定性和延长贮存期的物质。常用的有乙氧基喹啉（EMQ）、二丁基羟基甲苯（BHT）、丁羟基茴香醚、二氢吡啶、维生素 E 等。乙氧基喹啉又称乙氧喹、山道喹等，是公认的首选饲料抗氧化剂，普遍用作动物性油脂、苜蓿、鱼粉及配合饲料的抗氧化剂。二丁基羟基甲苯对饲料中脂肪、叶绿素、维生素、胡萝卜素等都有保护作用，对蛋黄和胴体的色素沉着、猪肉香味的保持具有促进作用，广泛应用于猪、鸡、反刍动物及鱼类饲料中。

（五）饲料诱食剂

1. 香味剂　目前饲料中香味剂的使用已很普遍，比较流行的香型有乳香、鱼腥香、瓜果香、蔬菜香、熟肉香等，其中乳香型在幼龄畜禽及宠物饲料中使用最多。常见的香味剂有柠檬醛、香兰素、乙酸异戊酸（香蕉水）、L-薄荷醇、甜橙油、桉叶油等。

2. 调味剂

（1）甜味剂。常用的天然甜味剂主要有蔗糖、麦芽糖、果糖、半乳糖、甘草、甘草酸二钠等，人工合成的甜味剂主要有糖精、糖精钠、甜蜜素、安塞蜜、甜菊糖苷等。

（2）辣味剂。有刺激口腔味蕾、增强畜禽食欲、促进胃肠道运动的作用，主要用于鸡、猪和牛的饲料。常用的辣味剂主要有大蒜粉和红辣椒粉。

（3）鲜味剂。常用的是谷氨酸钠，味鲜，可作为鱼类及仔猪饲料的诱食剂，在饲料中的添加量一般为 $0.1\% \sim 0.2\%$。

（六）饲用着色剂

着色剂主要是用来改善饲料和畜产品色泽及其外观性状的添加剂。常用的着色剂产品主要有胡萝卜素、类胡萝卜素、叶黄素、辣椒红等，多用于蛋鸡、肉鸡及水产动物等的饲料中，可改善皮肤、鸡肉、蛋壳和蛋黄的色泽。

（七）饲料酸化剂

酸化剂是一类主要用于幼畜日粮以调整消化道内环境的添加剂，具有降低胃内 pH，有助于饲料的软化、养分的溶解和水解，减少幼畜腹泻、下痢等作用。酸化剂包括有机酸化剂（柠檬酸、延胡索酸、乳酸、丙酸、苹果酸、甲酸等）、无机酸化剂和复合酸化剂。

另外，根据生产需要还可添加适量的流散剂（如硬脂酸钾、硬脂酸钠、硬脂酸钙、二氧化硅、硅藻土等）、黏结剂（如淀粉、植物胶、动物胶、糖蜜、膨润土、明胶等）、缓冲剂（如碳酸氢钠、氢氧化铝等）、乳化剂、除臭剂（环保安、丝兰属植物提取液、沸石、活性炭等），以及防尘剂等。

思考题

1. 简述粗饲料的种类及营养特性。
2. 饲喂青绿饲料应注意哪些事项？
3. 简述能量饲料的分类及饲用价值。
4. 简述蛋白质饲料的分类及饲用价值。
5. 如何合理应用蛋白质饲料？

6. 矿物质饲料在畜禽养殖中有何实际作用？

7. 如何合理利用钙源、磷源饲料？

8. 畜禽生产中，如何合理补饲食盐？

9. 饲料添加剂在畜禽养殖中有何作用？如何合理使用饲料添加剂？

任务三　饲料原料的品质检验

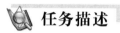 **任务描述**

饲料原料对配合饲料的产品质量有着决定性的影响，生产配合饲料时都必须对饲料原料进行质量鉴定。目前，由于一些优质蛋白质日粮日趋短缺，生产中原料掺假现象比较严重，大大降低了原料品质，给饲料厂和养殖场造成了巨大的经济损失。而作为优质蛋白源的鱼粉掺假现象更为突出，常见的掺杂物主要有尿素、铵盐、血粉、羽毛粉和鞣革粉等。饲料原料的质量鉴定包括感官检验、显微镜检验和化学检验等。

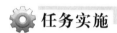 **任务实施**

一、感官检验

饲料原料质量的感官检验是指用视觉、嗅觉、触觉等方法来鉴定饲料一般性外观质量的方法。鉴定人员平时要注意观察各种饲料原料，充分了解和掌握各种原料的基本特征，这样才能快速、准确地辨别原料的质量优劣。

1. 视觉法　视觉法是通过肉眼或放大镜观察饲料原料的形状、色泽、夹杂物、虫害及霉变等。如发现原料结块，可能是水分含量过高或发生了霉变。粉碎、过筛时若发现粉料呈现球块，可能发生霉变或脂肪含量较高。较好的玉米呈黄色且均匀一致，霉变玉米外表面和胚芽部分呈现黑色或灰色斑点。正常豆粕应呈黄色或金黄色，若呈褐色、棕褐色或棕黑色，可能加热过度。豆饼掺假很多，常掺入玉米、豆皮、沙子或其他饼类等，需要掰开细心观察。优质鱼粉色泽一致，呈红棕色、黄棕色或黄褐色等，细度均匀；劣质鱼粉为浅黄色、青白色或黑褐色；掺假鱼粉为黄白色或红黄色，细度和均匀度较差；受潮鱼粉结块，颜色发白或发灰，腥味浓，无光泽。

2. 嗅觉法　用鼻子来嗅闻饲料是否具有原料物质的固有气味，并确定有无霉变、氨臭味、焦糊味、腐败臭味或其他异味。特别是对鱼粉、肉骨粉、羽毛粉、蚕蛹粉、骨粉及油脂类的鉴别，要注意利用嗅觉来鉴定是否腐败变质，鉴别时应避免环境中其他气味的干扰。若发现鱼粉有刺激性氨味、哈喇味、霉味，即可判定该鱼粉已发生腐败、霉变或脂肪酸败。

3. 触觉法　将饲料放在手上，用指头捻，通过感触来觉察其粒度的大小、硬度、黏稠性、有无夹杂物及水分的多少等。用手搅动（抛动）玉米，如声音清脆，则水分较低，反之水分较高。用手捏或用牙咬豆粕，感觉较绵的，水分较高；两手用力搓豆粕，若手上黏有较多油腻物，则表明油脂含量较高。优质鱼粉手捻质地柔软呈鱼松状，无沙粒感；劣质鱼粉和掺假鱼粉都因鱼肌肉纤维含量少，手感质地较硬、粗糙磨手。青干草手触无湿凉感，手摇有沙沙响声，表明品质优良。

二、显微镜检验

(一) 检测原理

饲料显微检测是以动植物形态学、组织细胞学为基础，将显微镜下所见物质的形态特征、物化特点、物理性状与实际使用的饲料原料应有的特征进行对比分析的一种鉴别方法。

(二) 仪器设备

体视显微镜、生物显微镜、分析天平、电热干燥箱、抽滤器、分样筛、培养皿、载玻片、盖玻片、尖头镊子、尖头探针及实验室常用仪器。

(三) 操作步骤

1. 样品检前处理　取有代表性的分析样品 10～15g 平铺于纸上，仔细观察，记录颜色、粒度、硬度、气味、霉变及异物等情况。观察中应特别注意细粉粒，因为掺假（杂）物往往被粉得很细。然后对样品进行筛分，通常用 20～40 目筛子将样品分成 3 组。对脂肪含量较高的样品，先用乙醚或四氯化碳等有机溶剂脱脂。若有糖蜜形成的团块或模糊不清的饲料样品，可用丙酮处理。

2. 体视显微镜观察　将筛分好的各组样品分别平铺于纸下或培养皿中，置于体视显微镜下，从低倍至高倍进行检查。从上到下，从左到右逐粒观察，先粗后细，边检查边用探针将识别的样品分类，同时探测各种颗粒的硬度、结构、表面特征（如色泽、形状等）并做记录。将检出的结果与生产厂家出厂记录的成分相对照，即可将掺假、掺杂、污染等质量情况做出初步测定。

3. 生物显微镜观察　当某种异物掺入较少且磨得很细时，在体视显微镜下很难辨认，需通过生物显微镜进行观察。

(1) 样品处理。生物显微镜观察的样品，一般采用酸与碱进行处理。不同的原料，所用酸碱浓度和处理时间也不同。动物性单纯蛋白，如鱼粉、肉骨粉、水解羽毛粉等只需用 1.25% 的硫酸处理 5～15min；含角蛋白样品，如蹄角粉、皮革粉、生羽毛粉、猪毛等需用 50% 的硫酸处理，时间也稍长；甲壳类和植物中的玉米粉、麸皮、米糠、饼粕类等先用 1.25% 硫酸，再用 1.25% 的氢氧化钠处理，时间为 10～30min；稻壳粉、花生壳粉等纤维含量较高的样品需分别用 50% 硫酸和 50% 的氢氧化钠处理，对这种样品的处理时间可根据经验而定。具体处理步骤如下：过筛（粒大 10 目，粒小 20 目）→酸处理（加热）→过滤→蒸馏水冲洗 2～3 次→必要时还需碱处理（加热）→过滤→蒸馏水冲洗 2～3 次→制作。

(2) 制片与观察。取少量消化好的样品于载玻片上，加适量载液并将样品铺平，力求薄而匀，载液可用 1∶1∶1 的蒸馏水、水合氯醛、甘油，也可用矿物油，单纯用蒸馏水也较普遍。观察时，应注意样片的每个部位，而且至少要检查 3 个样片后再综合判断。

三、化学检验

饲料化学检验是利用化学分析及仪器分析的方法对饲料原料的质量进行定性、定量地检测，用以区分饲料原料是否掺杂并测定掺杂物的种类及比例情况，从而进一步判别原料的质量优劣。下面介绍几种掺杂成分的检测：

1. 淀粉　利用碘—碘化钾遇淀粉变蓝这一反应机理，可鉴定鱼粉等动物性饲料中是否混有淀粉。检测方法：取样品 1～2g 于小烧杯中，加入 10mL 水加热 2～3min 浸取淀粉，冷却后滴入 1～2 滴碘—碘化钾溶液（取碘化钾 6g 溶于 100mL 水中，再加碘 2g），如果溶液立即变蓝或蓝黑，则表明样品中掺有淀粉。

2. 木质素 利用间苯三酚与木质素在强酸条件下可产生红色化合物，根据这一特征可检测出饲料中是否混有锯末、花生皮粉末和稻壳粉末等。检测方法：取样品少许用间苯三酚溶液（将间苯三酚 29g 溶于 100mL 90％乙醇中）浸湿，放置约 5min 后，滴加浓盐酸 1～2滴，如果样品呈深红色，则表明掺有木质素。

3. 碳酸盐 把少量样品放入稀盐酸（$HCl:H_2O=1:1$）中，如果有气泡产生（二氧化碳），则说明有碳酸盐的存在。这种方法可用来鉴别饲料中是否混有石粉、贝壳粉等。

4. 食盐 样品中加入 5～6 倍的水，用力振荡摇匀并过滤，然后向滤液中加入稀硝酸及硝酸银溶液各 1～2 滴，若有食盐，则产生白色沉淀。此外，通过观察这种白色沉淀的多少，还可以推断食盐的含量。

5. 尿素 检查鱼粉等饲料原料中是否掺入尿素，常采用奈斯勒试剂法。尿素在碱性条件下，由于尿素酶的催化作用可生成氨态氮，奈斯勒试剂与氨态氮反应产生黄褐色沉淀。检测方法：取样品 1～2g 于试管中，加 10mL 水振摇 2min，静置 20min，取上清液 2mL 于蒸发皿中，加入 1mol/L 氢氧化钠溶液 1mL 于水浴锅上蒸干。加适量水将残渣溶解，再加少许尿素酶或生豆粉，静置 2～3min 后，加 2 滴奈斯勒试剂（取碘化汞 23g 和碘化钾 1.6g 溶于 100mL 的 6mol/L 氢氧化钠溶液中），如样品有黄褐色沉淀产生则表明有尿素存在。

6. 鞣革粉 通过检出铬来检查鱼粉等饲料原料中是否混有鞣革粉。该法原理是：用铬鞣制的皮革中均含有铬，通过灰化有一部分转变为六价铬，在强酸条件下，六价铬可与二苯基卡巴腙反应生成铬—二硫代卡巴腙的紫红色水溶性化合物。该反应很灵敏，适用于微量铬的检出。检测方法：取样品 1～3g 于坩埚中，置电炉上炭化至烟除尽，于 550～600℃ 茂福炉内灰化 30min，冷却后加入 2mol/L 硫酸溶液 10mL 搅拌，滴加数滴二苯基卡巴腙溶液（取 0.2g 二苯基卡巴腙溶于 100mL 90％乙醇中），若样品呈紫红色则表明样品中掺有鞣革粉。

7. 蛋白精 蛋白精（脲醛聚合物）在硫酸的作用下分解生成甲醛，甲醛与变色酸生成一种紫色物质。淀粉、蛋白质、糖及铵均不干扰此反应。测定方法：取 0.1～0.2g 样品于干燥的 50mL 烧杯内，加约 1mL 变色酸（1g/L 浓硫酸溶液），在电炉上小心微热至刚产生微烟，取下烧杯，加入 10mL 水，若溶液变成紫色，则样品中含蛋白精，属伪劣产品。

8. 矿物油（皂化法） 取 1mL 样品于 250mL 三角瓶内，加 1mL 饱和氢氧化钠，再加 30mL 无水乙醇，电炉上回流 3min，马上加 30mL 沸水，若变混浊，则掺了矿物油。

除常规成分外，对饲料原料中的一些有毒有害化学成分还要根据其特殊性质进行相应的检测，这些特殊成分影响饲料的安全、品质和利用效率，如有害金属（汞、砷、铅、铬等）、亚硝酸盐、农药以及微生物等。这些成分的检测方法可参照有关国家标准进行。

📖 背景知识

影响饲料原料质量的因素

1. 自然变异 饲料原料的养分含量因地区、年份、品种、土壤肥力、气候条件及收割时期等不同而存在一定的差异，一般谷实类及其加工副产品的养分含量比蛋白质饲料尤其是鱼粉要稳定一些，但大豆饼粕是一种养分含量变异小的蛋白质饲料。

2. 加工　加工方法和加工技术的不同，也会导致饲料原料特别是一些农业副产品原料在质量上出现差异。棉籽饼粕、葵花饼粕等加工时是否脱壳及脱壳程度高低也影响到饼粕的质量。血粉、羽毛粉、骨粉等因加工方法与技术的不同，营养价值差异也较大。

3. 掺假　颗粒细小的饲料原料最容易掺假，掺假不仅改变被掺假原料的化学成分，降低其营养价值，严重时会引起中毒现象。鱼粉价格昂贵，是容易被掺假的饲料原料之一，常掺入的成分有粉碎较细的贝壳、谷壳、棉籽饼、菜籽饼、羽毛粉、鞣革粉及尿素等。米糠可能会用稻壳掺假，贝壳粉中可以掺入沙砾，磷酸氢钙中可以掺入石粉，酵母中可以掺杂植物蛋白等。总之，掺假是"以次充好""以假乱真"，或者故意增减某些成分。

4. 有毒有害物质　饲料中有毒有害物质的种类很多，主要包括化学性污染、天然抗营养物质、生物污染、病原微生物、饲料变质等。饲料原料在受到农药、工业"三废"等的污染后，会带上重金属及有毒有害物质。棉籽饼粕中含有游离棉酚，菜籽饼粕中含有异硫氰酸酯，木薯中含有亚麻苦苷。霉变的玉米、花生饼粕易感染黄曲霉而产生对人畜危害最大的霉菌毒素。被污水污染的青菜、野菜带有沙门氏菌，骨粉、鱼粉等动物性饲料易滋生沙门氏菌。米糠、鱼粉在不适当的运输、装卸、贮藏和加工过程中易腐败变质，萝卜叶、白菜、甜菜、马铃薯等存放过长易产生亚硝酸盐。畜禽食入含有这些有毒有害的饲料，导致生产性能下降，严重时引起死亡。

思考题

1. 影响饲料原料质量的因素有哪些？

2. 查阅资料，结合畜牧生产总结玉米、小麦麸、豆粕、鱼粉等外观、形状、颜色、味道及构造的感官性状特征。

3. 查阅资料总结玉米、小麦麸、豆粕、鱼粉等的显微结构特征。

4. 如何进行鱼粉的掺假鉴别？

项目三

饲料原料的加工调制

项目导学

饲料的营养价值不仅取决于原料本身，而且受加工调制的影响。饲料经过合理加工调制，可改善其适口性，增加采食量，提高营养价值，便于保存。常用的加工调制方法有物理加工、化学处理和微生物处理3种，其中物理加工包括机械加工（切短、粉碎或揉碎等）、热加工（蒸煮、膨化和高压蒸汽裂解等）和盐化浸泡等；化学处理是利用酸碱等化学物质对秸秆饲料进行处理，降解纤维素和木质素中部分营养物质，以提高其饲用价值，生产中广泛应用的有碱化、氨化和酸处理；微生物处理是利用乳酸菌、纤维分解菌和酵母菌等有益微生物，分解难以消化的木质素和纤维素，增加菌体蛋白质、维生素等有益物质，主要包括青贮饲料和糖化饲料。

学习目标

1. 知识目标

- 了解粗饲料的加工调制方法。
- 理解青贮饲料的加工调制原理。
- 掌握青贮饲料的加工调制技术。
- 了解谷物饲料的一般加工调制技术。
- 理解一般饲料的去毒原理和去毒方法。

2. 能力目标

- 会氨化处理农作物秸秆。
- 掌握青干草的调制方法。
- 会制作青贮饲料并进行品质鉴定。
- 能对一般饲料进行去毒处理。

任务一　粗饲料的加工调制

任务描述

粗饲料作为反刍家畜的主要基础饲料，在日粮中占有相当大的比重，其质量高低对反刍家畜的生产性能起着非常重要的作用。粗饲料的营养价值和利用率因来源和种类不同差异较大，如秸秆、秕壳、荚壳、笋壳等低质粗饲料，适口性、可消化性和养分平衡性均较差，营养价值也较低，直接饲喂利用率较低。因此，可采用高效合理的预处理和加工调制技术，实现秸秆饲料资源工厂化和规模化高效利用，以提高其饲用价值。

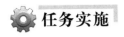 **任务实施**

一、物理加工

1. 机械加工　利用机械将粗饲料铡短、粉碎或揉搓，这是利用粗饲料最简便而又常用的方法。秸秆饲料比较粗硬，加工后便于咀嚼，可减少能耗，提高采食量，并减少饲喂过程中的饲料浪费。牛饲用秸秆一般以 2～3cm 为宜；羊粗饲料应粉碎，但不宜太细；用作猪、禽配合饲料的干草粉，要粉碎成面粉状以便于充分搅拌。饲草收获后及时揉搓成丝条状，可直接饲喂，也可氨化、微贮或晒干贮存，降低营养成分损失。

2. 盐化　将铡碎或粉碎的秸秆饲料与等量的 1%食盐水充分搅拌后，放入容器内或水泥地面上，用塑料薄膜覆盖，放置 12～24h，使其自然软化，可明显提高秸秆的适口性和采食量。

二、化学处理

（一）氨化处理

1. 原理　氨与秸秆中的有机物相遇会发生氨解反应，破坏木质素与纤维素、半纤维素链间酯键的结合，形成一种非蛋白氮化合物铵盐。同时，氨水离解出的氢氧根离子对秸秆又有碱化作用。秸秆经氨化与碱化的双重作用，粗蛋白质含量可提高 1 倍左右，纤维素含量降低 10%。

2. 加工方法　氨化秸秆的主要氨源有液氨、氨水、尿素和碳铵，其中以液氨和尿素处理效果较好。液氨处理需一定的设备，适宜在集约化养殖场推广应用。目前国内多用尿素处理，并获得了十分理想的效果。

秸秆中加入尿素，用塑料膜覆盖，在适宜的温度和湿度下，尿素在尿素酶的作用下分解出氨对秸秆进行氨化。具体方法：①将秸秆铡碎，麦秸、稻草铡成 3cm 左右，玉米秸为 1～2cm，易于压实，增加氨化原料与氮源的接触面，增强氨化作用；②按秸秆重的 3%～5%将尿素均匀地喷洒在秸秆上，逐层堆放；③用塑料薄膜覆盖密封，为加速分解可加入脲酶含量丰富的新鲜生大豆粉。处理时间取决于气温，气温在 30℃以上时需 10～15d，气温在 20～30℃时需 12～21d，气温在 10～20℃时需 19～35d，气温在 0～10℃时需 33～65d。

（二）碱化处理

1. 原理　碱化处理是利用碱溶液中的氢氧根离子破坏木质素与半纤维素之间的酯键，使半纤维素和大部分木质素（60%～80%）溶解于碱液中，把镶嵌在木质素—半纤维素复合物中的纤维素释放出来，便于草食家畜消化利用，提高秸秆饲料的消化率。

2. 加工方法　碱化处理所用的物质，主要有氢氧化钠和石灰水。氢氧化钠处理效果较好，但处理成本较高，且存在环境污染问题，在生产实践中推广比较困难。生石灰加水经熟化沉积后形成的石灰水（澄清液），主要成分为氢氧化钙弱碱液，用其处理秸秆可浸泡或喷洒。喷洒方法是：每 100kg 秸秆，需生石灰 3kg，加水 200～300kg，将熟化的石灰水均匀喷洒在粉碎的秸秆上，堆放在水泥地面上，经 1～2d 后可直接饲喂家畜。

（三）酸处理

酸处理是使用硫酸、盐酸、磷酸和甲酸处理秸秆饲料，其原理和碱化处理相同，用酸破坏木质素与纤维素、半纤维素链间酯键的结构，以提高饲料的消化率。但酸处理成本太高，在生产上应用较少。

三、微生物处理

利用乳酸菌、纤维分解菌、酵母菌等有益微生物分解秸秆饲料，使难以被家畜消化利用的纤维素和木质素变成可消化利用物质，同时也可增加一些菌体蛋白质、维生素及其他对家畜有益的物质。微生物处理后的秸秆饲料软化，味道改善，提高了其适口性和营养价值。

1. 自然发酵 将草粉与水按 1∶1 比例搅拌均匀，冬天最好用 50℃温水，可在地面堆积，水泥池中压实和装缸压实进行发酵，地面堆积需用塑料薄膜包好，3d 后即可完成发酵。

2. 加精料发酵 100kg 草粉中加 3kg 麦麸、2kg 玉米面，也可加 1kg 尿素，然后按自然发酵方法发酵。由于微生物生长需要丰富的糖类，而且麸皮含淀粉酶，能促使淀粉转变为麦芽糖，促进微生物大量繁殖，2～3d 可完成发酵，这种发酵效果非常好。

3. 人工瘤胃发酵 根据牛、羊瘤胃特点，模拟牛、羊瘤胃内的主要生理条件，即温度恒定为 38～40℃，pH 为 6～8 的厌氧环境，保证必要的氮、碳和矿物质营养，采用人工仿生制作的方法发酵。处理后的粗饲料质地明显呈"软、黏、烂"，汁液增多。

4. 秸秆微贮 在农作物秸秆中加入微生物高效活性菌种，放于密封容器中贮藏，经一定时间厌氧发酵，使秸秆变成具有酸香味、牛羊喜食并可长期保存的饲料。

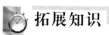 拓展知识

一、青干草的调制

（一）适时收割

调制优质干草的前提是要保证有优质的原料，因此干草调制的首要问题是要确定适宜的收割期。豆科牧草最适收割期应为现蕾盛期至始花期，而禾本科在抽穗—开花期刈割较为适宜。对于多年生牧草秋季最后一次刈割应在停止生长前 30d。

（二）调制方法

1. 自然干燥法 完全依靠日光和风力的作用使牧草水分迅速降到 17％左右的调制方法。这种方法简便、经济，但受天气的影响较大，养分损失较多。自然干燥又分为地面干燥法和草架干燥法。

（1）地面干燥法。在牧草刈割后平铺地面就地干燥 4～6h，使其含水量降至 40％～50％时，再堆成小草堆，高度 30cm 左右，重量 30～50kg，任其在小堆内逐渐风干。注意草堆要疏松，利于通风。

（2）草架干燥法。用一些木棍、竹棍或金属材料等制成草架，牧草刈割后先平铺日晒 4～6h，含水量降至 40％～50％时，将半干牧草搭在草架上，不要压紧，要蓬松，让牧草自然干燥。与地面干燥法相比，草架干燥法干燥速度快，调制成的干草品质好。

2. 人工干燥法 人工干燥法基本分为 3 种：常温通风干燥法、低温烘干法和高温快速干燥法。①常温通风干燥是把刈割后的牧草压扁并在田间预干到含水量 50％左右，然后移到设有通风道的干草棚内，用鼓风机或电风扇等吹风装置完成干燥。②低温烘干法是先建造饲料作物干燥室，设置空气预热锅炉、鼓风机和牧草传送等设备，将空气加热到 50～70℃

或 120～150℃，利用热气流数小时完成干燥。③高温快速干燥法是利用高温气流，使牧草迅速干燥。与自然干燥法相比，人工干燥法营养物质损失少、色泽青绿、干草品质好，但设备投资较高。

（三）堆垛和贮藏

青干草经调制后，应及时堆垛并妥善贮藏，以免散乱损失，发生雨淋霉烂，或自体发热，甚至酿成火灾等。堆垛贮藏的干草水分含量不宜超过 17％，贮存在专门的棚舍内。但生产上因青干草的贮存量太大，一般都采取露天堆垛贮藏。因此，垛址应平坦、干燥、排水良好，垛基高出周围地面 0.5m 左右，多采用圆形和长方形垛形，垛顶用苫布或泥土封压坚固，以防大风吹刮。

堆垛初期，特别是 10～20d 以内，如果发现有漏缝，应及时加以修补。如果垛内的发酵温度超过 45℃时，应及时采取散热措施，否则干草会被毁坏，或有可能发生自燃着火。散热办法是用一根粗细、长短适当的直木棍，前端削尖，在草垛的适当部位打几个通风眼，使草垛内部降温。

（四）使用

当年调制的青干草要和往年结余的青干草分别贮藏和使用，实行分畜、分等、定量饲喂。用草时先喂陈草，后喂新草；先取粗草，后取细草；陈草、粗草喂大畜，新草、细草喂小畜、改良畜、良种畜和母畜。

（五）品质鉴定

1. 感官鉴定法 优质青干草颜色较绿，一般绿色越深，其营养物质损失越少，褐色、黄色或黑色的青干草质量较差；青干草叶量越多，营养价值越高；优良青干草具有浓郁的芳香味，低劣干草有霉烂及焦灼气味。

2. 化学分析 检测设备齐全的实验室可测定青干草的一些化学成分，一般检测的指标有干物质、粗蛋白质、酸性洗涤纤维、中性洗涤纤维等。

二、草产品加工

草产品是指以干草为原料进行深加工而形成的产品。主要有草捆、草粉、草颗粒和草块等。

（一）草捆加工

1. 打捆 即利用打捆机将干燥的散干草打成草捆的过程，便于运输和贮藏。在打捆时必须掌握好牧草的含水量，一般认为，在较潮湿地区适于打捆的牧草含水量为 30％～35％，干旱地区为 25％～30％。

2. 二次打捆 指在远距离运输草捆时，为了减少草捆体积，降低运输成本，把初次打成的小方草捆压实压紧的过程。高密度草捆的重量为 40～50kg，草捆体积约为 30cm×40cm×70cm。二次打捆时要求干草捆的水分含量为 14％～17％，如果含水量过高，压缩后水分难以蒸发容易造成草捆变质。大部分二次打捆机在完成压缩作业后，便直接给草捆打上纤维包装膜，便于直接贮存和销售。

（二）草粉加工

草粉加工所用的原料主要是豆科牧草和禾本科牧草，特别是苜蓿。草粉既可用干草加工，也可用鲜草加工。若用鲜草直接加工，首先将鲜草经 1 000℃左右高温烘干，数秒后使鲜草含水量降到 12％左右，紧接着进入粉碎装置，直接加工为所需草粉。

（三）草颗粒加工

为了缩小草粉体积，便于贮藏和运输，可以用制粒机把干草粉压制成颗粒状，即草颗粒。草颗粒直径为 0.64～1.27cm，长度为 0.64～2.54cm。草颗粒在压制过程中，可加入抗氧化剂，防止胡萝卜素的损失。生产上应用最多的是苜蓿颗粒，占 90％以上。

（四）草块加工

牧草的草块加工分为田间压块、固定压块和烘干压块 3 种类型。田间压块是由专门的干草收获机械田间捡拾压块机完成的，能在田间直接捡拾干草并制成密实的块状产品，田间压块要求干草含水量为 10％～12％，而且至少 90％为豆科牧草。固定压块是用固定压块机将粉碎的干草通过挤压钢模，形成干草块。烘干压块由移动式烘干压块机完成，由运输车运来牧草，并切成 2～5cm 长的草段，再由运送器输入干燥滚筒，使水分由 75％～80％降至 12％～15％，干燥后的草段直接进入压块机压成直径为 55～65mm、厚约 10mm 的草块。

📖 思考题

1. 粗饲料的加工调制方法有哪些？请举例说明。
2. 调查了解本地区对农作物秸秆利用情况如何？提出合理化建议。
3. 如何对秸秆进行氨化处理？氨化秸秆饲喂牛羊的效果如何？
4. 青干草的调制方法有哪些？

任务二　青贮饲料的加工调制

任务描述

青贮饲料是将新鲜的青刈饲料作物、青草、作物秸秆等切碎后装入青贮容器内，在厌氧环境下经微生物发酵制成的一种具有芳香气味、营养丰富的饲料。在冬、春季节可为牛、羊等草食家畜提供必要的维生素，提高适口性和采食量。

任务实施

一、常规青贮

（一）青贮设施

1. 青贮塔　青贮塔是用砖、水泥、钢筋等原料砌筑而成的永久性塔形建筑。适用于地势低洼、地下水位高的大型牧场使用。青贮塔的高度一般为 12～14m，直径为 3.5～6.0m，窖壁厚度不少于 0.7m。近年来，国外采用不锈钢或硬质塑料等不透气材料制成的青贮塔，坚固耐用，密封性能好，作为湿谷物或半干青贮的设施，效果良好。

2. 青贮壕（窖）　青贮壕是我国北方地区使用最多的青贮设施，适应于大中型养殖场，可分为地下式、半地下式和地上式（图 3-2-1）。青贮壕一般宽 4～6m，深 6～9m，便于链轨拖拉机压实。有条件的地方，用砖、石、水泥建成永久性青贮壕，内壁光滑、不透气、不漏水，保证青贮效果。

3. 青贮袋　选用较厚实的塑料膜制成圆筒形的塑料袋，作为青贮"容器"，进行少量青

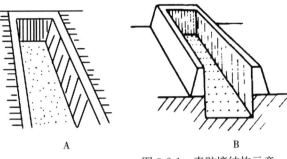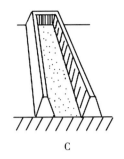

图 3-2-1　青贮壕结构示意

A. 地下式　B. 半地下式　C. 地上式

（张力，杨孝列 . 2012. 动物营养与饲料）

贮。塑料袋用两层塑料膜制成，小型袋一般宽 0.5m，长 0.8～1.2m，每袋可装 40～50kg，大型袋可根据需要制定。"袋式青贮"也适合苜蓿、玉米秸秆等青贮原料的大批量青贮，就是将原料切碎后，高密度地装入由塑料拉伸膜制成的专用青贮袋内进行密封青贮，还可将原料揉碎后用打捆机高密度压实打捆，再用裹包机把草捆用青贮塑料拉伸膜裹包进行青贮。经"袋式青贮"和"裹包青贮"（图 3-2-2）加工制作的青贮饲料，质量好，消化率高，适口性好，贮存、取饲方便，饲养场可根据生产、资金等实际情况选用此项青贮设备和技术。

图 3-2-2　裹包青贮

（二）青贮原料的选择

凡无毒的新鲜植物均可做青贮，尤其是在我国目前饲料原料不足的条件下，作物秸秆、人工栽培牧草、青绿饲草都可作为青贮饲料的原料。

1. 人工栽培牧草及饲料作物　人工栽培牧草是主要的青贮原料。人工栽培牧草有豆科牧草和禾本科牧草，它们是牛、羊的优良饲草资源。豆科牧草因其糖分含量低，单独青贮时容易腐烂变质，可与禾本科牧草或饲料作物混合青贮。禾本科牧草有多年生黑麦草、鸡脚草、无芒雀麦、牛尾草、羊草、披碱草、象草、苏丹草等，青贮的适宜收割期为抽穗期。

2. 禾谷类作物　禾谷类作物是目前我国专门种植作为青贮原料的最主要作物。其中首推玉米，其次是高粱。青玉米秸分布广，产量大，糖分含量高，是我国青贮的主要原料。

（三）加工方法

1. 适时刈割　青贮原料必须适时刈割，禾本科牧草宜在孕穗至抽穗期刈割，豆科牧草在现蕾至开花初期刈割，整株玉米青贮应在蜡熟期刈割，果穗收获后的玉米秸青贮宜在果穗成熟时且茎秆和叶片大部分呈绿色时刈割。

2. 原料切短 原料刈割后立即运送到青贮地点切短。喂猪用的青贮原料切成 2～3cm 或更短；喂牛、羊用的切成 3～5cm，粗茎原料或粗硬的细茎原料切成 2～3cm；叶菜类和细嫩原料可不切。如有多种原料时，在切碎的同时要按比例将各种原料混匀。

3. 调节含水量 一般青贮原料含水量宜在 65%～75%，半干青贮可低于 50%～55%。刈割的青草含水量高（在 75% 以上），可加入干草、秸秆、糠麸等，或稍加晾晒以降低水分含量。一些谷物秸秆含水量过低，可以和含水较多的青绿原料混贮，也可以根据实际含水情况加水并搅拌均匀。

4. 装填与压实 装窖前应在窖底铺一层 15～20cm 厚的麦草或秸秆。装填青贮原料时，应逐层加入，每层装 15～20cm，随装随压实。添加糠麸、谷实等进行混合青贮时，要在压紧前分层混合。压实的方法，小型窖可用人力踩踏、压实，直至高出窖口 50～60cm 为止。

5. 密封覆盖 原料装填压实后，应立即密封和覆盖。先覆盖一层塑料薄膜，再盖一层切短的秸秆或软草（厚 20～30cm），用土覆盖拍实（厚 30～50cm），窖顶呈馒头状以便排水。青贮 1 周内，随时检查、修整封土裂缝、下陷等，避免雨水流入和漏气。贮后约 1 个月即可开窖取用。

（四）品质鉴定

1. 感官评定 青贮饲料开窖取用时，从饲料的色泽、气味和质地等方面进行感官评定。感官鉴定标准如表 3-2-1 所示。

（1）色泽。品质优良的青贮饲料呈青绿色或黄绿色，中等的呈黄褐色或暗绿色，品质低劣的多呈褐色或黑色。

（2）气味。优良的青贮饲料具有轻微的酸味和水果香味，中等的具有刺鼻的酸味，劣质的具有腐败的臭味或霉烂味，不能饲用。

（3）质地。优良的青贮饲料，在窖内压的坚实，但拿在手上却较松散，质地柔软、湿润，茎叶花保持原样。中等的茎叶部分保持原样，柔软，水分略多。劣质的分不清原来结构，黏结成团。

表 3-2-1 青贮饲料的感官鉴定标准

等级	颜色	气味	酸味	质地、结构
优良	青绿或黄绿，有光泽	芳香水果、酒酸味，给人以舒适感觉	浓	茎叶结构良好，叶脉明显，柔软湿润
中等	黄褐色或暗褐色	有刺鼻醋酸味，香味淡	中等	茎叶部分保持原样，柔软，水分稍多
低劣	褐色或暗黑绿色	腐臭味或霉味	淡	腐烂，污泥状黏滑，黏结成团，或干燥，无结构

2. 实验室鉴定

（1）酸度。青贮饲料的酸度（pH）实验室可用酸度计测定，生产现场可用精密石蕊试纸测定。优良的青贮饲料 pH 为 3.8～4.2，中等的 pH 为 4.2～4.8，劣质的 pH 为 5.5～6.0，甚至更高。

（2）氨态氮。青贮饲料氨态氮与总氮的比值反映了蛋白质及氨基酸的分解程度，比值越大，表明蛋白质分解越多，青贮饲料品质较差。

（3）有机酸含量。青贮饲料中有机酸总量及其构成能反映青贮发酵程度，优良青贮饲料含有较多的乳酸和少量乙酸，不含酪酸。品质低劣的青贮饲料含酪酸多，乳酸少。

二、特种青贮

为了提高青贮饲料的品质和青贮效果，在青贮时对青贮原料进行适当处理，或添加其他物质进行青贮，这种特殊的调制方法称为特种青贮。

1. 低水分青贮　低水分青贮也称为半干青贮。低水分青贮对原料糖分含量、最终 pH 的要求不高，采用常规方法难以青贮的原料（如豆科牧草）适合低水分青贮。低水分青贮要求禾本科原料含水量达到 45%，豆科牧草达到 50%，原料要切的更短，填装要更紧实，以利于形成厌氧环境，提高青贮饲料品质。优良的低水分青贮饲料营养物质损失少，呈湿润状态，深绿色，具有果香味，适口性好，畜禽采食量高。

2. 外加添加剂青贮

（1）促进乳酸发酵的添加剂。如糖蜜、麸皮、甜菜渣和乳酸菌制剂或酶制剂。加入乳酸活菌制剂是人工扩大青贮原料中乳酸菌群体的方法。酶制剂是利用淀粉分解酶和纤维素分解酶，把原料中的淀粉和纤维素分解为可溶性糖，供乳酸菌利用，从而增强青贮效果。

（2）抑制不良发酵的添加剂。此类添加剂有甲酸、丙酸、甲醛和其他防霉抑菌剂，其作用主要是防霉抑菌和改善饲料风味，提高饲料营养价值，减少有害微生物活动。硫酸比有机酸廉价，用户乐于接受，为了避免青贮饲料因加入硫酸引起矿物质营养障碍，可用石灰水中和后再喂家畜。

（3）改善青贮饲料营养价值的添加物。制备反刍家畜使用的青贮料时，可对蛋白质含量低的禾本科牧草添加尿素和氨水。

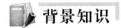 **背景知识**

一、青贮的原理

青贮是在厌氧条件下，使附着在青贮原料上的乳酸菌大量繁殖，将青贮原料中可溶性糖类分解成乳酸，当乳酸达到一定浓度，pH 低于 4.2 时，抑制有害微生物（如丁酸菌、腐生菌、霉菌、醋酸菌等）的生长繁殖，从而达到长期安全贮藏饲料的目的。因此，青贮实际上是促进乳酸菌繁殖而抑制其他微生物活动的复杂的发酵过程。

二、制作优质青贮饲料成功的条件

为了保证制作的青贮饲料优质，就要促进乳酸菌的快速生长繁殖，使饲料 pH 迅速下降。有利于乳酸菌生长繁殖的条件是：适宜的含糖量、适宜的含水量和厌氧环境。

1. 适宜的含糖量　为了保证乳酸菌的生长繁殖，产生足量的乳酸，青贮原料中必须含有足够数量的可溶性糖分。通常把在 pH 为 4.2 时乳酸菌形成乳酸所需的原料含糖量称为最低需要含糖量，原料中实际含糖量大于最低需要含糖量，称为正青贮糖差；原料实际含糖量小于最低需要含糖量，称为负青贮糖差。最低需要含糖量（%）可根据饲料的缓冲度计算：

$$饲料最低需要含糖量＝饲料缓冲度×1.7$$

饲料缓冲度是指中和 100g 全干饲料中的碱性元素，并使 pH 降低到 4.2 时所需的乳酸质量（g）。青贮发酵消耗的葡萄糖只有 60% 变为乳酸，则形成 1g 乳酸需要葡萄糖 1.7g（即

100/60＝1.7）。例如，玉米秸的实际含糖量为 26.80％，最低需要含糖量为 4.95％，青贮糖差为 21.85％，为正青贮糖差；紫花苜蓿的实际含糖量是 3.72％，最低需要含糖量为 9.50％，青贮糖差为－5.78％，为负青贮糖差。一般情况下，禾本科饲料作物和牧草含糖量高，容易青贮；豆科饲料作物含糖量低，不易青贮。

2. 适宜的含水量　青贮原料中含有适量水分，是保证乳酸菌正常活动的重要条件。如水分过多，易将原料压实结块，植物细胞汁液也被挤压流失，使养分损失。水分过少时青贮原料不易压实，好氧菌大量繁殖而导致饲料变质。适宜乳酸菌活动的含水量因青贮原料的种类不同而异，一般禾本科植物为 65％～75％，豆科植物为 60％～70％。

3. 创造厌氧环境　厌氧环境有利于乳酸菌的生长繁殖，因此，在青贮操作时，要做到原料切短，装紧压实，密封良好。原料切短或粉碎后青贮，使原料植物细胞汁液渗出，溶于其中的糖分附于原料表层，有利于乳酸菌繁殖。同时，原料切短后青贮也易于装紧压实，尽量减少窖内的残存空气并迅速密封，以降低植物细胞呼吸作用造成的损失，造成厌氧环境，促进乳酸菌的快速繁殖。

思考题

1. 青贮饲料制作原理是什么？保证青贮成功的条件有哪些？
2. 常规青贮有哪些生产步骤？
3. 如何鉴定青贮饲料的品质？

任务三　谷物饲料原料的加工

任务描述

发挥饲料原料最大营养潜能所涉及的各种必需处理都属于饲料加工，饲料加工产生物理和化学变化，前者改变主要由于水分的增加或减少、加热、加压、凝聚和分子减少的结果，后者改变则可能包括淀粉结构的改变和蛋白质细胞间质的分解，从而改变消化率和代谢的最终产物。

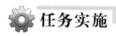

任务实施

一、机械加工

1. 去壳　去壳就是除去谷物、坚果和某些果实的外壳，壳的纤维含量很高，对猪、家禽或其他单胃动物的消化率很低。

未去壳的油籽、大豆、棉籽、花生、向日葵的蛋白质含量相当低，例如未去皮棉籽粉的蛋白质含量仅为 22％，而完全去壳后可达到 60％。可用筛子剔除饲料原料中的低蛋白质、高纤维残壳。

2. 粉碎与磨碎　粉碎是籽实饲料最普通的加工方法，简便、经济。将谷粒粉碎，可增大谷料与消化酶的接触面，从而提高其消化率和利用率，但不宜太细。不同畜禽要求的粉碎粒度也不同，猪、禽用的谷粒料可粉碎，牛、羊、马用的谷粒料可破碎，一般猪为 1mm，牛、羊为 1～2mm，马为 2～4mm。谷粒粉碎后，与空气接触面增大，易吸潮、氧化和霉变等，不易保存。因此，应在配料前才给谷粒粉碎或破碎。

3. 碾压（压片）　碾压是指谷物通过两个滚筒之间，被压成扁平粒子的处理，可分为：①干式碾压，即直接将谷物通入两个表面有凹槽的大型碾辊（直径 46cm 以上）碾压成不规则的片状物；②蒸汽碾压，即将蒸汽通入谷物 15min 左右，当谷物含水量达到 12%～14%后，用辊加工成薄片，与干式碾压相比更完整、更富卷摺性，适口性也较好；③蒸汽压片，即先将谷物经高温蒸汽处理（30～60min）使其糊化，然后再经压片使蛋白质包被破裂，可提高牛、羊对其淀粉和蛋白质的利用率。

二、加热处理

1. 蒸煮　豆类饲料含有胰蛋白酶抑制素，豆腥味，影响适口性。加热处理能改善黄豆的特性和适口性，但加热时间不宜过长，一般 130℃蒸煮 20min 为宜。

2. 挤压膨化　膨化过程中，籽实的水分变成蒸汽，引起籽实爆裂。膨化产品结构疏松、多孔、酥脆，且有较好的适口性和风味。膨化在高温高压的条件下进行，可引起饲料的物理和化学性质的变化，可显著降低大豆、棉籽和菜籽粕中抗营养因子水平，例如生大豆中的抗胰蛋白酶、棉籽中的棉酚和菜籽的芥籽苷等。

3. 焙炒　焙炒可以提高籽实饲料的适口性和饲料利用率，破坏不稳定的生长抑制因子。

三、生物调制法

1. 发芽　籽实的发芽过程是一个复杂而有质变的过程，其目的在于补充饲料维生素的不足。在冬季青饲料缺乏的情况下，可适当应用发芽饲料。例如大麦发芽后，部分蛋白质分解成氨化物，糖分、维生素与各种酶的含量增加。籽实发芽有长芽（6～8cm）与短芽（2～3cm）之分，长芽以供维生素为主要目的，短芽则通过提供各种酶类用以制作糖化饲料。具体调制方法为：将大麦用 15～16℃清水浸泡 1d，然后把水倒掉，在籽实上面盖一湿布，保持 15℃温度，3d 后出根须，用清水冲洗并移入发芽盘中，保持 15～20℃室温，经 6～8d 芽长达到 6～8cm 即可切碎饲喂畜禽。

2. 糖化　糖化是利用谷物籽实和麦芽中淀粉酶的作用，把饲料中的淀粉转化为麦芽糖，从而提高饲料的适口性。在磨碎的籽实饲料中加入 2.5 倍水，搅拌均匀后置于 55～60℃，4h 后饲料中含糖量可增加到 8%～12%。如果加入 2%的麦芽，糖化作用更快。

3. 发酵　利用微生物发酵作用可改变粕类原料的理化性状，减少抗营养因子，提高消化吸收率，延长贮存时间，同时还可将粕类饲料原料解毒脱毒，从而转化为优质蛋白质饲料。发酵方法：在粉碎的籽实饲料中加入 0.5%～1.0%的酵母，先用 30～40℃温水将酵母稀释，然后边搅拌边倒入饲料（水量为饲料的 1.5～2.0 倍），每 30min 搅拌一次，经 6～9h 发酵完成。发酵箱内的饲料厚度以 30cm 为宜，温度为 20～27℃，并要求具有良好的通气条件。

四、去毒加工

1. 高粱去毒处理　高粱籽粒中含有单宁，高粱茎叶中含有生氰糖苷，畜禽直接采食后易引起出血性与溃疡性胃肠炎，发生腹痛、腹泻等。脱毒处理方法有：

（1）机械脱毒。单宁存在于籽实的种皮，可用机械加工脱去外皮。

（2）水浸或煮沸。用冷水浸泡2h或用开水煮沸5min，可脱去约70％的单宁。对于高粱茎叶，采用此法也可将生氰糖苷水解为氢氰酸，进而加热挥发而脱毒。

（3）碱液处理。用20％的氢氧化钠溶液70℃处理6min以去除籽实外壳，然后将脱壳的籽粒置于60℃温水中，边搅拌边溢流30min，可完全除去单宁。

（4）氨化法。可将高粱籽实置于塑料袋中，加入氨水（含30％氨气）封存7d（低压法）；或在80Pa压强条件下用氨气对高粱处理1h（高压法）。

2. 棉籽饼粕去毒处理　棉籽饼粕中含有游离棉酚等有害成分，可采用以下方法去毒处理：

（1）化学去毒法。在棉籽饼中加入某种化学药剂，使棉酚破坏或变成结合状态。①硫酸亚铁浸泡法，将粉碎后的棉籽饼用1％的硫酸亚铁溶液浸泡1d左右，倒去处理液，再用清水浸泡2次，可直接与其他饲料混合搅拌饲喂。此法具有效果好、成本低、简便易行的优点，是目前国内外通用的棉籽饼粕去毒法。②碱处理法，在饼粕中加入烧碱或纯碱的水溶液、石灰乳等，加热蒸炒，使饼粕中游离棉酚破坏或成为结合状态；也可将饼粕用碱水浸泡，再用清水淘洗后饲喂。

（2）加热处理。把粉碎后的棉籽饼放在旺火上煮沸2h，倒掉处理液再用清水浸泡2～3次即可使用。也可用焙炒等加热处理，使棉酚与蛋白质结合而去毒。

（3）微生物发酵去毒法。将棉籽饼与其他饲料混合，加入发酵粉，然后加水拌匀并装入密闭容器中贮存至产生酒香味即可。此法仍处于试验阶段。

3. 菜籽饼粕去毒处理　菜籽饼粕中含有芥酸、硫葡萄糖苷、单宁等有毒物质，影响了其在畜禽饲料中的应用。菜籽饼粕的脱毒方法：

（1）坑埋法。把菜籽饼粕按1∶1比例加水拌匀并埋于地下坑内。挖好坑后，坑底及四周用塑料膜铺好，然后将菜籽饼粕埋入坑内，上面用塑料膜盖好，并封土20cm。经60d自然发酵，脱毒率可达94％。

（2）水浸洗。把菜籽饼粕放在水缸里，按饼粕重量的5倍加入清水浸泡36h（换水5次），脱毒率可达90％。

（3）微生物脱毒法。用筛选出来的菌株对菜籽饼进行固态发酵，脱毒率可达74％～100％。

（4）热喷脱毒法。将原料装入热喷罐内，密封后通入蒸汽，在约0.2MPa压强下，维持30～60min，再加空气至1MPa，骤然减压，将物料喷放至捕集器内，经干燥后包装即为成品。该法由于处理时间短，营养成分损失小。

（5）醇类水溶液处理法。醇类（多用乙醇和异丙醇）水溶液可提取出饼粕中的硫葡萄糖苷和多酚化合物，还能抑制饼粕中酶的活性。此法耗用溶剂较多，饼粕中醇溶性物质（如蛋白质）损失较多。

（6）化学物质处理法。可采用碱、氨、硫酸亚铁等处理。碱处理法可破坏硫葡萄糖苷和绝大部分的芥子碱；氨处理法结合加热处理，氨可与硫葡萄糖苷反应，生成无毒的硫脲；硫酸亚铁处理法，铁离子可与硫葡萄糖苷及其降解产物分别形成螯合物，使其失去毒性。

4. 其他饲料去毒处理　花生饼在120℃左右加热处理可破坏胰蛋白酶抑制剂；亚麻籽饼经水浸泡而后煮熟（煮时将锅盖打开），可使氢氰酸挥发而消除其毒性；酒糟采用晒干、烘干或青贮的方法；豆腐渣采用加热煮熟的方法；木薯的根、茎、叶都含有生氰糖苷，可采取水浸、晒干及加热等方法去毒。

思考题

1. 谷物饲料的加工调制方法有哪些？
2. 简述高粱、棉籽饼粕、菜籽饼粕的去毒方法。

项目四

配合饲料的配方设计

项目导学

饲料是畜牧业生产的物质基础。饲料配方的优劣，直接关系到养殖或饲料企业经济效益的高低。设计一个合理的日粮配方既要掌握畜禽饲养标准的相关知识，能够利用畜禽营养需要量确定不同生产目的、生产水平的营养需要量，又应掌握畜禽常用饲料营养特性，能够利用畜禽常用饲料营养价值表，合理地利用各种饲料资源，科学设计日粮配方，达到成本最低，饲养效果和经济效益最佳。目前，配合饲料配方设计中存在四大误区：高蛋白低能量、忽视配合饲料原料的消化率、滥用饲料添加剂及药物、滥用食盐。因此，正确设计饲料配方，对畜牧业生产获得最大的经济效益具有十分重要的意义。

学习目标

1. 知识目标

- 掌握营养需要、饲养标准的概念。
- 理解畜禽的维持需要和生产需要。
- 掌握减少畜禽维持需要来充分发挥生产潜力的措施。
- 了解配合饲料的概念、分类和特点。
- 理解饲料配方设计的原则。
- 掌握全价饲料配方设计的方法。

2. 能力目标

- 能设计猪鸡的全价饲料配方。
- 能对饲养效果进行检查与分析。

任务一 畜禽饲养标准的合理利用

任务描述

合理的饲养标准是实际饲养工作的技术标准，是制订畜禽生产计划、组织饲料供给，设计日粮配方、生产平衡日粮、实行标准化饲养管理的技术指南和科学依据。但是，照搬标准中数据，把标准看成是解决有关问题的现成答案，忽视标准的条件性和局限性，则难以达到预期目的。

任务实施

用玉米、麸皮、鱼粉、豆粕、棉籽粕、菜籽粕、石粉、磷酸氢钙、食盐、1%的复合预混料，为体重 35～50kg 生长猪设计配合饲料。请查阅中国《猪饲养标准》（NY/T 65—2004），确定猪的营养需要和各饲料原料营养价值。

1. 查阅中国猪饲养标准（NY/T 65—2004） 具体可参考表 4-1-1。

表 4-1-1 瘦肉型生长育肥猪每千克饲粮养分含量（自由采食，88%干物质）①

体重（kg）	3～8	8～20	20～35	35～60	60～90
平均体重（kg）	5.5	14.0	27.5	47.5	75.0
日增重（kg/d）	0.24	0.44	0.61	0.69	0.80
采食量（kg/d）	0.30	0.74	1.43	1.90	2.50
饲料/增重（F/G）	1.25	1.59	2.34	2.75	3.13
饲粮消化能含量（MJ/kg）	14.02	13.60	13.39	13.39	13.39
饲粮代谢能含量（MJ/kg）②	13.46	13.06	12.86	12.86	12.86
粗蛋白质（%）	21.0	19.0	17.8	16.4	14.5
能量蛋白比（kJ/%）	668	716	752	817	923
赖氨酸能量比（g/MJ）	1.01	0.85	0.68	0.61	0.53
氨基酸（%）③					
赖氨酸	1.42	1.16	0.90	0.82	0.70
蛋氨酸	0.40	0.30	0.24	0.22	0.19
蛋氨酸＋胱氨酸	0.81	0.66	0.51	0.48	0.40
苏氨酸	0.94	0.75	0.58	0.56	0.48
色氨酸	0.27	0.21	0.16	0.15	0.13
异亮氨酸	0.79	0.64	0.48	0.46	0.39
亮氨酸	1.42	1.13	0.85	0.78	0.63
精氨酸	0.56	0.46	0.35	0.30	0.21
缬氨酸	0.98	0.80	0.61	0.57	0.47
组氨酸	0.45	0.36	0.28	0.26	0.21
苯丙氨酸	0.85	0.69	0.52	0.48	0.40
苯丙氨酸＋酪氨酸	1.33	1.07	0.82	0.77	0.64
矿物元素④（%或每千克饲粮含量）					
钙（%）	0.88	0.74	0.62	0.55	0.49
总磷（%）	0.74	0.58	0.53	0.48	0.43
非植酸磷（%）	0.54	0.36	0.25	0.20	0.17
钠（%）	0.25	0.15	0.12	0.10	0.10
氯（%）	0.25	0.15	0.10	0.09	0.08
镁（%）	0.04	0.04	0.04	0.04	0.04
钾（%）	0.30	0.26	0.24	0.21	0.18
铜（mg）	6.00	6.00	4.50	4.00	3.50
碘（mg）	0.14	0.14	0.14	0.14	0.14
铁（mg）	105	105	70	60	50
锰（mg）	4.00	4.00	3.00	2.00	2.00
硒（mg）	0.30	0.30	0.30	0.25	0.25
锌（mg）	110	110	70	60	50
维生素和脂肪酸⑤（%或每千克饲粮含量）					
维生素 A（IU⑥）	2200	1800	1500	1400	1300
维生素 D₃（IU⑦）	220	200	170	160	150
维生素 E（IU⑧）	16	11	11	11	11
维生素 K（mg）	0.50	0.50	0.50	0.50	0.50

（续）

体重（kg）	3～8	8～20	20～35	35～60	60～90
硫胺素（mg）	1.50	1.00	1.00	1.00	1.00
核黄素（mg）	4.00	3.50	2.50	2.00	2.00
泛酸（mg）	12.00	10.00	8.00	7.50	7.00
烟酸（mg）	20.00	15.00	10.00	8.50	7.50
吡哆醇（mg）	2.00	1.50	1.00	1.00	1.00
生物素（mg）	0.08	0.05	0.05	0.05	0.05
叶酸（mg）	0.30	0.30	0.30	0.30	0.30
维生素 B_{12}（μg）	20.00	17.50	11.00	8.00	6.00
胆碱（g）	0.60	0.50	0.35	0.30	0.30
亚油酸（%）	0.10	0.10	0.10	0.10	0.10

注：①瘦肉率高于 56.0% 的公母混养群（阉公猪和青年母猪各 1/2）。

②假定代谢能为消化能的 96.0%。

③20kg 猪的赖氨酸百分比是根据试验和经验数据的估测值，其他氨基酸需要量是根据其与赖氨酸的比例（理想蛋白质）的估测值；20～90kg 猪的赖氨酸需要量是结合生长模型、试验数据和经验数据的估测值，其他氨基酸需要量是根据其与赖氨酸的比例（理想蛋白质）的估测值。

④矿物质需要量包括饲料原料中所提供的矿物质量。对于发育公猪和后备母猪，钙、总磷和有效磷的需要量应提高 0.05%～0.10%。

⑤维生素需要量包括饲料原料中提供的维生素量。

⑥1IU 维生素 A＝0.344μg 维生素 A 醋酸酯。

⑦1IU 维生素 D_3＝0.025μg 胆钙化醇。

⑧1IU 维生素 E＝0.67mg D-α-生育酚或 1mg DL-α-生育酚醋酸酯。

本标准规定了瘦肉型、肉脂型和地方品种猪对能量、蛋白质、氨基酸、矿物元素和维生素的需要量，可作为配合饲料厂、各种类型的养猪场、养猪专业户和农户配制猪饲料的依据。

2. 根据饲养标准，确定体重 35～50kg 生长猪的营养需要量　可参考表4-1-2。

表 4-1-2　35～50kg 生长猪日粮养分含量

消化能（MJ/kg）	粗蛋白质（%）	钙（%）	磷（%）	赖氨酸（%）	蛋氨酸＋胱氨酸（%）
13.39	16.4	0.55	0.48	0.82	0.48

3. 查中国饲料成分及营养价值表，列出所用各种原料的营养成分含量　可参考表4-1-3。

表 4-1-3　各种饲料原料的营养成分含量

饲料原料	消化能（MJ/kg）	粗蛋白质（%）	钙（%）	有效磷（%）	赖氨酸（%）	蛋氨酸＋胱氨酸（%）
玉米	14.27	8.7	0.02	0.11	0.24	0.38
小麦麸	9.37	15.7	0.11	0.28	0.63	0.55
鱼粉	12.55	60.2	4.00	2.90	4.72	2.16
大豆粕	14.26	44.2	0.33	0.21	2.68	1.24
棉籽粕	9.68	43.5	0.28	0.36	1.97	1.26
菜籽粕	10.59	38.6	0.65	0.35	1.30	1.50
石粉	—	—	36.00	—	—	—
磷酸氢钙	—	—	21.00	16.00	—	—

注：摘自《中国饲料成分及营养价值表》2013 年第 24 版。

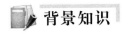 **背景知识**

一、畜禽的营养需要

畜禽因种类、品种、年龄、性别、生长发育阶段、生理状态及生产目的不同，对营养物质的需要量也不相同。畜禽从饲料摄取的营养物质，一部分用来维持正常体温、血液循环、组织更新等必要的生命活动，另一部分则用于妊娠、泌乳、生长、产肉、产毛、劳役和产蛋等生产活动。因此，畜禽的营养需要是指每天每头（只）畜禽对能量、蛋白质、矿物质和维生素等营养物质的总需要量。

（一）营养需要的表示方法

1. 每头（只）畜禽每天需要量　畜禽为了维持生命和各种生产活动需要大量的营养物质，如能量、蛋白质、矿物质等。不同生理阶段的畜禽每头（只）每天所需要营养物质的数量，通常称为每日的营养需要量。需要量明确给出了每头（只）畜禽每天对各种营养物质所需要的绝对数量。如 20～35kg 生长肥育猪每日每头需要量为：消化能（DE）19.15MJ，粗蛋白质（CP）255g 等。此表示方法适用于估计饲料供给量或限制饲喂。

2. 单位饲粮的养分浓度　按每千克饲粮的养分含量（MJ、g、mg）或百分含量表示，表示方法可分为按风干饲粮基础表示和按全干饲粮基础表示。按单位浓度表示营养需要，对饲养动物、饲粮配合、饲料工业生产全价配合饲料十分方便。猪、禽饲养标准一般都列出按这种方式表示的营养浓度。例如我国《鸡饲养标准》（NY/T 33—2004），9～18 周龄生长蛋鸡需要粗蛋白质 15.5%、钙 0.8%、总磷 0.6% 等。

3. 能量与养分的比例　按饲粮单位能量中的养分含量（g、mg）表示。能量和蛋白质的关系表示为能量蛋白比或蛋白能量比。此法有利于衡量畜禽采食的营养物质是否平衡。

$$蛋白能量比 = \frac{粗蛋白质(g/kg)}{能量(MJ/kg)}$$

4. 饲料干物质采食量　干物质进食量就是畜禽 1d 需要采食的饲料风干物质量（DIM），一般用 kg 表示，占畜禽体重的 3%～5%，它是制定饲粮配方的重要基础数据。干物质采食量决定着维持畜禽健康和生产所需养分的数量。

（二）维持需要

1. 概念　维持需要是指畜禽不从事任何生产，只是维持正常的生命活动（如维持体温、呼吸、血液循环、分泌机能、体组织更新以及必需的自由活动等），对各种营养物质的最低需要量。

2. 意义　维持需要是全部非生产性活动所消耗的养分总和，在经济上没有收益，属于无效需要，但又是必不可少的一部分需要。畜禽只有在满足维持需要之后，多余的营养物质才会用于生产。用于维持消耗的营养物质比例愈大，畜禽产量及饲料转化率也就越低。

研究畜禽维持需要的主要目的在于尽可能减少维持需要量的份额，增大生产需要量的比例，最有效地利用饲料能量和各种营养物质，以提高生产经济效益。例如，在畜禽生产潜力允许范围内，增加饲料投入，可相对降低维持需要从而增加生产效益，另外，减少不必要的自由活动，加强饲养管理和注意保温等措施，也是减少维持营养需要的有效方法。

3. 影响维持需要的因素

（1）年龄和性别。幼龄动物单位体重的维持需要量高于成年动物和老年动物，单位体重公畜的维持需要高于母畜，如公牛高于母牛 10%～20%。

（2）体重和体型。一般体重愈大。维持需要量愈多。但就单位体重而言，体重小的维持需要较体重大的高。这是因为体重小者，单位体重所具有的体表面积大，散热多，故维持需要量也多。

（3）畜禽种类、品种和生产水平。按单位体重需要计算，鸡＞猪＞马＞牛、羊。高产乳牛比低产乳牛的代谢强度高 10%～32%。不同品种，维持需要不同，生产性能越高，单位体重的维持需要量越高，如乳用牛比肉用牛的基础代谢高 15%。

（4）环境温度。畜禽都是恒温动物，只有当产热量与散热量相等时，才能保持体温恒定。当气温低时，畜禽为了维持体温的恒定，必须加速体内物质氧化以增加产热量，维持需要量增加；当气温过高时，畜禽散热受阻，体温升高，呼吸与循环加速，代谢率提高。在等热区内畜禽代谢率最低，维持需要消耗最少。实际饲养中，应注意调节舍温，冬季防寒、夏季防暑，以减少无为的基础代谢消耗。

（5）活动量。自由活动量愈大，用于维持的能量就越多。所以，饲养肉用畜禽应适当限制其活动，可减少维持营养需要的消耗。

（6）被毛厚度。畜禽的被毛状态对维持能量需要的影响颇为明显，要避免在寒冷季节为绵羊剪毛。

（7）饲养管理制度。畜禽受低温影响较大，在寒冷季节，加大饲养密度可互相挤聚以保持体温，降低维持消耗。生产中，冬季肥育猪群饲对保温是有益的。厚而干燥的垫草和保温性能良好的地面也可以减少维持消耗。

（三）生产需要

生产需要与维持需要构成了动物总的营养需要。生产需要是动物从事生长、肥育、繁殖、泌乳、产蛋、产毛和使役等所需的养分与能量。

1. 生长营养需要 生长是指畜禽机体细胞的增殖、组织器官的发育和功能的日益完善。生长畜禽代谢旺盛，对能量、蛋白质、矿物质和维生素的需要必须得到满足。

根据体重增长规律，由于生长畜禽能量代谢水平随年龄增长逐渐降低，并且单位增重脂肪沉积渐多，能量逐渐提高，故在培育后备种畜禽及肥育畜禽中，为避免后期过肥，日粮能量水平应加以控制，即对某些种用畜禽实行必要的限制饲喂。蛋白质的沉积也随年龄增长而减少，日粮中蛋白质的利用率也有降低的趋势，故生长畜禽单位体重所需的蛋白质也应随年龄增长而减少。猪、禽对蛋白质的利用不仅受数量的影响，还受必需氨基酸，特别是赖氨酸、蛋氨酸、色氨酸、苏氨酸和异亮氨酸的影响。

畜禽在生长期间，由于骨骼生长最快，对钙、磷的需要也最迫切，对铁、铜、锰、钴、锌和硒等矿物质元素也需要较多。这期间，饲养不合理极易引起营养缺乏症和生长发育不良等。生长畜禽必须充分供应各种维生素，特别应注意维生素 A、维生素 D 及 B 族维生素的供应。

2. 泌乳营养需要 泌乳是哺乳动物特有的机能。测定泌乳需要的主要依据是泌乳量、乳的成分和营养物质形成乳中成分利用效率。

泌乳家畜的生产包括泌乳和体重的变化。试验证明，成年母牛泌乳期每增重 1kg 约相当于生产 8.0kg 标准乳。泌乳需要主要取决于泌乳量和乳脂率。奶牛产 1kg 标准乳所需要的净能为 3.079～3.133MJ、粗蛋白质 85g、钙 4.5g、磷 3g。为了保证泌乳动物生产力的充分发挥和正常健康，需要补充各种维生素。

3. 产蛋营养需要　产蛋是禽类特有的机能。产蛋家禽代谢旺盛，在数量和质量上满足其营养需要是使其生产水平得以发挥的必要条件。

产蛋家禽的能量需要主要取决于体重、平均日增重和日产蛋量。轻型蛋鸡饲粮代谢能水平宜控制在 12.5～13.0MJ/kg，重型种母鸡饲粮代谢能水平宜限制在 11.0～11.5MJ/kg。产蛋的蛋白质需要是根据蛋中的蛋白质含量确定的，以产蛋率 80% 计，产蛋期每天产蛋的蛋白质为 9.28～12.00g。产蛋家禽需要 10 种必需氨基酸，一般饲粮中容易缺乏蛋氨酸、赖氨酸和色氨酸，蛋氨酸通常是第一限制性氨基酸。另外，必须保证钙、磷、锰、铁、碘、锌的供给，生产中各种维生素需要量常在鸡群过密、转群、预防接种、高温、运输等环境条件下显著提高，应根据实际情况供给。

4. 产毛营养需要　毛的发育和生长与家畜胚胎发育、生长肥育、繁殖和泌乳同步进行。产毛的能量需要包括合成羊毛消耗的能量和羊毛所含的能量两部分，美利奴羊平均每产 1g 净干毛需消耗 628.024kJ 代谢能。合成羊毛需供给全部氨基酸，但限制羊毛生长的通常是含硫氨基酸。羊毛生长受摄取锌、铜、硫、硒、钾、钠、氟、钴和磷等矿物元素影响。绵羊缺铜典型的症状是毛弯曲减少，严重缺铜时，毛纤维丧失弯曲度，同时出现贫血、产毛量下降。维生素 A 或胡萝卜素有保护皮肤健康的重要作用，所以对产毛有明显的影响。

5. 繁殖营养需要　营养是影响畜禽繁殖力的重要因素，营养不足会推迟发情期或抑制发情或发情不规律，排卵率降低，甚至会增加早期胚胎死亡、死产的概率等，提供适宜的营养物质，可保证动物繁殖，促进畜牧业发展。

（1）种公畜的营养需要。合理饲养的种公畜应保持良好的种用体况及较强的配种能力，即精力充沛，性欲旺盛，能生产量多质优的精液。日粮中各种营养物质的品质和含量，无论对幼年公畜的培育或成年公畜的配种能力都有重要作用。通常，种公畜的能量需要大致在其维持需要量的基础上增加 20%，合理的蛋白质应是在维持需要基础上增加 60%～100%。种公畜日粮中不但要满足能量、蛋白质的需要，同时还要供给各种矿物元素和维生素。

（2）繁殖母畜的营养需要。母畜的繁殖性能包括发情、排卵、受精与妊娠等方面，其繁殖过程可分为配种前和妊娠后两个阶段。一般配种前母畜的营养水平不必过高，在体况较好的情况下，可按维持需要的营养供给，对体况较差的经产母畜可采取"短期优饲"以增加排卵数。短期优饲是指在配种前 10～15d 提高日粮能量水平，一般高于维持需要的 60%～100%，到配种时再撤去其增加部分。对于后备母畜应适当限制营养，以维持中等体况，既不过肥也不过瘦。对发情不正常的母畜，应注意维生素 A、维生素 E 等的补充，也可饲喂优质青饲料如苜蓿等。

二、饲养标准

饲养标准是根据畜禽的不同种类、性别、年龄、体重、生理状态、生产目的与生产水平等，通过科学试验结果，结合生产实践积累的经验，规定的每头（只）畜禽在不同生产水平或不同生理阶段时，对各种养分的需要量。

饲养标准中除了公布营养需要外，还包括畜禽常用饲料营养成分表。这些都是配制畜禽日粮的科学依据和指南。通常有两种表示方法：一是每头（只）畜禽每日所需各种营养物质的数量；二是适于群体饲养且自由采食的畜禽，以每千克饲粮中各种营养物质的含量或所占百分数表示。

（一）饲养标准的指标

1. 干物质或风干物质　干物质采食量与体重、年龄、生理阶段、环境温度、管理技术、饲料类型及品质等密切相关。畜禽年龄越小，生产性能越高，DMI 占体重的百分比越高，要求日粮的养分浓度也越高。若日粮养分浓度过高，可能因为能量等主要指标的需要量已经满足，而造成 DMI 不足；若饲料条件太差，养分浓度低，可能因受 DMI 的限制而造成主要养分摄入不足。因此，配制日粮时应正确协调 DMI 与养分浓度的关系。

2. 能量　能量的表示因畜种而异。目前，对奶牛用净能、鸡用代谢能、猪用消化能或代谢能表示其能量需要，单位是兆焦（MJ）。

3. 蛋白质及氨基酸　猪、禽用粗蛋白质，牛用粗蛋白质或可消化粗蛋白质来表示其蛋白质的需要，单位是克（g），配合饲粮时用百分数表示。氨基酸以百分数或以每头每日所需克数表示。

4. 矿物质　钙、磷、钠是各种动物饲养标准中的必需营养元素，用克（g）表示，对于猪和禽（尤其是禽）还应强调有效磷的需要量。我国饲养标准中还规定了猪和禽对铁、铜、锌、锰、硒、碘等微量元素的需要量。

5. 维生素　猪、禽所需的维生素应全部由饲料提供，年龄越小，生产性能越高，所需维生素的种类与数量越多。一般情况下，反刍动物仅需由饲料提供维生素 A，有时还需考虑维生素 D 和维生素 E。水溶性维生素的单位是毫克（mg），脂溶性维生素的单位是国际单位（IU）或毫克（mg）。

（二）饲养标准的基本特性

1. 科学性和指导性　饲养标准是畜禽营养和饲料科学领域研究成果的概括和总结，高度反映了畜禽生存和生产对营养物质的客观要求，具体体现了本领域科学研究的最新进展和生产实践的最新总结，具有科学性和广泛的指导性。在畜牧生产中，只有正确应用饲养标准，合理开发利用饲料资源，科学制订饲料配方，才可充分发挥其生产性能，达到高产节料的目的。

2. 条件性和局限性　饲养标准是确切衡量畜禽对营养物质客观要求的尺度。饲养标准的产生和应用都是有条件的，它是以特定畜禽为对象，在特定环境条件下研制的满足其特定生理阶段或生理状态的营养物质需要的数量定额。但在畜禽生产实际中，影响饲养和营养需要的因素很多，诸如同品种动物之间的个体差异、饲料的适口性及其物理特性、不同的环境条件，甚至市场经济形势的变化等，都会不同程度地影响畜禽营养需要和饲料养分的利用率，影响饲养标准的准确性和适用性。饲养标准产生和应用条件的特定性和实际生产条件的多样性及变化性，决定了饲养标准的局限性。因此，在应用饲养标准时，应根据不同国家、地区、不同环境情况和对畜禽生产性能及产品质量的不同要求，对饲养标准中的营养定额酌情调整，才能避免其局限性。

3. 权威性　饲养标准是在总结大量科学实验研究和实践经验的基础上，经过严格审定程序，由权威行政部门颁布实施，具有权威性。我国研究制订的猪、鸡、牛和羊等的饲养标准，均由农业部颁布。

4. 可变化性　饲养标准不是一成不变的，而是随着科学研究和实际生产的发展而不断变化，具有可变化性。只有充分考虑饲养标准的可变化性特点，才能保证对动物经济有效的供给，才能更有效地指导生产实践。

（三）应用饲养标准的基本原则

1. 适合性　选用任何一个饲养标准，首先应该考虑标准所要求的动物与应用对象是否一致或比较近似，若品种之间差异太大则难以使标准适合应用对象。例如 NRC 猪的营养需要则难适合用于我国地方猪种。

2. 灵活性　同一品种动物，由于国家、地区、季节、环境温度，以及饲料规格、质量和饲养技术不同，其饲养标准也应有所差异。但饲养标准是权威机构统一制定的，不可能制订适合于不同条件的多种饲养标准。因而，在其制订过程中要结合具体情况，按饲养标准规定的原则灵活应用。

3. 效益性　应用饲养标准规定的营养定额，不能只强调满足动物对营养物质的客观要求，而不考虑饲料生产成本。必须贯彻营养、效益（包括经济、社会和生态等）相统一的原则。在饲料或动物产品市场变化的情况下，可通过改变饲粮的营养浓度，不改变平衡，而达到既不浪费饲料中的营养物质又实现调节动物产品的数量和质量的目的，从而体现效益性原则。

思考题

1. 目前生产中，有哪些行之有效地减少动物维持营养需要的方法？
2. 从营养学的角度分析，为什么肉用仔鸡以笼养为佳？
3. 生产实践中，如何使猪、鸡摄入的蛋白质需要更多地转化为肉、蛋等畜产品？
4. 饲养标准使用时应注意什么？
5. 通过网络资源，列出本地区乳牛常用能量饲料、蛋白质饲料和矿物质饲料各 3 种饲料原料的营养成分含量（每种饲料可查 5～6 个营养成分含量）。

任务二　全价配合饲料的配方设计

任务描述

全价配合饲料是将多种饲料原料按照科学配比生产出的可以直接饲喂动物的饲料。采用此饲料能合理利用饲料资源且营养全面，饲喂效果显著，能加速畜禽生长，缩短饲养周期，降低饲养成本。那么如何设计饲料配方呢？

任务实施

一、手工法设计饲料配方

用玉米、麸皮、鱼粉、豆粕、棉籽粕、菜籽粕、石粉、磷酸氢钙、食盐、1％的复合预混料，为体重35～50kg生长猪设计配合饲料。

1. 查饲养标准，确定体重35～50kg生长猪的营养需要量 如表4-2-1所示。

表4-2-1　35～50kg生长猪日粮养分含量

消化能（MJ/kg）	粗蛋白质（%）	钙（%）	有效磷（%）	赖氨酸（%）	蛋氨酸+胱氨酸（%）
13.39	16.4	0.55	0.20	0.82	0.48

注：中国猪饲养标准（NY/T 65—2004）。

2. 查饲料营养成分表，列出所用各种饲料原料的营养成分含量 如表4-2-2所示。

表4-2-2　各种饲料原料的营养成分含量

饲料原料	消化能(MJ/kg)	粗蛋白质（%）	钙（%）	有效磷（%）	赖氨酸（%）	蛋氨酸+胱氨酸（%）
玉　米	14.27	8.7	0.02	0.11	0.24	0.38
麸　皮	9.37	15.7	0.11	0.28	0.63	0.55
鱼　粉	12.55	60.2	4.00	2.90	4.72	2.16
豆　粕	14.26	44.2	0.33	0.21	2.68	1.24
棉籽粕	9.68	43.5	0.28	0.36	1.97	1.26
菜籽粕	10.59	38.6	0.65	0.35	1.30	1.50
石　粉	—	—	36.00	—	—	—
磷酸氢钙	—	—	21.00	16.00	—	—

注：摘自《中国饲料成分及营养价值表》2013年第24版。

3. 根据设计者经验初拟配合饲料配方 生长猪配合饲料中各种饲料原料的比例一般为：能量饲料65%～75%，蛋白质饲料15%～25%，矿物质饲料与预混料共占3%。据此，先初步拟定蛋白质饲料原料的用量为19%，其中由于棉籽粕和菜籽粕适口性差并含有毒素，配合饲料中总用量一般不宜超过8%，故暂定为棉籽粕、菜籽粕各占3%，猪配合饲料中，鱼粉主要起着平衡氨基酸和补充未知生长因子的作用，暂定为1%，则大豆粕可拟定为12%；能量饲料麸皮容积比较大且有轻度泻性，在饲料中暂定为6%，则玉米为72%。

4. 计算初拟配方营养成分含量（不含矿物质与预混料） 如表4-2-3所示。

表4-2-3　初拟饲料配方及营养成分含量

饲料配方组分	比例	营养成分	含量	与标准的差值
玉　米	72%	消化能	13.28MJ/kg	−0.11%
麸　皮	6%	粗蛋白质	15.58%	−0.82%
鱼　粉	1%	钙		
豆　粕	12%	有效磷		
棉籽粕	3%	赖氨酸		
菜籽粕	3%	蛋氨酸+胱氨酸		

5. 调整配合饲料配方　根据初拟配方营养成分含量与饲养标准要求的差额，适当调整部分原料配合比例，使配方中各种营养成分含量逐步符合饲养标准。方法是，用一定比例的某一原料替代同比例的另一原料。通常首先考虑调整能量和蛋白质的含量。

由表 4-2-3 可知，配方中粗蛋白质含量比饲养标准低 0.82 个百分点，消化能含量低 0.11MJ/kg，需要用能量和蛋白质含量均高的饲料替代某一种能量和蛋白质含量均低的饲料，考虑用鱼粉替代小麦麸。每使用 1% 的鱼粉替代同比例的小麦麸可使蛋白质含量提高 44.5%（60.2%－15.7%）。要使粗蛋白质含量达到标准中的 16.4%，需增加鱼粉比例为 1.84%（0.82/44.5），小麦麸应降低 1.84%。

按此调整后，鱼粉用量为 2.84%（1%＋1.84%），小麦麸为 4.16%（6%－1.84%），其余饲料含量暂时不变，重新计算第一次调整后配方的消化能和粗蛋白质含量及其与饲养标准之差额（表 4-2-4）。

表 4-2-4　第一次调整后配方组成及各种营养成分的含量

饲料配方组分	比例	营养成分	含量	与标准的差值
玉　米	72%	消化能	13.34MJ/kg	－0.05%
麸　皮	4.16%	粗蛋白质	16.40%	0
鱼　粉	2.84%	钙		
豆　粕	12%	有效磷		
棉籽粕	3%	赖氨酸		
菜籽粕	3%	蛋氨酸＋胱氨酸		

由表 4-2-4 知，经第一次调整后粗蛋白质含量已达到饲料标准，能量低于饲养标准 0.05。可选用能量高的某一种饲料替代能量低的某一种饲料，且这两种饲料的蛋白质含量要接近。通过分析选择豆粕替代棉籽粕。每使用 1% 的豆粕替代同比例的棉籽粕可使能量提高 4.58(14.26－9.68)，要使能量含量达到标准中的 13.39，需增加豆粕比例为 1.1%(0.05/4.58)，棉籽粕应降低 1.1%。调整后配方各种营养成分含量如表 4-2-5 所示。

表 4-2-5　第二次调整后配方组成及各种营养成分的含量

饲料配方组分	比例	营养成分	含量	与标准的差值
玉　米	72%	消化能	13.39MJ/kg	0
麸　皮	4.16%	粗蛋白质	16.40%	0
鱼　粉	2.84%	钙	0.20%	－0.35%
豆　粕	13.1%	有效磷	0.23%	＋0.03%
棉籽粕	1.9%	赖氨酸	0.76%	－0.06%
菜籽粕	3%	蛋氨酸＋胱氨酸	0.59%	＋0.11%

钙、赖氨酸的含量低于饲养标准，用石粉和赖氨酸盐（效价按 78% 计）进行调整。石粉含钙量 36%，石粉用量为 0.97%（0.35/36）。赖氨酸用量为 0.08%（0.06/78）。蛋

氨酸和胱氨酸的含量稍高于标准值，由于多余氨基酸不可能除去，且超量不高，故不做调整（表4-2-6）。

表 4-2-6　第三次调整后配方组成及各种养分含量

饲料配方组分	比例	营养成分	含量	与标准的差值
玉　米	72%	消化能	13.39MJ/kg	0
麸　皮	4.16%	粗蛋白质	16.40%	0
鱼　粉	2.84%	钙	0.55%	0
豆　粕	13.1%	有效磷	0.22%	+0.02%
棉籽粕	1.9%	赖氨酸	0.82%	0
菜籽粕	3%	蛋氨酸+胱氨酸	0.59%	+0.11%
石　粉	0.97%			
赖氨酸	0.08%			
食　盐	0.30%			
预混料	1.00%			

由表4-2-6知，配方中各种养分含量均略高于标准值，且都在允许范围内，达到了预期的目标，但各种组分总和（99.35%）却小于100%，可相应增加小麦麸的比例。

6. 确定体重50kg生长猪配合饲料配方　如表4-2-7所示。

表 4-2-7　体重 50kg 生长猪配合饲料配方

饲料配方组分	比例	饲料配方组分	比例
玉　米	72%	石　粉	0.97%
麸　皮	4.81%	赖氨酸	0.08%
鱼　粉	2.84%	食　盐	0.30%
豆　粕	13.1%	预混料	1.00%
棉籽粕	1.9%		
菜籽粕	3%		

二、应用饲料配方工具软件设计饲料配方

运用农博士饲料配方工具软件进行35～60kg瘦肉型生长肥育猪全价配合饲料的设计，说明全价配合饲料产品设计的方法。

1. 选择营养标准　这是涉及配方的第一项工作，选择指定配方对象营养标准（图4-2-1）。鼠标点击相应的营养标准后，窗口下方"选定标准"处自动显示所选标准名称，方便用户对照。在相应的标准上双击表示选中此标准（或鼠标单击相应标准后，点击选定按钮），系统将所选标准中的内容（数据）填入主界面营养标准数据区，同时指定参算营养指标种类（"√"表示该指标参算）。

2. 选择原料种类　这是设计配方的第二步工作，选择指定配方所用的原料（图4-2-2）。窗口左上区域为原料选择区，右方为选中原料区，左下为快速搜索原料区。

图 4-2-1 选择营养标准界面

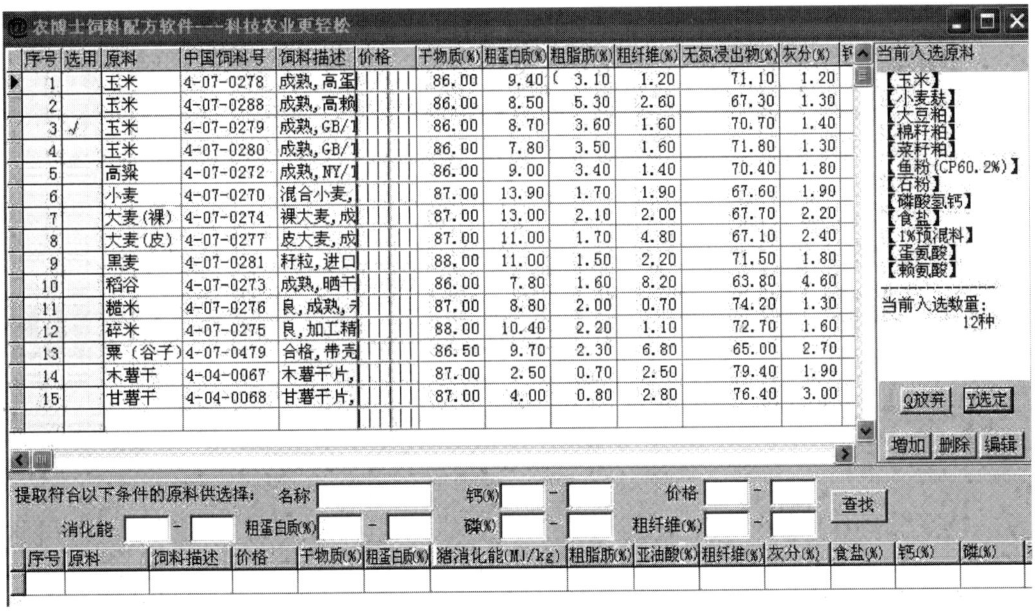

图 4-2-2 选择原料界面

原料选择区：双击相应的原料，该原料将出现在右边的选中原料区，同时该原料最左边的"选用"区域会出现"√"，表示该原料已被选中，再次双击该原料，"√"将不显示，右边区域将去掉相应原料，表示已经选中的原料被取消。在原料选择区可以进行原料的增加、修正、删除，具体操作同营养标准模块操作。

选中原料区：此区显示已经选中的原料的名称，在当前某入选原料上双击，可以去掉该入选原料。点击"选定"按钮，系统将向主界面原料数据区填入相应选中的原料。

3. 输入原料价格　如图 4-2-3 所示。

4. 输入期望吨成本　可不输，默认 0 值。

5. 选择算法（目标规划、线性规划），**计算配方**　如图 4-2-4 所示。

配方名称：

原料	配比(%)	价格	元/t	成本(%)
玉米	0.0000		2 860.00	
小麦麸	0.0000		1 650.00	
大豆粕	0.0000		3 500.00	
棉籽粕	0.0000		2 750.00	
菜籽粕	0.0000		2 680.00	
鱼粉(CP6	0.0000		9 200.00	
磷酸氢钙	0.0000		2 000.00	
石粉	0.0000		100.00	
合计：	0			

图 4-2-3　原料价格界面

图 4-2-4　配方结果界面

6. 保存或打印配方　如图 4-2-5 所示。

图 4-2-5　保存配方计算结果

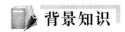 **背景知识**

一、配合饲料的概念及优点

（一）配合饲料的概念

配合饲料是根据畜禽不同品种、性别、年龄、体重，不同生长发育阶段和不同生产方式对各种营养物质的需要量，将多种饲料原料按科学比例均匀混合，按规定的工艺流程加工而成的能直接饲喂动物的商品饲料。

（二）配合饲料的优点

（1）营养全面，饲养效果好，饲料效率高，能降低饲养成本，最大限度发挥动物的生产潜力。配合饲料是根据畜禽的营养需要和消化生理特点以及饲料的营养特点，应用动物营养学、饲料学等最新科研成果，运用科学配方设计技术制定饲料配方，并采用先进加工工艺生产的饲料。

（2）由多种饲料组成，可以经济合理地利用各种饲料资源。

（3）保证质量，饲用安全。配合饲料是在专门的饲料加工厂，采用特定的计量器具和加工设备，经过清理、粉碎、混合、制粒等加工工艺生产出来的产品，混合均匀，粒度适宜，能够保证饲料的均匀一致性，质量标准化。目前，世界各国都制定了相关的饲料法规来规范配合饲料的生产，从而保证了饲用的安全性。

（4）用配合饲料可以简化饲喂方法，节省劳力，便于机械化饲养。

二、配合饲料的种类

配合饲料的种类很多，一般可按营养成分、成品形态、饲喂对象3种方法进行分类。

（一）按营养成分分类

1. 添加剂预混料　由一种或者多种添加剂（营养性添加剂和非营养性添加剂）与载体或者稀释剂（石粉、麸皮等），按一定比例混合均匀而成的产品，简称预混料。添加剂预混料是半成品，不能直接用来饲喂畜禽，在配合饲料中所占的比例很小，一般为 1%～5%。预混料是配合饲料的核心，决定配合饲料的饲用效果。

2. 浓缩饲料　主要由蛋白质饲料（如豆粕、鱼粉等）、矿物质饲料（钙、磷、食盐）和添加剂预混合饲料配制而成的混合饲料。浓缩饲料不能直接饲喂给动物，需加入一定比例的能量，一般占全价配合饲料的 20%～40%。

市场上将使用量在 10%～20% 的产品称为超级浓缩料或料精，其基本成分为添加剂预混料，在此基础上加入部分蛋白质饲料及具有特殊功能的物质。使用时需要补充能量饲料和部分蛋白质饲料。

3. 全价配合饲料　由能量饲料和浓缩饲料按一定比例配合而成。此类饲料能够完全满足畜禽生长、繁殖和生产需要，除水以外，不再需要添加任何物质，可以直接饲喂。全价配合饲料有许多优点，如营养全面、促进畜禽生长发育、预防疾病、缩短饲养周期、降低生产成本、提高经济效益等。

4. 精料补充料　精料补充料是针对反刍动物（牛、羊等）的专门饲料，主要由能量饲料、蛋白质饲料、矿物质饲料及添加剂预混料组成。反刍动物不能仅喂精料补充料，如果过量饲喂或仅喂精料补充料，会造成营养代谢病。生产中，通常将精料补充料和粗饲料、青绿饲料按照一定的比例配合使用，快速育肥期精料应多。

（二）按成品形态分类

为适应畜禽生产的需要及各种畜禽的采食习性，配合饲料往往可加工成不同的外形和质地。概括起来可分为以下几类：

1. 粉状饲料 粉料是目前饲料厂普遍采用的一种料型。粉料的优点是养分含量均匀，易与其他饲料搭配，饲喂方便，生产工艺相对简单，耗电少，加工成本低。但易造成动物挑食，浪费饲料，且生产粉料时粉尘较大，加工、贮藏和运输过程中养分易受外界干扰而损失。

2. 颗粒饲料 以粉料为基础，经过蒸汽熟化制粒挤压处理而制成的饲料，其形态多为圆柱状。其优点是可避免挑食，保证了饲料的营养全价性，饲料报酬高；容量大，改善了畜禽适口性，因而可增加畜禽的采食量。但在制粒过程中经过加热加压处理可使部分维生素、抗生素和酶等受到影响，且耗能大，成本高。该饲料主要用作幼龄动物、肉用型动物的饲料和鱼的饵料，其直径大小因动物种类和年龄不同而异。

3. 碎粒料 碎粒料是颗粒饲料的一种特殊形式，即将生产好的颗粒饲料经过磨辊式破碎机加工成细度为 2～4mm 的碎粒。这类饲料主要是为了解决生产小动物颗粒饲料时费工、费时、费电、产量低等问题。适用于饲喂雏鸡、鸽子、鹌鹑等小动物。

4. 膨化饲料 又称漂浮饲料，是粉状配合饲料加水、加温，糊化，通过高压喷嘴挤出，使其膨胀发泡成饼干状，再根据需要切成适当大小的饲料。膨化饲料适口性好，容易消化吸收，是幼龄动物的良好开食料；同时，膨化饲料密度小，多孔，保水性好，是水产养殖的最佳浮饵。

5. 压扁料 将谷实饲料加热处理后压成片状。由于加热时压扁饲料中一部分淀粉糊化，动物能很好地消化吸收，并且压扁后饲料表面积增大，有利于消化酶作用，因此，能提高饲料的消化率和能量利用率。

此外，还有块状饲料和液体饲料等。

（三）按饲养对象分类

1. 猪用配合饲料 又可分为仔猪，肥育猪初期、中期、后期，以及怀孕母猪，种公猪，后备母猪等专用的饲料。

2. 鸡、鸭用配合饲料 可分为雏鸡、后备鸡、蛋鸡、种鸡、肉用鸡饲料、蛋用鸭、肉用鸭饲料等。

3. 牛、羊用配合饲料 包括犊牛、产奶牛、肉牛、役用牛、种公牛，羔羊、基础母羊、种公羊等的饲料。

4. 其他畜禽鱼类饲料 包括兔、鱼、鸭、鹅、鹿、貉、鹌鹑等使用的配合饲料。

三、饲料配方设计

（一）配方设计的原则

1. 营养性原则

（1）选用合适的饲养标准。世界各国有很多饲养标准，我国也有自己的饲养标准。由于畜禽生产性能、饲养环境条件、畜禽产品市场变换，在应用饲养标准时，应对饲养标准进行研究，如把它作为一成不变的绝对标准是错误的，要根据畜禽生产性能、饲养技术水平与设备、饲养环境条件、产品效益等及时调整。

①能量优先满足原则。在营养需要中最重要的指标是能量需要量，只有在优先满足能量需要的基础上，才能考虑蛋白质、氨基酸、矿物质和维生素等养分的需要。

②多养分平衡原则。能量与其他营养物质间和各种营养物质之间的比例应符合饲养标准的要求，若营养不均衡，必然导致不良后果。日粮中能量低时，蛋白质的含量须相应降低；日粮能量高时，蛋白质的含量也相应提高。此外，还应考虑氨基酸、矿物质和维生素等养分之间的比例平衡。

③控制粗纤维的含量。畜禽具有不同的消化生理特点，家禽对粗纤维的消化力最弱。家禽应为 4%以下，幼猪 5%以下，生长猪 9%以下。

（2）合理选择饲料原料。熟悉所在地区饲料资源现状，正确评估和确定饲料原料营养成分含量。应尽量选用新鲜、无毒、无霉变、质地良好，适口性好，无异味的饲料原料。

（3）正确处理饲料配方设计值与配合饲料保证值的关系。饲养标准中各种原料中养分的含量与真实值之间存在一定差异，另外，饲料加工和贮藏过程中有损失，配合饲料营养成分设计值应略大于保证值，一般控制在 2%左右。

2. 安全性原则 饲料产品的安全与动物及人类的健康和安全密切相关，还影响到环境的安全。配合日粮时除了考虑营养水平和适口性外，还要保证无毒、无害、不污染等卫生因素。霉变、酸败、污染和未经处理的含毒素的饲料不能使用，饲料原料公共卫生安全和饲料添加剂的使用量及使用期限应符合安全法规。如黄曲霉和重金属汞、砷等有毒有害物质不能超过规定含量；含毒素的饲料应在脱毒后使用，或控制一定的喂量。

3. 经济性原则 饲料原料的成本在饲料企业生产及畜牧业生产中均占有很大比重，高达 70%以上，因此，在设计饲料配方时，应尽量做到高效益低成本。一是充分利用当地的饲料资源，尽量减少从外地购入饲料，既避免了远途运输的麻烦，又可降低配合饲料的生产成本；二是尽量选用多种原料搭配，使各种饲料营养物质互相补充，提高饲料的利用率。

4. 市场性原则 产品设计必须以市场为目标，配方设计人员必须熟悉市场，及时了解市场动态，准确确定产品在市场中的地位，明确用户的特殊要求，同时，还要预测产品的市场前景，不断开发新产品，增强产品的市场竞争力。

（二）饲料配方设计的方法

1. 试差法 此方法简单易学，不需要特殊的计算工具，适用于采用多种原料、多种指标时手工计算各种畜禽饲料配方。使用较为广泛。

试差法是根据饲养经验，先初步拟定一个饲料配方，然后计算该配方的营养成分含量，再与饲养标准比较。若某种营养成分含量过多或不足，按多去少补的原则，适当调整饲料配比，反复调整，直到所有营养成分含量都符合饲养标准要求为止。配方中营养浓度可稍高于饲养标准，一般控制在高出 2%以内。

2. 交叉法 交叉法也称四角法、对角线法或图解法。该法快速、简便，主要适用于饲料原料种类及营养指标少的情况，尤其是适用于求浓缩饲料与能量饲料的比例。例如，用粗蛋白质含量为 33%的猪用浓缩饲料与能量饲料（玉米和麸皮），配制哺乳母猪日粮 1 000kg。

（1）查饲养标准，确定哺乳母猪日粮中粗蛋白质含量为 17.5%（NRC 标准第 10 版）。

（2）查常用饲料营养成分表，玉米和麸皮粗蛋白质含量分别为 8.7%和 15.7%。

（3）确定能量饲料组成，并计算能量饲料混合物粗蛋白质的含量。一般玉米占能量饲的 70%，麸皮占 30%，则混合物中粗蛋白质含量为 10.8%（0.7×8.7%＋0.3×15.7%）。

（4）交叉法计算能量饲料混合物与浓缩饲料在日粮中的比例。先画一方形图，在图中央写上所配合的配合料中粗蛋白质含量（17.5%），方形图的左上、下角分别是玉米和浓缩料蛋白质含量。如图 4-2-6 所示对角线，并标箭头，顺箭头以大数减小数，所得出的数值分别写在对角上，再计算出玉米和浓缩料所占的百分比。其方形图及计算如下：

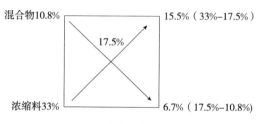

图 4-2-6　交叉法

能量饲料混合物占配合饲料的比例为：15.5/（15.5＋6.7）×100%＝69.82%

其中，玉米比例为：69.82%×70%＝48.87%

麸皮比例为：69.82%×30%＝20.95%

浓缩料占配合饲料的比例为：6.7/（15.5＋6.7）×100%＝30.18%

（5）计算 3 种饲料在配合饲料中所需重量。

玉米：1 000kg×48.87%＝488.7kg

麸皮：1 000kg×20.95%＝209.5kg

浓缩料：1 000kg×30.18%＝301.8kg

因此，配制含粗蛋白质为 17.5% 的饲粮 1 000kg，需用玉米 488.7kg、麸皮 209.5kg 和浓缩料 301.8kg。

3. 代数法　即用二元一次方程来计算饲料配方。此法简单，仅适用于由两种饲料原料配制混合饲料，一般不常用。例如，用含粗蛋白质 8.7% 玉米和含粗蛋白质 43% 的豆粕，配制含粗蛋白质 16% 的混合饲料。

设：需玉米 X%，需豆粕 Y%，则

$$\begin{cases} X+Y=100 \\ 0.087X+0.43Y=16 \end{cases}$$

解方程组：$X＝78.9$　$Y＝21.1$

因此，配制含粗蛋白质 16% 的混合饲料配方为：玉米 78.9%，豆粕 21.1%。

4. 使用计算机设计饲料配方

（1）线性规划法（单纯形法）设计饲料配方。

①运用线性规划法设计配合饲料配方必须具备的条件。固定原料价格；原料在指定范围内可任意确定用量；确切掌握畜禽的饲养标准和原料营养成分含量；各种原料的用量与它提供的营养成分量呈正比；多种原料相配合时，所得的营养成分总含量应为各原料提供的相应营养成分之和。

②数学模型的建立。采用 m 种原料设计含 n 种营养成分的配合饲料配方。假设 m 种原料中的 n 种营养成分含量分别为 a_{11}、a_{12}、a_{13}、$\cdots$、a_{1n}，a_{21}、a_{22}、a_{23}、$\cdots$、a_{2n}，$\cdots$，a_{m1}

a_{m2}、a_{m3}、$\cdots$、a_{mn}；饲养标准中对应的 n 种营养成分含量分别为 b_1、b_2、b_3、$\cdots$、b_n；m 种原料价格分别为 c_1、c_2、c_3、$\cdots$、c_m；m 种原料百分比分别为 x_1、x_2、x_3、$\cdots$、x_m。

则可建立约束条件有：

$x_1 \geq 0$、$x_2 \geq 0$、$x_3 \geq 0$、$\cdots$、$x_m \geq 0$

$$\begin{cases} x_1+x_2+x_3+\cdots+x_m=100 \\ a_{11}x_1+a_{21}x_2+a_{31}x_3+\cdots+a_{m1}x_m \odot b_1 \\ a_{12}x_1+a_{22}x_2+a_{32}x_3+\cdots+a_{m2}x_m \odot b_2 \\ a_{13}x_1+a_{23}x_2+a_{33}x_3+\cdots+a_{m3}x_m \odot b_3 \\ a_{14}x_1+a_{24}x_2+a_{34}x_3+\cdots+a_{m4}x_m \odot b_4 \\ \vdots \qquad \vdots \qquad \vdots \qquad\qquad \vdots \\ a_{1n}x_1+a_{2n}x_2+a_{3n}x_3+\cdots+a_{mn}x_m \odot b_n \end{cases}$$

其中：$\odot$ 表示 $\leq$ 或 $\geq$。目标函数为：$Y_{min}=c_1x_1+c_2x_2+c_3x_3+\cdots+c_nx_n$，$Y$ 为饲料配方的成本（要求为最低，一般取最小值）。

③启动计算机，输入相应的命令，按照计算机提供的操作步骤进行操作。计算机运算并输出最优结果，即配合饲料配方和营养成分含量值。

（2）使用配方软件设计饲料配方。

①配方软件种类。配方软件的种类很多。目前，流行的软件有：Refs、三新饲料配方系统、CMIX 配方系统、金牧饲料配方软件（VF123）、高农饲料配方系统、农博士饲料配方软件等。

②饲料配方软件的使用。有关饲料配方软件的使用方法，各家推出的产品各有特点，应根据其使用说明进行操作。但必须注意，最低成本配方未必是最佳配方，故有时应附加限制条件，以弥补计算机所不能顾及的方面，如计算机运行中倾向于选择廉价原料，廉价原料往往质量不够理想。为了保证配方原料的组成适应特定的畜禽，应对某些原料设定最高用量，而对另一些原料设定最低用量，即通过"人机对话"解决某些技术问题。

思考题

1. 饲料配方设计的依据是什么？应遵循哪些原则？
2. 猪禽常用饲料原料配比范围如何？
3. 作为一个畜牧场主，选用饲料时应该考虑哪些问题？
4. 结合实例谈谈全价配合饲料配方设计的方法和技巧。
5. 利用计算器（或者计算机和饲料配方软件），为产蛋率大于 80% 的蛋鸡设计配合全价日粮（饲料种类为：玉米、麸皮、大豆粕、鱼粉、石粉、骨粉、食盐、添加剂等）。

任务三　日粮配方效果检查与分析

任务描述

全价日粮与饲养管理技术完美结合，才能保证畜禽的正常生长发育，发挥最大的生产潜能。饲养效果能够综合地、客观地反映配合日粮营养是否完善，饲养技术和管理措施是否合理。那么如何分析养殖场的饲养效果呢？

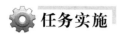 **任务实施**

饲养效果是配合饲料质量、饲养技术等多种饲养因素通过饲养过程集中体现出来的。全价配合日粮是否能满足动物的营养需要，需要在饲养实践中加以检验。为了便于阶段性和全程饲养效果的检查，日常生产中必须勤观察、多记录。如发现日粮配合存在某些欠缺，要及时纠正修改，以免造成更大的损失。

一、日粮配方效果检查的方法

（1）现场参观养殖场及饲料加工车间，了解日粮配方，核算日粮中营养成分是否符合饲养标准。

（2）通过感官鉴定饲料品质，必要时取样带回实验室进行化验检测。

（3）了解畜禽群，进行现场营养诊断，尤其注意生长、生产异常的畜禽，并提出初步的改进措施。

（4）与技术人员座谈，了解养殖场的基本情况，包括建场历史、畜禽品种、饲养阶段、饲喂方式、畜禽生长速度、生产效率、饲料报酬和管理措施等。

二、日粮配方效果检查的内容

（一）食欲表现

畜禽有旺盛的食欲，才能达到期望的采食量，而一定的采食量是维持其生长发育速度或高产的基本保证。食欲的好坏一方面反映了机体的健康状态，同时也在一定程度上反映了配合日粮的综合质量。若饲料霉变或含有适口性较差的成分（异味成分或毒素等），饲料的物理性状不适应特定畜禽的生物学特性（如蛋鸡料过细）以及病原体污染等因素，都会影响食欲，主要表现为大量剩料或槽外浪费。

异嗜癖是食欲不正常的表现。当畜禽体内某些养分不能满足生长发育或生产需要时，它们能在一定程度上本能地啃食或啄食那些可能含有自身急需养分的物体。如蛋鸡啄食蛋壳和石灰等可能与日粮缺钙有关，生长猪舔食泥土和石头等则可能与钙、磷、食盐等缺乏有关。

（二）健康状况

畜禽的健康状况是反映饲养效果的重要指标之一，而良好的营养状况为畜禽的健康提供了保证，精神状态在一定程度上又反映了畜禽的健康情况。因此，生产中应通过对畜禽的群体状态和个体状态进行观察，了解其营养状况和健康状况。该法比较直观，并在一定的程度上反映畜禽的健康和生产力以及饲养管理技术的质量。基于这一点，才能进行由此及彼、由表及里的进一步分析。具体应从以下几方面观察：

1. 营养状况

（1）体重。多数个体是否达到预期体重范围，种用动物的体况是否过肥或过瘦，生长发育的整齐度如何。

（2）被毛。主要观察被毛是否光亮、平滑，皮肤和黏膜有无不正常表征等。如有不正常现象，则应考虑对日粮中蛋白质、能量、维生素以及微量元素等的含量加以适当调整，并辅以其他管理措施加以改进。

2. 健康状态　良好的健康状态主要表现在以下几方面：保持良好的精神状态和行为状态，例如眼明有神，警觉性高，对周围的异常变化反应敏锐；生长发育正常，生产水平达到特定品种的要求；对疾病的抵抗能力较强。

在饲养实践中，往往由于个体生理状态、采食机会、采食量、日粮混合均匀度及其组分的品质和物理性状以及管理等原因，部分个体可能出现散发性营养缺乏或亚临床症状。如蛋白质和维生素 A 及维生素 E 不足，明显降低畜禽的抗病力。

（三）体重变化

在各类畜禽饲养过程中，称重是一项经常性的工作。正常体重（或标准体重）对于畜禽的生长发育、繁殖性能以及经济效益都十分重要。一定周龄或年龄的个体，如果实际体重偏离正常体重达到一定程度，则意味着过瘦或过肥，过大或过小。这对其当前或日后的利用价值均有不利影响。实际上，正常体重是在良好的状态下，平衡日粮与合理的饲养技术完美结合的体现。因此，定期称重可对此做出客观的评价。另外，体重作为原始数据，有助于代谢体重、饲料转化率和日增重等饲养参数的获得，这些资料可作为调整日粮和改进饲养技术的依据。

（四）繁殖情况

种公畜的性欲、精液品质，母畜的发情、排卵、受胎、妊娠、产仔数、初生重和泌乳量等，均与饲料和营养密切相关。如早春时节，母畜发情排卵不正常及公畜精液品质不理想，可通过产补饲优质蛋白质和维生素或鲜苜蓿等优质青饲料加以克服。

（五）生产性能及饲料转化率

1. 畜禽的单产　能否使畜禽充分发挥生产潜力，也是检查饲养效果的重要尺度。但是，在追求个体单产时必须考虑饲料转化率以至最终的经济效益。应该注意以下两点：①短期内日粮营养不平衡或采食量不足，机体可动用自身贮备，从而在一定时间内维持较高产量。泌乳初期的母畜出现这一现象是不可避免的，然而对于产蛋家禽，如果在产蛋前期饲喂不平衡日粮，往往引起产蛋高峰持续期缩短和体重减轻等现象。②某些畜禽采食不平衡日粮，虽能维持较高产量，却以增加采食量为代价，这势必降低饲料转化率。

2. 饲料转化率　饲料转化率是指生产 1kg 畜禽产品或增重 1kg 体重所需要的配合饲料量。它是衡量养殖业生产水平和经济效益的一个重要指标，而经济效益是制约畜牧业发展的直接因素。在生产中，不同种类畜禽，甚至同一品种的不同群体间饲料转化率存在较大的差异。这与多种因素有关，应着重通过调整日粮结构和合理使用添加剂以及正确的饲养，达到提高饲料转化率的目的。在生产水平和增重相同时，体重越大，用于维持的养分在摄取的养分总量中的比例越大，因而饲料转化率也越低。此外，畜禽健康也是影响饲料转化率的重要方面。

3. 畜禽产品的质量　除畜禽种质外，饲养因素同样是影响产品质量的主要因素。饲养因素影响产品的组成、风味以及其他感观性状等内在和外在质量指标。当畜禽产品的质量因不合理的饲养受到不良影响时，其商品等级和市场竞争力下降，有时可造成更为严重的经济损失。鉴于此，从饲养过程的各个要素上，探讨如何在提高饲料转化率的同时，改善产品的质量，增强其市场竞争力，是畜禽饲养的基本目标。近年来，国内外已经使用某些添加剂（如着色剂），按照人们的愿望改变畜禽产品的某些质量指标，取得了满意效果。

（六）饲养效益分析

饲养效益是养殖业的全部产出与全部投入之差，是饲养效果的集中表现。在投入部分中，饲料及饲养技术占 1/2 以上。对于养殖业主，盈利是生产的直接动机。在生产组织形式合理、畜禽品种优良、饲料原料和畜禽产品价格有利，以及成活率和生产水平等要素正常的条件下，如果计划进一步提高饲养的效益，则应主要在饲料及饲养技术方面进行探讨，寻求突破。实际上，养殖业效益的持续提高是饲养技术不断投入、饲料转化率不断提高和饲养管理成本不断降低的结果。

对于各类畜禽，在饲养后期（接近出栏或淘汰），应特别关注每天的实际经济效益。如果一天的全部投入接近或等于当天产出的产品或增重的价值，那么，除非期待产品价格提高，否则应立即出栏或淘汰，继续饲养则是一种低效益甚至负效益饲养。可见，饲养过程中经常性的效益分析与评估是十分必要的。

此外，技术人员应把深入现场观察和巡视这一基本工作经常化、制度化，不应放弃或忽略任何一个细节。因为这些细节都是饲养因素在一定条件下的具体反映。例如，饲养不合理可引起粪便多种异常变化，如过于稀软是青饲料采食过多的表现，粗糙和含有未消化成分则反映了饲料中粗纤维类物质含量过多。不仅如此，粪便状况与消化机能和健康密切相关。总之，要善于综合运用知识和技能，发现隐藏的问题并加以解决。

思考题

调查当地养殖场使用的配合饲料，并对其饲养效果进行检查和分析。

项目五

畜禽的环境控制

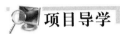 **项目导学**

环境控制是畜禽生产中的重要技术环节,是畜禽生产的前置性工作及必备条件。随着规模化养殖业的快速发展,畜禽传染病的发生以及排泄物对环境的污染越来越引起人们的高度重视。为了促进畜禽养殖业与生态环境的协调发展,保障畜禽养殖业优质、高效、清洁、安全,我们必须科学规划畜禽养殖场,实行生态养殖,加强卫生管理,切实做好畜禽养殖业环境污染的控制工作。

学习目标

1. 知识目标

● 熟悉养殖场场址选择及布局规划方法。
● 理解畜舍小气候特征及卫生要求。
● 熟悉改善和控制畜禽舍环境卫生的措施。
● 了解养殖场污物对环境的危害。
● 掌握养殖场的消毒措施。
● 掌握养殖场污物的处理方法。

2. 能力目标

● 根据当地的条件,合理选择场址并进行合理布局。
● 具备调查、评价、改善和控制畜舍空气环境卫生的能力。
● 合理制订养殖场污物的无害化处理方案。

任务一 养殖场规划设计

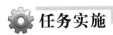 **任务描述**

规模化养殖场是应用现代科学技术和生产方式从事畜禽生产的场所,具有生产专业化、品种优良化、产品上市均衡化和生产过程设施化的特点。要获取更多的优质畜产品和较高经济效益,必须对养殖场进行科学规划设计。养殖场规划设计主要包括场址选择、规划布局以及畜禽舍结构设计等。

任务实施

子任务一 养殖场场址选择

养殖场场址不但关系经济效益的高低,而且关系到养殖场的生存与发展。选择养殖场场址时，根据经营方式（单一经营或综合经营）、生产特点（种畜场或商品场）、饲养管理方式（舍饲或放牧）以及生产集约化程度等基本特点，对地势、地形、土质、水源，以及居民点的配置、交通、电力、物资供应等条件进行全面的考虑。

（一）自然条件

1. 地形　地形应开阔整齐，有足够的面积。地形开阔是指场地上的房屋、树木、河流、沟坎等要少，这样可减少施工前清理场地的工作量或填挖土方量。地形整齐有利于建筑物的合理布局，并可充分利用场地。面积应根据畜禽种类、规模、饲养管理方式、集约化程度和饲料供应情况（自给或购进）等来确定。另外，根据畜禽场规划，还要留有发展的余地。

2. 地势　畜禽场地势应高燥、平坦，略有缓坡（便于排水）。如果在坡地建场，要背风向阳，坡度一般以1%～3%为宜，最大不超过25%。地势应选择高出当地历史洪水线1m以上，地下水位在2m以下。地势低洼的场地易积水而潮湿泥泞，夏季闷热，易滋生蚊蝇和微生物，冬季阴冷，降低畜禽舍保温隔热性能。

3. 土壤质地　土壤的透气性、吸湿性、毛细管特性及土壤化学成分等不仅影响养殖场的空气、水质和地上植被，还影响土壤的净化作用。土壤对养殖场建筑有着重要影响，沙壤土最适合场区建设，但是在建场过程中受当地土壤条件的限制，因此在规划设计、施工建造和日常使用管理上，应设法弥补土壤缺陷。

4. 水源　养殖场生产中，畜禽饮水、畜禽舍和用具洗涤等都需要使用大量的水，水质的好坏直接影响人和畜禽的健康及畜禽产品的质量。因此，必须要有可靠的水源，保证水量充足，能满足场内各项用水；水质良好，符合生活饮用水水质标准；便于防护，不易受污染；取用方便。

（二）社会条件

1. 地理位置　养殖场应选在居民点的下风处，远离化工厂、屠宰场、制革厂等污染企业。养殖场与居民点的距离，一般养殖场应不少于300m，大型养殖场（万头猪场、10万只以上鸡场、千头奶牛场等）应不少于1 000m。与其他养殖场的距离，一般养殖场应不少于150m（禽、兔等小畜禽之间距离宜大些），大型养殖场应不少于1 000m。

2. 交通条件　养殖场要求交通便捷，特别是大型集约化的商品养殖场，饲料、产品、粪尿废弃物运输量很大，应保证交通方便，但与交通干线要保持适当的卫生间距。一般距一、二级公路和铁路应不少于500m，距三级公路（省内公路）应不少于200m，距四级公路（县级、地方公路）不少于100m。养殖场要修建专用道路与主要公路相通。

3. 供电条件　集约化程度较高的大型养殖场，必须具备可靠的电力供应。应尽量靠近原有输电线路，缩短新线架设距离，最好采取工业用电和民用电两路供电，同时配置发电机。

4. 饲料供应　选择场址时应考虑饲料的就近供应，草食畜禽的青饲料尽量由当地供应或本场自行种植。

5. 土地征用　场址选择必须符合本地区农牧业生产发展总体规划、土地使用发展规划和城乡建设发展规划的用地要求，不得占用基本农田。大型养殖场分期建设时，场址选择应一次完成，分期征地。以下地区或地段的土地不宜征用：①规定的自然保护区、生活饮用水水源保护区、风景旅游区；②受洪水或山洪威胁及泥石流、滑坡等自然灾害多发地带；③自然环境严重污染的地区。

6. 其他 场址的选择要考虑产品的就近销售，以降低运输成本，减少产品消耗。同时，要注意畜禽场粪尿和废弃物的就地处理和利用，防止污染周边环境。

子任务二 养殖场规划布局

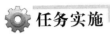 **任务实施**

为了合理利用养殖场场地，便于卫生防疫、组织生产、提高劳动生产率，养殖场应根据工艺流程合理规划各功能区，做好场区的总体设计。

一、养殖场分区规划

（一）规划原则

（1）根据不同养殖场的生产工艺要求，结合当地气候条件、地形地势及周围环境特点，因地制宜，合理安排各区位置。

（2）充分利用场区原有的自然地形地势，有效利用原有道路、水电、供电线路及原有建筑物等，以减少投资，降低成本。

（3）合理组织场内、场外的人流和物流，为畜禽生产创造最有利的环境条件，实现高效生产。

（4）保证建筑物有良好的朝向，满足采光和自然通风条件，并有足够的防火间距。

（5）考虑畜禽粪尿、污水及其他废弃物的处理和利用，确保其符合清洁生产的要求。

（6）在满足生产要求的前提下，建筑物布局要紧凑，尽可能节约用地，少占或不占耕地，并要为今后的发展留有余地。

（二）养殖场的功能分区

通常将具有一定规模的养殖场分为 4 个功能区，即生活区、管理区、生产区和隔离区。在进行场地规划时，主要考虑人畜卫生防疫和工作方便，根据场地地势和当地全年主风向，按图 5-1-1 所示的模式合理安排各区位置。

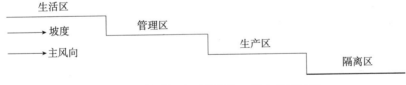

图 5-1-1　养殖场各区依地势、风向布局示意

1. 生活区 生活区应位于全场上风和地势较高的地段，包括职工宿舍、食堂、文化娱乐设施等。

2. 管理区 包括行政和技术办公室、饲料加工车间及料库、车库、杂品库等。管理区的设置还要考虑与外界联系方便。

3. 生产区 生产区是养殖场的核心区，应设在畜禽场的中心地带。在生产区的入口处，应设立专门的消毒间或消毒池和人员更衣淋浴消毒室，以便对进入生产区的人员和车辆进行严格消毒。外来车辆尽量不要进入生产区，生产区车辆严禁外出。自繁自养畜禽场应将种畜（禽）群（包括繁殖群）、幼畜（禽）群与生产（商品）群分开，分区饲养管理。通常将种畜

（禽）群、幼畜（禽）群设在防疫比较安全的上风处和地势较高处，然后依次为青年畜（禽）群、生产畜（禽）群。以一个自繁自养的猪场为例，根据风向和地势高低的顺序，猪舍布局依次应为种猪舍、产房、保育猪舍、生长猪舍、育肥猪舍。

饲料调制、贮存间和青贮塔（壕），应设在上风口和地势较高处，并与各畜舍及饲料加工车间方便联系。干草和垫草的堆放场应安排在生产区下风向的空旷地带，与堆粪场、病畜隔离舍保持一定的卫生间距，与其他建筑物保持 60m 的防火间距。

4. 隔离区　包括兽医诊疗室、病畜禽隔离舍、尸体解剖室、尸坑或焚尸炉、粪便污水处理设施等，应设在场区的最下风和地势最低处，并与畜禽舍保持 30m 以上的卫生间距。该区应尽可能与外界隔绝，四周应有隔离屏障，如防疫沟、围墙、栅栏或浓密的乔灌木混合林带，并设单独的通道和出入口。

二、养殖场建筑物的合理布局

养殖场建筑物布局是否合理，不仅关系到畜禽场的生产联系和劳动效率，同时也直接影响场区和舍内小气候状况及畜禽场的卫生防疫。在养殖场布局时，要综合考虑各建筑物之间的功能关系、场区小气候状况，以及畜禽舍的通风、采光、防疫、防火要求，同时兼顾节约用地、布局美观整齐等。

（一）建筑物的排列

畜禽场建筑物通常应设计为东西成排、南北成列，尽量做到整齐、紧凑、美观。生产区内畜禽舍的布置，应根据当地气候、地势地形、畜禽舍的数量和长度，酌情布置为单列、双列或多列。要尽量避免横向狭长或竖向狭长的布局，尽量采用方形或近似方形布局。

（二）建筑物的位置

1. 功能关系　养殖场建筑物布局应按彼此间的功能联系统筹安排，将联系密切的建筑物和设施就近设置，以便生产。

2. 卫生防疫　根据场地地势和当地全年主风向，尽量将办公室和生活用房、种畜禽舍、幼畜禽舍安置在上风向和地势较高处，商品畜舍置于下风和地势较低处，病畜禽舍和粪污处理设施置于最下风处和地势低处。地势与主风向一致时较易设置，但若两者相反时，则可利用与主风向垂直的对角线上的"安全角"来安置防疫要求较高的建筑物。例如，主风向为西北风而地势南高北低时，则场地的西南角和东北角均为安全角。

（三）建筑物的朝向

畜禽舍宜采取南向，方便改善舍内温度状况，达到冬暖夏凉的目的。

（四）建筑物的间距

相邻两栋建筑物纵墙之间的距离称为间距。确定畜禽舍间距主要从日照、通风、防疫、防火和节约用地多方面综合考虑。间距大，前排畜禽舍不致影响后排光照，并有利于通风排污、防疫和防火，但这样就会相应增加占地面积，在条件允许的情况下，可适当增加间距。

1. 根据日照确定畜禽舍间距　一般来讲，应保证南排畜禽舍在冬季不遮挡北排的日照，一般可按一年内太阳高度角最小的冬至日计算，保证冬至日 09：00～15：00 这 6h 内畜禽舍南墙满日照，这要求间距不小于南排畜禽舍的阴影长度，而阴影长度与畜禽舍高度以及太阳高度角有关。在我国绝大部分地区，间距保持檐高的 3～4 倍时，可满足冬至日 09：00～15：00南向畜禽舍的南墙满日照。

2. 根据通风要求确定畜禽舍间距 下风向的畜禽舍应该不处于相邻上风向畜禽舍的涡风区内，这样既不影响下风向畜禽舍的通风，又可使其免遭上风向畜禽舍排出的污浊空气的污染，有利于卫生防疫。一般畜禽舍的间距取檐高的 3～4 倍时，可满足畜禽舍的通风排污和卫生防疫要求。

3. 根据建筑物的材料、结构和使用特点确定防火间距 畜禽舍建筑一般为砖墙、混凝土屋顶或木质屋顶并做吊顶，耐火等级为二级或三级，防火间距 6～8m 为宜。

总之，畜禽舍间距不小于畜禽舍檐高的 3 倍时，可基本满足日照、通风、排污、防疫、防火等要求。

三、养殖场的公共卫生设施

(一) 运动场设置

畜禽的生产和生活需要一定的活动空间，每天定时到舍外运动，可增进机体的各种生理机能，增强体质，提高抗病力。舍外运动能改善种公畜（禽）的精液品质，提高母畜的受胎率，减少难产。因此，为畜禽设置运动场非常必要，特别是种用畜禽。

1. 运动场的位置 运动场应设在背风向阳的地方，一般是利用畜禽舍之间的空地，也可在畜禽舍两侧分别设置。如受地形限制，也可在场内比较开阔的地方单设运动场。

2. 运动场的面积和要求 在保证畜禽自由活动的基础上尽量节约用地，一般按每头（只）畜禽所占舍内平均面积的 3～5 倍计算。畜禽的舍外运动场面积参考以下数据：成年奶牛 20m² /头，青年牛 15m² /头，带仔母猪 12～15m² /头，种公猪 30m² /头，2～6 月龄仔猪 4～7m² /头，后备猪 5m² /头，羊 4m² /只。育肥猪、肉鸡和笼养蛋鸡一般不设运动场。

运动场常为水泥地面，平坦稍有坡度（1%～3%），以利于排水和保持干燥。四周设置围栏或围墙，围栏高度为：牛 1.2m、羊 1.1m、猪 1.1m、鸡 1.8m。在运动场两侧及南侧设遮阳棚或种植树木，以遮挡夏季烈日，运动场围栏外侧应设排水沟。

(二) 场区道路的设置

场区道路要求短而直，保证场内各生产环节间联系方便。生产区的道路应区分为净道（运送饲料、产品和生产联系）和污道（运送粪污、病畜禽、死畜禽），为保证卫生防疫安全，净道和污道不得混用或交叉。场内道路应不透水，路面向一侧或两侧有 1%～3% 的坡度，修成柏油、混凝土、砖、石或焦渣路面。主干道与场外道路连接，其宽度为 5.5～7.0m，以保证顺利错车。支干道与畜禽舍、饲料库、产品库、贮粪场等连接，宽度为 2.0～3.5m，道路两侧应植树并设排水明沟。管理区和隔离区分别设有与场外相通的道路。

(三) 围墙或防疫沟的设置

场区四周应建较高的围墙或坚固的防疫沟，以防场外人员及其他动物进入场区，沟内放水。

(四) 场内的排水设施

一般在道路一侧或两侧设排水沟，沟壁、沟底可砌砖、石，用水泥混凝土抹实，以防漏水。最深处不超过 30cm，沟底应有 1%～2% 的坡度，上口宽 30～60cm。小型牧场有条件时，可设暗沟排水，但不宜与舍内排水系统的管沟通用，以防泥沙淤塞，影响舍内排污，并防雨季污水池满溢。

（五）贮粪池的设置

贮粪池应设在生产区的下风向，与畜禽舍至少保持100m的卫生间距（有围墙及防护设备时，可缩小为50m），并便于运出。贮粪池一般深为1m，宽9～10m，长30～50m，水泥池底。

（六）养殖场的绿化

1. 防风林 设在冬季上风向，沿围墙内外设置。落叶树与常青树搭配，高矮树种搭配，种植密度可稍大些，乔木行距为2～3m，灌木行距1～2m。

2. 隔离林 主要设在各场区之间及围墙内外。夏季上风向的隔离林，应选择树干高、树冠大的乔木，如杨树、柳树、榆树等，行距及株距应稍大些，只植1～3行。

3. 行道绿化 道路两旁和排水沟的绿化，起路面遮阳和排水沟护坡作用。靠路面可植侧柏、冬青等做绿篱，其外再植乔木。也可在路两侧埋杆搭架，种植藤蔓植物，使上空3～4m形成水平绿化。

4. 遮阳绿化 一般设于畜禽舍南侧和西侧，或设于运动场周围和中央，一般应选择树干高而树冠大的落叶乔木，以利于夏季遮阳和冬季挡风。

5. 场地绿化 养殖场裸露地面的绿化，可植树、种草、栽花，也可种植饲料作物或经济植物，如苜蓿、草坪、果树等。

子任务三 畜禽舍结构设计

畜禽舍设计包括建筑设计和技术设计，应满足畜禽对环境要求及饲养管理的技术要求等，并考虑当地气候、建材、施工习惯等。畜禽舍建筑设计的任务在于确定畜禽舍的样式、结构类型、各部尺寸、材料性能等；畜禽舍技术设计包括结构设计及给排水、采暖、通风、电气等的设计，均需要按建筑要求进行。设计合理与否关系到畜禽舍的安全和使用年限，也对畜禽舍小气候有重要影响。

一、畜禽舍设计原则

（1）保证畜禽舍有良好的小气候环境，冬季保暖，夏季凉爽，并保持干燥。

（2）保证畜禽舍有正常的采光和良好的通风。

（3）有完善的舍内卫生设备，有充足的饮水、生产管理用水，以及有排出污水的设施。

（4）有足够维持正常生活和生产的畜禽所需要面积，有合理的畜禽舍各部分结构。

（5）便于操作及提高劳动生产率。

（6）适合工厂化生产的需要，有利于集约化经营管理，便于机械化、自动化操作并留有余地。

（7）贯彻因地制宜、就地取材的经济原则，降低建筑造价。

二、畜禽舍的设计方法

（一）畜禽舍的类型选择

畜禽舍根据其四周墙壁的严密程度，可分为封闭舍、开敞舍、半开敞舍和棚舍4种类型。封闭舍上有屋顶，四面设墙，通风换气依靠门、窗或通风管道，分无窗式和有窗式两种，经济和技术力量雄厚的大型养殖场，可选用无窗式封闭舍，舍内的环境控制均需依赖设备调控，适用于寒冷地区；有窗式封闭舍跨度可大可小，适于各气候区、各种规模和各种畜禽舍。开敞舍上有屋顶，三面有墙，向阳面无墙，适应温暖炎热地区。半开敞式三面有墙，向阳面为半截墙，适合各种成年畜禽，尤其是耐寒的牛、绵羊、马、鸡和家兔等。棚舍只有屋顶而无墙壁，广泛用于炎热地区。

（二）畜禽舍的方位选择

畜禽舍的方位（朝向）直接影响畜禽舍的温度、采光及通风排污等。由于我国地处北纬20°～50°，太阳高度角冬季小，夏季大，畜禽舍朝向均以南向或南偏东、偏西45°以内为宜，并兼顾地形及其他条件要求。

（三）畜舍面积的确定

应根据饲养规模、饲养方式、自动化程度，结合畜禽的饲养密度标准，确定拟设计畜禽舍的建筑面积。

（四）外围护结构的设计

主要包括墙壁、屋顶、天棚、门、窗、通风口及地面等，设计时应考虑保暖防寒、隔热防暑、采光照明、通风换气等要求。

1. 墙壁 墙壁是畜禽舍的主要结构，对改善舍内温度、湿度状况起着重要作用。墙壁的保温隔热能力取决于所用材料的特性与厚度，常用的墙体材料主要有土、砖、石和混凝土等，现代畜禽舍建筑多采用双层金属板中间夹聚苯板或岩棉等保温材料的复合板块作为墙体。另外，墙体必须坚固、耐久、抗震、耐水、防火、抗冻，便于清洗和消毒。

2. 屋顶与天棚 屋顶要求光滑、防水、保温、不透气、不透水、结构简单、有一定的坡度，有利于雨水、雪水的排除，质地要耐久、坚固，并要求防火安全等。屋顶的形式多种多样，常用的有以下几种（图 5-1-2）。

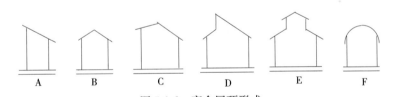

图 5-1-2 畜舍屋顶形式
A. 单坡式 B. 双坡式 C. 不对称坡式 D. 半钟楼式 E. 钟楼式屋顶 F. 圆顶坡式

天棚是将畜禽舍空间与紧靠舍顶空间相隔开的结构，因此必须具有保温、隔热、不透气、不透水、坚固耐久、防潮耐火、结构轻便等特点，可选用聚苯乙烯泡沫塑料、玻璃棉、珍珠岩等材料。

3. 门和窗 门有外门与内门之分。内门可根据需要设置，外门每栋至少2个，一般设在两端墙上，正对中央通道，方便畜禽进出，便于饲料运入和粪便清除，保证机械化作业。窗户的功能是通风和采光，一般设在墙壁或屋顶上，是外围护结构中保温隔热性能最差的部分。因此，在设置窗户时，要统筹兼顾它的各种要求。在寒冷地区应尽量少设，在满足采光的前提下，保证夏季通风和冬季保温。在温暖地区可适当多设窗户和加大窗户面积，但也不宜过大，以防夏季传入过多的热量。

4. 地面 畜禽舍地面质量好坏影响畜禽的健康和生产力，地面必须坚固、保温、不滑，有一定弹性和坡度，防水，便于清洗消毒，耐腐蚀。

（五）畜禽舍的内部设计

包括畜禽栏、笼具的布置和排列，通道、粪尿沟、排水沟、饲槽、饮水器等设施和设备的安排及舍内附属房间的配置等。应保证饲养管理方便，符合畜禽生活和生产要求，建筑上尽量节约面积、降低造价、方便施工。

1. 畜禽舍的平面设计　需根据每栋畜禽舍的饲养密度、饲养管理方式、当地气候条件、建筑材料和习惯等，合理安排和布置畜禽栏、笼具、道路、粪尿沟、食槽、附属房间等，计算出畜禽舍跨度、间距和长度，绘出畜禽舍平面图。

（1）畜禽栏和笼具的布置。一般沿畜禽舍长轴纵向排列，可分为单列式，双列式和多列式，排列数越多，畜禽舍跨度越大，越不利于通风和采光。但排列数多可以减少通道，节约建筑面积和外围护结构面积，有利于保温。有些畜禽舍如笼养育雏舍、笼养兔舍等，也有沿畜禽舍短轴布置笼具的，自然采光和通风效果好，但会加大建筑总面积。生产中采用何种排列方式，应根据场地面积、建筑情况、人工照明、机械通风、供暖降温条件等确定。

若采用的栏圈、笼具是定型产品，应根据饲养密度和每栋畜禽舍的畜禽总数算出所需栏（笼）数，同时考虑通道、粪尿沟、食槽、水槽、附属房间等的设置，初步确定畜禽舍跨度、长度，绘出平面图。若栏圈不是定型产品，为保证畜禽采食时不拥挤，减少争斗，则需根据每圈头数和每头采食宽度，确定栏圈宽度。

（2）舍内通道的布置。沿长轴纵向布置畜禽栏时，饲喂、清粪等管理通道一般也纵向布置，其宽度应根据用途、使用工具、操作内容等方面而定。若双列或多列布置时，靠纵墙布置畜禽栏或笼具，可节省 1～2 条通道，但受墙面冷辐射或热辐射的影响较大。较长的双列或多列式畜禽舍，每 30～40m 应设一个沿跨度方向的横向通道，其宽度一般为 1.5m，牛舍、马舍为 1.8～2.0m。

（3）粪尿沟、排水沟及清粪设施的布置。拴系或固定栏架饲养的牛、马、猪舍及笼养的鸡（猪）舍，因排泄粪尿位置固定，应在畜床后部或笼下设粪尿沟。

（4）畜禽舍附属房间的设置。畜禽舍一端常设饲料间，存放 3～5d 的饲料，牛舍还应设草棚，存放当天的青贮、青饲料或多汁饲料。为了加强管理，还应设饲养员值班室（特别是产仔舍和幼畜禽舍）。奶牛舍一般还应设真空泵房和奶桶间等，大型畜禽舍还可设消毒间、工具间等。

2. 畜禽舍的剖面设计　主要是确定畜禽舍各部位、各种结构配件、设备和设施的高度尺寸，并绘出剖面图和立面图。

（1）舍内地面的高度。一般应比舍外地平面高 30cm，场地低洼时，可提高到 45～60cm。畜禽舍大门前应设坡道（坡度不大于 15%），以保证畜禽和车辆进出，不设置台阶。舍内地面的坡度，一般畜床部位保证 2%～3%，以防积水潮湿；厚垫草平养的畜禽舍，地面应向排水沟有 0.5%～1.0% 的坡度，以便清洗消毒时排水。

（2）饲槽、水槽设置。饲槽和水槽的设置高度，鸡一般应使槽上缘与鸡背同高，猪、牛可使槽底与地面同高或稍高于地面；猪用饮水器距地面高度，仔猪为 10～15cm，育成猪 25～35cm，肥猪 30～40cm，成年母猪 45～55cm，成年公猪 50～60cm。如果饮水器装成与地面呈 45°～60°角，则距地面高 10～15cm，即可供各种年龄的猪使用。

（3）隔栏（墙）的设置。平养成年鸡舍的隔栏高度要在 2.5m 以上，常用铁丝网或尼龙网制作。猪栏高度一般为：哺乳仔猪 0.4～0.5m，育成猪 0.6～0.8m，育肥猪 0.8～1.0m，空怀母猪 1.0～1.1m，怀孕后期及哺乳母猪 0.8～1.0m，公猪 1.3m；成年母牛隔栏高度为 1.3～1.5m。

思考题

1. 养殖场选址应考虑的自然条件和社会条件各有哪些？
2. 养殖场的分区规划原则是什么？通常可分为哪几个功能区？
3. 养殖场公共卫生设施的设置有何要求？
4. 简述畜禽舍设计的原则。
5. 谈谈各自家乡的畜禽舍结构类型及特点？

任务二　畜禽舍环境控制

任务描述

随着规模化养殖的快速发展，要想充分利用饲料资源，保障食品安全，提高生产效率，降低生产成本，走"优质、高效、安全、生态"可持续发展的道路，其中最重要的一点就是要控制畜禽舍的环境质量。畜禽舍的环境主要包括温度、湿度、通风、光照、噪声及空气中有害气体、尘埃及微生物等。在畜禽养殖过程中，建立符合畜禽生理要求和行为习性的最佳环境，对于畜禽的健康生长、最大限度地发挥其生产性能具有重要的意义。

子任务一　畜禽舍小气候控制

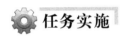

任务实施

一、畜禽舍的温度控制

（一）防暑与降温

1. 搞好隔热设计　在我国广大南方地区，夏季造成舍内过热的原因在于过高的大气温度、强烈的太阳辐射以及畜禽自身产生的热量。加强屋顶、墙壁等外围护结构的隔热设计，可有效防止或减弱太阳辐射与高温对舍内温度的影响。

在炎热的南方地区，常采用色浅而平滑的多层结构屋顶，屋面的最下层铺设热导率小的材料，中间为蓄热系数较大的材料，上层为热导率大的材料，避免舍内温度过高。对于夏热冬寒地区，应将上层换成导热系数小的材料较为有利。

在炎热地区，畜禽舍多采用开敞舍或半开敞舍。在夏热冬冷地区，墙壁应既有利于保温，又有利于隔热。目前的组装式畜禽舍，冬季组装成保温封闭舍，夏季可拆卸成半开敞舍，冬夏两用，十分符合卫生学要求。炎热地区封闭舍的墙壁，应按屋顶的隔热原则进行合理设计，尽量减少太阳辐射热。

2. 遮阳与绿化　在畜禽舍周围植树或棚架攀援植物，在舍外或屋顶上搭建凉棚，在窗口上设置遮阳板、挂帘子等以避免太阳光对畜禽的影响。

3. 通风　通风是畜禽舍防暑降温的有效措施，既可排除畜禽舍内的热量，又可改善舍内空气质量。

4. 采取降温措施

（1）喷雾降温。利用喷雾设备向舍内直接喷水或在进风口处将低温的水喷成雾状，借助汽化吸热效应而达到降温的目的。采取喷雾降温时，水温愈低，空气愈干燥，降温效果愈好。但湿热天气不宜使用。

（2）喷淋降温。在舍内设喷头或钻孔水管，定时或不定时对畜禽进行淋浴，有利于蒸发散热而达到降温的目的。使用喷淋降温系统应间歇进行，一般在夏季 13：00～16：00 气温最高时，每隔 45～60min 喷淋 2min。

（3）湿帘降温。当畜禽舍采用负压通风时，将湿帘安装在机械通风的进风口，空气通过不断淋水的蜂窝状湿帘，降低舍内温度。

（4）冷风设备降温。冷风机是喷雾和冷风相结合的一种新型设备，国内外均有生产。一般喷雾雾滴直径可在 $30\mu m$ 以下，喷雾量可达 0.15～0.20m^3/h；通风量6 000～9 000m^3/h，舍内风速为 1.0m/s 以上，降温范围长度 15～18m，宽度 8～12m。

（5）空调。降温效果好，但成本高，目前仅在少数种蛋库、畜产品冷库中应用。

（二）防寒与采暖

在我国东北、西北、华北等寒冷地区，冬季气温低，持续时间长，在设计、修建畜禽舍时必须采取有效的防寒保暖措施。

1. 加强保温设计 畜禽舍的防寒能力，在很大程度上取决于屋顶、天棚、墙壁、地面和门窗的保温隔热性能。屋顶、天棚必须严密、不透气，并铺设一定的保温层，目前多选用玻璃棉、聚苯乙烯泡沫塑料、聚氨酯板等材料。墙壁材料导热系数要小，隔热结构要合理，如选空心砖代替普通红砖热阻值可提高 41%，用加气混凝土块则可提高 6 倍。采用空心墙体或在空心中充填隔热材料，也会大大提高墙的热阻值。但施工不合理，如墙体透气、变潮等，则使墙体热阻值降低。在实际生产中，为了提高畜禽舍的保温性能，还可铺设保温地面，在外门加门斗、设双层窗或临时加塑料薄膜、窗帘等。

2. 加强防寒管理 适当增加饲养密度、地面铺设垫料、加强防潮设计、及时清除粪便和污水及加强畜禽舍入冬前的维修与保养，均有利于提高舍温。

3. 重视畜禽舍的采暖 在各种防寒措施仍不能满足舍温需要时，可通过集中采暖和局部采暖等方式加以解决，使用时应根据畜禽需求、设备投资和能源消耗等情况综合考虑。集中取暖是由一个热源（如锅炉房）将热量由各管道输送到各个舍内的散热器，使舍温达到适宜的温度，目前热风炉、暖风机已在寒冷地区推广使用。局部采暖是利用采暖设备对畜禽舍进行局部加热，使局部区域达到一定的温度，多用于幼畜禽保温，采暖设备有电热器、保温伞（图 5-2-1）、红外线灯和火炉等。如仔猪栏铺设红外线灯电热板或悬挂红外线保温伞，雏鸡舍常用火炉、保温伞和电热育雏笼等。

图 5-2-1 育雏保温伞

二、畜禽舍的湿度控制

（一）防潮管理

1. 科学选址和设计 把畜禽舍修建在高燥地方，墙基和地面应设防潮层，天棚和墙体要具有保温隔热能力并设置通风管道。

2. 及时清粪 畜禽舍的粪便不能堆积过多，要及时清除，减少水分蒸发，保持舍内干燥和卫生。

3. 勤换垫料 为了保持畜禽体卫生、干燥，铺设垫料是必不可少的，但垫料吸潮后要勤于更换，以保持较好的吸湿和吸氨能力。

4. 降低饲养密度 饲养密度过大，畜禽拥挤，产热增多，潮气大，严重影响畜禽的食欲和生长发育。

5. 通风良好 在保证舍温的情况下，尽力加强通风换气，及时将舍内过多水汽及有害气体排出。

6. 合理使用饮水器 若用槽式饮水器要注意槽的两端高度要相同，保证给水时不溢出。

（二）加湿处理

当舍内空气湿度低于40%时，常需增加湿度。加湿的主要方法有喷水、喷雾、湿垫、加湿器等。

三、畜禽舍的通风换气

畜禽舍适宜的通风换气在任何季节都很必要。在高温条件下，通风换气可缓和高温对畜禽的不良影响；在低温、密闭的情况下，通风换气可排除舍内污浊的空气，防止畜禽舍潮湿和病原微生物的滋生蔓延，是改善畜禽舍小气候的重要手段。畜禽舍的通风方式有两种。

（一）自然通风

自然通风指利用进、排风口（如门、窗等）依靠风压和热压为动力的通风，不需任何机械设备，是最经济的通风方式。

（二）机械通风

机械通风是依靠机械动力实行强制通风，在炎热的夏天尤为重要。按照畜禽舍内气压的变化，机械通风可分为负压通风、正压通风和联合通风。

1. 负压通风 也称排风，利用风机将舍内污浊空气抽出。负压通风设备简单、投资少、管理费用低、效率高，被很多畜禽舍采用。

2. 正压通风 即进气式通风，利用风机将舍外新鲜空气强制送入舍内造成舍内气压升高，舍内污浊空气经排气管（口）自然排除。其优点是可对进入空气进行加热、降温或净化处理，在寒冷或炎热地区均可适用，但不易消灭通风死角，且投资和管理费用大。

3. 联合通风 即混合式通风，是一种将负压通风和正压通风同时使用的通风方式。大型封闭舍，尤其无窗舍中，单靠机械通风很难达到高质量的换气效果，故常采用机械通风。联合通风设计复杂，所需风机台数较多，设备投资也大。

无论何种通风方式，通风设计的任务都是要保证畜禽舍的通风量，并合理组织气流，使其分布均匀。在畜牧生产中，夏季通风量较大，冬季通风量较小。一般情况下，冬季畜禽舍每小时换气3~4次即可，炎热夏季可适当增多。

四、畜禽舍的光照设计

光照是影响畜禽健康和生产力的重要环境因素之一，为满足生产需要，光照度和时间可根据畜禽要求或工作需要进行严格限制。畜禽舍采光可分为自然采光和人工照明两种。自然采光的光照时间和强度有明显的季节性变化，1d 中也有变化，导致舍内光照不均匀。开敞舍和半开敞舍主要借助自然采光，人工照明为补充。无窗封闭舍全靠人工照明，通过控制光照时间和光照度来满足生产对光照的需要。

（一）自然采光

自然采光取决于通过畜禽舍开露部分或窗户透入的太阳的直射光或散射光的量。影响自然采光的因素很多，如畜禽舍朝向、舍外情况、窗户情况、入射角与透光角、舍内反光面、舍内设置与布局等。畜禽舍长轴方向应尽量与纬度平行，即南向。畜禽舍与舍外其他建筑物的距离，应不小于自身高度的 2 倍。为防暑而在舍外植树时，应选用主干高大的落叶乔木，并妥善确定位置，尽量减少遮光。为了保证畜禽舍的自然采光要求，要合理设计采光窗的位置、形状、数量和面积，窗户的有效采光面积越大，采光系数越高，舍内光照度也越大。为了保证舍内得到适宜的光照，入射角应不小于 25°，透光角应不小于 5°（图 5-2-2）。舍内表面（主要是墙壁和天棚）应当平坦，粉刷成白色，并保持清

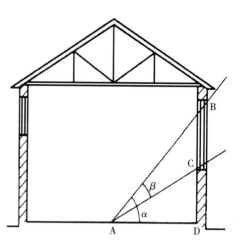

图 5-2-2　入射角（α）和透光角（β）

洁，以利于提高光照度。舍内设施如鸡笼、兔笼以及猪栏的构造和排列方式等对舍内光照度影响很大，也应给予充分考虑。

（二）人工照明

人工照明一般以白炽灯或荧光灯做电源，不仅用于封闭式畜禽舍，也用于自然采光畜禽舍的补充光源。其优点是可人工控制，受外界因素影响小，但造价大，投资多。白炽灯发热量大，发光效率低，安装方便，价格低廉，灯泡寿命短。荧光灯发热量低，发光效率高，灯光柔和，但设备投资较高，环境温度过低时不易启动。为了使舍内光照比较均匀，应适当降低每个灯的瓦数而增加数量，鸡舍内装设白炽灯时，以 40～60W 为宜，灯距应为灯高的 1.5 倍，两排以上应交错排列。笼养鸡舍，灯一般设置在两列笼间的走道上方。为了增加光照度，要定期擦拭灯泡，并采用平形或伞形灯罩。

现代鸡场的人工控制光照已成为必要的管理措施，种鸡和蛋鸡基本相同，肉用仔鸡有单独要求。

1. 种鸡和蛋鸡的光照制度

（1）渐减渐增法。在育成期逐渐减少每天的光照时数，这样可以适当推迟母鸡的开产日龄，有利于鸡的生长发育，提高成年后的产蛋率和蛋重。在产蛋期则逐渐增加每天的光照时数，使鸡群的产蛋率持续升高或保持在较高的水平上。每天光照时数达到 16～17h 后，即保持恒定。

（2）恒定法。是培育小母鸡的一种光照制度，除第一周光照时间较长外，通过短期过渡，使其他育雏和育成期间每天光照时数为 8～9h，并保持不变。开产前期光照骤增到 13h/d，以后每周延长 1h，达到 16～17h/d 保持恒定。

2. 肉鸡的光照制度　肉鸡光照的目的是延长采食时间，促进生长，光照度不可太强，

弱光可降低鸡的兴奋性，使其保持安静，有利于肉鸡的增重。

（1）持续光照制度。在雏鸡出壳后 1~2d 通宵照明，3 日龄至上市出栏，每天采用 23h 光照，1h 黑暗。某些鸡场饲养到中后期时，鉴于鸡已熟悉采食、饮水等位置，为节约电能，夜间不再开灯。

（2）间歇光照制度。即雏鸡给予连续光照，然后逐渐从 5h 光照/1h 黑暗，再过渡到 3h 光照/1h 黑暗，最后变为 1h 光照/3h 黑暗。此法生长快、饲料利用率高、节省电力，但管理复杂。

子任务二 畜禽舍空气污染及其控制

⚙ 任务实施

在大规模、高密度的工厂化畜禽生产过程中，通风换气不良或饲养管理不善，会产生大量的有害气体、尘埃、微生物及噪声等，严重污染畜禽舍空气环境，影响畜禽健康和生产力。因此，在控制畜禽舍空气环境的同时，还必须预防和减少空气污染。

一、畜禽舍有害气体的污染与控制

畜禽舍外空气环境一般比较稳定，但由于畜禽的呼吸、排泄、生产过程中有机物分解等使畜禽舍内氨气、硫化氢、二氧化碳、一氧化碳、甲烷、臭粪素及吲哚等有害气体浓度增加。对于封闭式畜禽舍，如果通风不良、卫生管理差、畜禽饲养密集，有害气体浓度聚积，对畜禽生产危害极大，甚至造成慢性或急性中毒。

（一）畜禽舍有害气体的来源与危害

1. 氨气

（1）来源。在畜禽舍内，氨气主要来自含氨有机物（如粪、尿、饲料残渣、垫草等）腐败分解的产物。地面结构不良时易潴留污物，清扫不及时或通风不良、饲养密度过大、管理不善等均可能使畜禽舍氨气含量增加。

（2）危害。氨气极易溶于水，常被人、畜禽的黏膜、结膜吸附而引起结膜和上呼吸道黏膜充血、水肿、分泌物增多，甚至发生咽喉水肿、支气管炎、肺水肿等。氨气被吸入肺部后，可破坏血液载氧功能，导致畜禽贫血、缺氧。如果畜禽吸入的氨较少，可通过肝变成尿素排出体外，但畜禽的抗病力会明显降低。高浓度的氨气可使畜禽呼吸中枢神经麻痹而死。

我国卫生标准规定，空气中的氨气含量最高不得超过 30mg/kg。畜禽舍氨气含量限制较严格，空气中氨气含量场区 $<5mg/m^3$，猪舍 $<20mg/m^3$，牛舍 $<15mg/m^3$，雏禽舍 $<8mg/m^3$，成禽舍 $<12mg/m^3$。

2. 硫化氢

（1）来源。畜禽舍空气中的硫化氢，主要来源于粪便和变质饲料。当畜禽采食富含硫的蛋白质饲料而消化不良时，可由肠道排出大量的硫化氢。

（2）危害。硫化氢易被畜禽眼结膜和呼吸道黏膜吸附，与钠离子结合成硫化钠，引起眼炎、角膜混浊、流泪、怕光及呼吸道炎症甚至水肿。高浓度的硫化氢能使畜禽呼吸中枢神经麻痹，导致窒息死亡。养殖场空气中硫化氢含量要求是，场区 $<3mg/m^3$，猪舍 $<15mg/m^3$，牛舍 $<12mg/m^3$，雏禽舍 $<3mg/m^3$，成禽舍 $<15mg/m^3$。

3. 二氧化碳

（1）来源。畜禽舍中过量的二氧化碳主要由畜禽呼吸排出。此外，畜禽舍内粪尿、垫草的分解及冬季生火炉供暖均可产生部分二氧化碳。在一般的畜禽舍内，二氧化碳含量比大气中高出约50％；通风换气不良或饲养密度过高，二氧化碳含量会大大超标。

（2）危害。二氧化碳本身并无毒性，但畜舍内二氧化碳浓度过高，会造成畜禽缺氧，主要表现为精神萎靡、食欲减退、生产力降低、抗病力减弱，特别易感结核病等传染病。猪对二氧化碳比较敏感，鸡的耐受性相对较高。要求二氧化碳浓度场区$<750mg/m^3$，猪舍、牛舍、禽舍均不应高于$2\,950mg/m^3$。

（二）畜禽舍中有害气体的控制

产生有害气体的途径多种多样，消除有害气体也必须从多方面入手，采取综合措施。

1. 全面规划，合理布局　在养殖场场址选择和建场过程中，要避免工厂排放物对养殖场环境的污染。合理设计养殖场和畜禽舍的排水系统、清粪方式，建立完备的粪尿和污水处理设施，做好环境绿化工作。

2. 科学配制日粮，合理使用添加剂　适当降低日粮中粗蛋白质含量，添加必需氨基酸、酶制剂、微生态制剂或丝兰属提取物等，维持肠道的菌群平衡，可有效减少粪便中氮、磷、硫的含量及有害气体的排放。添加非营养性添加剂如膨润土和沸石粉，可吸附粪尿中的有害气体。

3. 及时清除粪尿和污水　畜禽粪尿必须立即清除，防止在舍内积存和腐败分解。要训练畜禽定点排泄或者到舍外排泄，从而有效地减少畜舍内有害气体产生。

4. 保持舍内干燥　氨和硫化氢都易溶于水，当舍内湿度过大时，它们被吸附在墙壁和其他物体表面，当舍内温度上升或表面干燥时，又挥发逸散出来，污染空气。因此，在冬季应加强畜禽舍的保温和防潮管理。

5. 适当降低饲养密度　在规模化养殖场，冬季畜禽舍密闭，饲养密度过大，加上通风不良，换气量小，易导致空气污浊，有害气体浓度增加。适当降低饲养密度可以减少畜禽舍有害气体的产生。

6. 合理组织通风换气　将有害气体及时排出舍外，是保证舍内空气清新的重要措施之一。条件许可时，可采用有管道正压通风系统，对进入舍内的空气加热或降温处理，提高污浊空气排出量。

7. 使用垫料或吸收剂　各种垫料的吸收能力不同，麦秸、稻草和树叶等对有害气体都有一定的吸附能力，锯末潮湿吸附力较强，垫料pH保持在7以下，可有效减少氨气的产生，但垫料须及时更换和清除。肉鸡育雏时也可采用吸收剂，如磷酸钙、沸石等。

二、畜禽舍中尘埃的污染与控制

1. 来源　尘埃按成分可分为有机尘埃和无机尘埃。有机尘埃又分为植物尘埃（如饲料屑、花粉、孢子等）和动物尘埃（如动物皮屑、细毛、飞沫等），在畜禽舍内所占的比例可达60％以上。无机尘埃多是被风吹起的土壤颗粒或者燃烧燃料产生的烟尘等。

2. 危害　尘埃落到皮肤上，可引起瘙痒和发炎；尘埃微粒长期作用于眼睛，可使眼睛干燥发涩，引起角膜炎、结膜炎；尘埃被畜禽吸入呼吸道，可引起咽炎、支气管炎和肺炎；尘埃作为病原微生物的载体，为微生物的生存和繁殖提供了良好条件。

3. 控制措施

（1）在养殖场四周种植防护林带，减少风力，阻滞外界尘埃的产生；对场内进行绿化，路旁种植草皮、灌木、乔木，高矮结合，尽量减少裸地面积，可减少尘粒的产生。

（2）饲料车间、干草垛应远离畜禽舍，避免在畜禽舍上风向，以减少饲料粉尘对畜禽舍空气的污染。

（3）在畜禽舍内分发干草和翻动垫料要轻，以减少尘粒的产生；尽量选用颗粒饲料，或将干粉料拌湿饲喂；禁止在舍内刷拭畜禽、干扫地面等活动。

（4）适当减少饲养密度，以减少空气尘埃的产生。

（5）保证良好的通风换气，及时排除舍内尘埃及有害气体，必要时进风口可安装滤尘器或采用管道正压通风，在风管中设除尘、消毒装置。

三、畜禽舍中微生物的污染与控制

1. 来源　空气是微生物生长的不利环境，但当空气污染后，微生物可附着在尘埃上生存而传播疾病。在通风不良、饲养密度大、环境管理差的畜禽舍内，由于湿度大、尘埃多、紫外线杀伤力微弱，微生物数量会增多。

2. 危害　病原微生物附着在尘埃上对畜禽造成的传染称为尘埃传染，附着在飞沫上造成的传染称为飞沫传染。在畜禽舍内，以飞沫传染为主。当病畜禽患有呼吸道传染病时，如肺结核、猪气喘病、流行性感冒等，通过打喷嚏、咳嗽、鸣叫而喷出大量的飞沫液滴，其中存在多种病原微生物，对规模化养殖场威胁很大。

3. 控制措施

（1）选好场址，注意防护。养殖场应远离医院、兽医院、屠宰场、皮革厂、毛皮加工厂等传染源，以减少病原菌入侵机会。养殖场四周应设防护设施，防止一些小动物把病原菌带入场内。

（2）严格消毒制度。养殖场建成后，应全面消毒；畜禽入舍前，舍内应严格消毒；养殖场和畜禽舍出入口，均应设消毒池和消毒坑；工作人员入舍前，必须严格消毒；严禁场外人员和车辆进入生产区；定期对畜禽舍空气喷雾消毒。

（3）畜禽群的周转尽量采用"全进全出制"。

（4）畜禽舍通风良好，保持舍内空气清新。

四、养殖场的噪声控制

声音是否是噪声，主要与声音的强度、频率和人或畜禽的感受有关。凡是环境中不协调的声音都为噪声，包括杂乱无章的声音、歌声和音乐等。

1. 来源　畜禽舍内噪声来源于3个方面：一是外界传入，如飞机、机动车辆、雷鸣等；二是舍内机械设备产生，如风机、除粪机、喂料机、真空泵等；三是畜禽自身产生，如鸣叫、采食、走动等。

2. 危害　噪声会引起畜禽多种功能紊乱，惊恐、增重减少、生产力下降、抗病力降低，甚至死亡。110～115dB 噪声会使奶牛产奶量下降10%以上，同时会发生流产、早产现象。猪突遇噪声会受惊、狂奔，发生撞伤、跌伤和碰伤。

3. 控制措施　为减少噪声的发生和影响，建场时应选好场址，尽量避免工矿企业、交通运输干扰；场内规划要合理，交通线不能太靠近畜禽舍；舍内进行机械化生产时，尽量选择性能优良且噪声小的机械设备；畜禽舍周围种树、种草可使外界噪声降低 10dB 以上。

📁 背景知识

一、温度对畜禽的影响

（一）等热区

畜禽是恒温动物，其体温必须保持在适度的范围内，才能进行正常的生理活动。不同的畜禽在不同的生理阶段，对环境温度的要求也不相同，猪为 20～23℃（新生仔猪 27～32℃）、牛 10～15℃，羊 10～20℃，产蛋母鸡 13～20℃，肉用仔鸡 24℃左右，雏鸡 30～36℃。当环境温度在适宜的范围内，畜禽仅依靠物理调节机能就能维持体温的稳定，这个温度范围称为"等热区"。在等热区内，畜禽产热最少，所摄取的营养物质能够最有效地形成产品，饲料利用也最为经济。

（二）温度对畜禽健康及生产力的影响

1. 对畜禽健康的影响　高温环境可使畜禽发生热射病，主要表现为运动缓慢、体温升高、呼吸困难、结膜潮红、口舌干燥、食欲废绝、饮水增加。低温可引起畜禽感冒和呼吸道炎症，温度过低会导致冻伤，甚至冻死。

2. 对生长肥育的影响　在等热区内，畜禽生长发育最快，肥育效果最佳。在炎热环境下，畜禽食欲减退，维持需要增加，生长缓慢。寒冷条件下，日粮消化率降低，饲料报酬下降。

3. 对繁殖力的影响　温度过高，雄性动物性欲降低，精液品质下降；雌性动物发情持续期缩短、发情不明显，妊娠母畜受胎率低、流产率高、产仔数少；母禽产蛋率、受精率及种蛋孵化率均会降低。低温对繁殖力影响较小，但强烈的冷应激也会引起繁殖力降低。

4. 对产蛋和蛋品质的影响　温度过高，产蛋率下降，蛋形变小，蛋壳变薄、变脆，表面粗糙；温度过低，也会使产蛋量下降，但蛋较大，蛋壳质量不受影响。

5. 对产乳量和乳成分的影响　温度对奶牛泌乳量的影响与牛的品种、体型及牛群对气候的风土驯化程度有关。欧洲品种奶牛在高温季节，产乳量显著下降，荷斯坦牛的下降幅度和速度都比娟珊牛大，高产奶牛产奶量和采食量下降幅度比低产奶牛要大。一年中的不同季节，乳脂率变化也较大，一般夏季较低，冬季较高。

二、空气湿度对畜禽的影响

空气湿度是表示大气中水分含量多少的物理量，生产上一般用相对湿度来表示。相对湿度是指空气中实际水汽压与同温度下饱和水汽压之比，用百分率来表示。湿度对畜禽的影响与环境温度紧密联系，高温环境下，机体主要靠蒸发散热，若舍内湿度较大会妨碍机体的蒸发散热。在低温环境中，机体主要靠辐射传导和对流散热，若舍内湿度较大会增加机体的热量散发而引起感冒、肺炎等多种疾病。畜禽适宜的相对湿度为 60%～70%，生产中可允许扩大到 50%～80%。

三、光照对畜禽的影响

光照对畜禽机体产生光热效应（红外线和可见光）、光电效应（紫外线）和光化效应

（紫外线和可见光），可见光的明暗变化规律还可引起畜禽机体生理节律的改变，从而影响畜禽的生命活动过程、生产力和健康。一般情况下，蛋鸡和种鸡的光照度可维持在10lx（勒克斯），肉鸡和雏鸡为5lx，肥猪40～50lx。当亮度较低时，鸡群比较安静，生产性能与饲料利用率均较高；光照过强时，容易引起啄癖。

光照时间对畜禽的繁殖性能有重要调节作用。由于日光时间不同，畜禽的性活动有明显的季节性。春、夏季节，光照时间逐渐增加，有些动物开始发情配种，如马、驴及鸟类；秋、冬季节，光照时间逐渐缩短，有些动物在此时发情配种，如绵羊。还有些动物，如牛、猪、兔等对光周期变化不敏感，一年四季均可配种繁殖。

适当延长光照时间，可显著提高家禽的产蛋量和受精率。目前，不同的光照制度如递增制、递减制、恒定制、间歇制等，在养禽业已被广泛采用。此外，利用光照控制绵羊的发情和产羔的季节性，通过改变光照制度克服公羊的季节性不育现象，在生产上也有应用。光照还决定某些动物的被毛脱落、角的脱落和再生，如在集约化养鸡生产中，可人工控制光照时间进行强制换羽。

四、气流对畜禽的影响

在炎热的情况下，只要气温低于体温，气流有助于散热，对畜禽健康和生产有积极的影响。在低温情况下，气流增强了机体散热，加重了寒冷对畜禽的影响，增加能量消耗，使生产力下降。一般情况下，冬季畜禽舍气流速度以0.1～0.2m/s为宜，最高不超过0.25m/s，并要求散布均匀而不留死角；高温（30℃以上）时，气流速度应为0.5～1.0m/s，必要时辅以机械通风以加大换气量。在畜禽舍内，切忌产生"贼风"。

五、垫料及饲养密度对畜禽舍环境控制的作用

（一）垫料

垫料是指在畜禽生活的畜床或地面上铺垫的材料，对改善畜禽舍空气环境有一定的作用。

1. 垫料的种类 垫料应具备导热性差、吸水性强、柔软、无毒副作用、对皮肤无刺激等特性，且具有肥料价值，来源充足，成本低，使用方便等。常用的垫料有以下几种：

（1）秸秆类。最常用的是稻草与麦秸等。稻草的吸水力为324%，麦秸为230%，两者均较柔软、价廉、易得。为了提高其吸水力，最好铡短使用。

（2）野草、树叶。吸水力在200%～300%，质地柔软，畜禽也常常采饲入食，但有时夹杂较硬的枝条，易刺伤皮肤和乳房，应予以注意。

（3）锯末。吸水性很强，约为420%，导热性小、松软，但肥料价值较低。

（4）干土。导热性低，吸收水分、湿气和有害气体的能力较强，但易污染畜禽的被毛和皮肤，使舍内尘土飞扬，运送费力。

（5）泥炭。导热性低，吸水力达600%以上，吸氨能力达1.5%～2.5%，且本身呈酸性，有杀菌作用，缺点与干土相同。

2. 垫料的作用

（1）保暖。垫料的导热性通常都比较低，冬季在地面上铺上垫料，可明显降低畜禽体向地面的热传导。垫料越厚，保暖效果越好。

（2）吸湿。垫料的吸水力在 200％～400％，勤铺勤换，能保持地面干燥。同时，垫料还可吸收空气中的水汽，降低舍内空气湿度。

（3）吸收有害气体。多数垫料可直接吸收空气中的有害气体，改善舍内空气新鲜程度。

（4）柔软、弹性大。畜禽舍地面一般较硬，铺上垫料后，柔软舒适，避免坚硬的地面造成孕畜、幼畜和病弱畜禽的碰伤和褥疮发生。

（5）保持畜体清洁。经常更换和翻转垫料，可吸收和掩盖畜禽粪尿，使畜禽免收粪尿污染，有利于畜禽体、水槽、饲槽的保洁和卫生。

（6）可做肥料。一般垫料中混有粪便，用后可做肥料。

3. 垫料的使用方法

（1）常换法。及时捡出湿污垫草，并不断更换新垫草的方法。舍内比较干净，但用草量较大、费工、费时，有时换垫料时引起的灰尘较多。

（2）厚垫法。每天增铺新垫料，直到春末天暖后或一个饲养期结束后一次性清除。保温性好、省工省力，肥料质量好，但垫料内有害气体含量高，湿度大，有利于寄生虫、微生物的生存和繁殖。

（3）垫草用量。每头（只）畜禽每天垫草用量：牛 2～3kg、马 1.5～2.0kg、猪 1.0～1.5kg、犊牛 1.5～2.5kg。

（二）饲养密度

一般用每头（只）畜禽所占用的地面面积来表示，对家禽有时也用每平方米面积内饲养的只数来表示。畜禽的饲养密度取决于许多因素，在生产实践中应根据实际情况进行确定。

1. 对畜禽舍空气环境的影响　饲养密度直接影响畜禽舍的空气环境。在同一栋畜禽舍内，饲养密度大，畜禽总散热量就多，舍内气温就高；饲养密度小则相反。为了防寒和防暑，在必要情况下，冬季可适当提高饲养密度，夏季则应适当降低。舍内空气湿度也受饲养密度影响，密度大时，由地面蒸发和畜禽体排出的水汽增多，使舍内空气比较潮湿；密度小则比较干燥。饲养密度大，舍内尘埃、微生物及有害气体的量就愈多，噪声也频繁而强烈。

2. 对畜禽行为的影响　饲养密度决定了每头（只）畜禽活动面积的大小，从而决定了畜禽相互发生接触和争斗的机会的多少，这些对畜禽的起卧、采食、睡眠等行为都有直接影响。

3. 对畜禽生产性能的影响　在同一畜禽舍内，饲养密度过大，或者在饲养密度相同条件下群体过大，都会产生应激，降低弱小个体的采食量，影响群体生产力。

 拓展知识

生物垫料发酵床养猪是利用自然界的生物资源，即采集土壤中的多种有益微生物，通过选择、培养、检验、扩繁，形成有相当活力的微生物母种——土著菌，再按一定比例将其与锯木屑、辅助材料、活性剂、食盐等混合和发酵制成猪圈有机垫料。利用生猪的拱翻习性，使猪粪、尿和垫料充分混合，通过土壤微生物菌落的作用，使猪粪尿中的有机物质得到充分的分解和转化，臭味也随之消失，同时，繁殖生长的大量微生物，又能向生猪提供大量无机物和菌体蛋白质，从而相辅相成将猪舍演变成饲料工厂，达到无臭、无味、无害化的目的，是一种健康清洁型、环保型、生态型的有机养猪技术，具有效益高、操作简单及无污染等优点。

1. 猪舍条件 生物垫料发酵床猪舍可以新建，也可以在原建猪舍的基础上进行改造。一般要求东西走向、坐北朝南，采光充分、通风良好。垫料面积达 25m² 的猪舍，可饲养生猪 15～20 头。发酵床猪舍一般墙高 3m，屋脊高 4.5m，朝南的中部具有可自由开闭的窗子，使阳光可以照射到整个猪床面积的 1/3，且从日升至日落，阳光可照射整栋猪床的每个角落，利于微生物的生长、繁殖与发酵。猪舍北侧留有部分硬水泥地面，设有自动给食槽，南侧建自动饮水器，其余均为生物垫料池。如果用温室大棚饲养，效果也很好。

2. 菌种采集 在树林落叶且腐殖质多的地方，可采集到有益的土著微生物，并用红糖扩大繁殖，再用米糠扩大培养。采集到的原始菌种应放在室内阴凉、干燥处保存。也可选择使用商品化菌种。

3. 垫料制作 将土壤微生物菌的原种、土、木屑和粗盐等按一定比例混合，加入一定量的活性剂，有条件的还可加入少量米糠、酒糟和谷壳等，充分拌匀后填入发酵床内，发酵床垫料以锯末为最佳，床面高度要略高于水泥地面，发酵床的水分掌握在 60% 左右，以保证有益菌能够大量繁殖。

4. 发酵床制备 发酵床可分为地下式和地上式两种。地下式发酵床要求在地面以下深挖 90～100cm，填满有机垫料拌匀后将仔猪放入，使其在发酵床上自由生长。在地下水位低的地区，可采用地上式发酵床，要求具有一定深度，填入制好的有机垫料即可使用。

5. 活性剂使用 活性剂包括天惠绿汁、氨基酸液等营养汁，主要用于调节生物垫料土壤微生物的活性，以加快对排泄物的降解和转化速度。

6. 发酵床管理

(1) 适宜的饲养密度。单位面积饲养猪的头数过多，床的发酵效果就会降低，猪的粪尿难以迅速降解；饲养头数过少，猪舍的利用率不高。一般饲养密度夏季为 2m²/头，冬季为 1.5m²/头。

(2) 通风换气。发酵熟化是一个放热过程，堆肥发酵温度高于 70℃，微生物将进入休眠状态或大量死亡，发酵缓慢甚至停止。因此，夏季注意通风散热，发酵床温超过 55℃ 就应采用通风或翻堆的方式加以控制。

(3) 防病驱虫。猪入舍前必须先驱除体内外寄生虫，防止带入发酵床，使得猪在啃食菌丝时将虫卵再次带入体内而发病。

(4) 合理饲喂。生物垫料发酵床养猪，猪通过采食垫料中的菌体蛋白等营养物质，可省料 20%～30%，因此猪的饲喂量应控制在正常量的 80%，以利于猪拱翻地面，补充食物。

(5) 调节微生物菌群的活性。要密切注意维护、保持垫料中微生物菌群的活性，可以不定期添加稀释 300～500 倍的营养液，调节土著微生物的活性和床面湿度，保证发酵的顺利进行。发现发酵床上垫料有所减少，应适时添加锯末予以补充。饲养过程中，猪舍发酵床内严禁使用化学药品和消毒药物，以防影响土著微生物的活性。

生物垫料发酵床养猪法主要靠接种有益的土著微生物菌群降解猪的粪便，但目前所使用的菌种分解效率并不是很高。目前，已开发使用的垫料资源仅限于锯木屑、稻壳、玉米秸秆等几种，我国农作物秸秆资源非常丰富，能否被广泛利用做垫料，也有待于进一步深入开发。

思考题

1. 如何进行畜禽舍的防暑降温和防寒采暖？

2. 如何对畜禽舍进行防潮处理？

3. 机械通风有哪些方式？有何优缺点？

4. 简述养殖场的人工照明设计。

5. 控制畜舍空气污染的措施有哪些？

任务三　养殖场环境保护

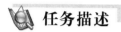

任务描述

　　环境污染和环境保护问题已被人类所关注，并采取各种环境保护的措施进行防止和解决。随着畜牧业的迅速发展，大规模、高密度的现代化畜禽生产，产生了大量粪尿、污水和有害气体，严重破坏了生态环境，影响和制约了养殖业的可持续发展。养殖场环境保护包括两方面内容：一是控制养殖场环境免受外界的影响和污染；二是防止养殖场对自身及周围环境产生污染。因此，要重视养殖场环境建设，实现养殖生产与污物排放无害化处理同步进行，确保规模化养殖场、养殖小区的安全健康发展。

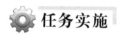

任务实施

一、养殖场环境消毒

　　养殖场消毒是卫生防疫工作的重要部分，通过消毒清除或杀灭环境中的病原微生物及其他有害微生物，阻止疾病发生、传播和蔓延。

（一）材料准备

　　1. 消毒剂　3%～5%煤酚皂液（或3%～5%氢氧化钠、0.5%过氧乙酸、10%～20%漂白粉、10%～20%生石灰）、百毒杀（或新洁尔灭）、甲醛、高锰酸钾等。

　　2. 器材　火焰喷灯、瓷盆、喷雾器（小型）。

（二）消毒方法

　　1. 人员消毒　进入场区的所有人员，经门口紫外线消毒，换上工作服和工作鞋，再经消毒池消毒后方可进入畜禽舍。必要时还应设洗澡间，进场时先要洗澡，更换衣服再进行常规消毒方可进入畜禽舍。

　　2. 环境消毒　畜禽场大门及各畜禽舍入口处的消毒池至少要备用两种以上的消毒药物，定期更换并交替使用。生产区的道路每周用3%氢氧化钠喷洒消毒1次，有疫情发生时每天消毒1次。运动场在消毒前，将表层的土清理干净，然后用10%～20%漂白粉喷洒，或用火焰消毒。

　　3. 畜禽舍消毒　先清扫地面和墙面，然后用10%～20%生石灰或3%～5%氢氧化钠喷雾或冲洗消毒后，再熏蒸消毒24h以上。对于育雏舍，消毒要求较为严格，可在清洗晾干后先用火焰喷灯（枪）消毒地面、墙面、围栏、笼具等，然后采用上述方法消毒。

　　4. 设备用具的消毒　对畜禽场使用的所有设备与用具，如饲槽、水槽（饮水器）、笼具等，清洗干净后用0.1%新洁尔灭或0.5%过氧乙酸溶液喷洒或浸泡消毒。

　　5. 畜禽消毒　畜禽常携带病原菌，必须进行定期消毒，一般选用百毒杀（或碘伏、次氯酸钠等）喷雾消毒。

二、灭虫防鼠

蚊、蝇和鼠是畜牧生产中常见的害虫，是多种传染病的传播媒介，给人畜健康带来了极大的危害。鼠还盗食饲料，咬死、咬伤畜禽，破坏建筑物和场内设施，必须采取措施严加防治。

（一）防治蚊蝇

1. 搞好养殖场环境卫生　每天定时清扫、清粪、消毒，及时填平无用的污水池、水沟、洼地等，对贮粪池、贮水池加盖并保持四周环境整洁。

2. 化学防治　定期选用低毒高效的杀虫剂杀灭畜禽舍、畜禽体及周围环境的害虫，有效抑制害虫繁衍滋生。常用的杀虫剂有马拉硫磷、合成拟菊酯等。

3. 物理防治　用光、电、声等捕杀、诱杀或驱逐蚊蝇。如电灭蝇灯、超声波都具有良好的防治效果。

4. 生物防治　利用天敌杀灭蚊蝇。如池塘养鱼，鱼类能吞食水中的孑孓和幼虫，达到灭蚊目的。另外，蛙类、蝙蝠、蜻蜓等均为蚊、蝇等有害昆虫的天敌。应用细菌制剂（如内毒素）杀灭血吸虫幼虫的效果较好。

（二）消灭鼠害

1. 建筑防鼠　将墙基和地面用水泥制作，以防老鼠打洞；墙面光滑平直，以防老鼠攀登；通气孔、地脚窗和排水沟等出口应安装孔径小于 1cm 的铁丝网，以防老鼠窜入。

2. 器械灭鼠　利用鼠夹、鼠笼、黏鼠板等器械灭鼠，简便易行，对人畜和环境无害，但选择的位置要合适，以免伤及畜禽。近年来，新研制的电子捕鼠器和超声波驱鼠器也属于器械灭鼠。

3. 化学灭鼠　灭鼠的化学药品种类很多，可分为灭鼠剂、熏蒸剂、绝育剂等类型。化学灭鼠具有效率高、使用方便、成本低、见效快等优点，但易引起人、畜中毒。在使用灭鼠剂和绝育剂时，为诱鼠上钩，常制成毒饵。多选用老鼠喜吃的食物饵料，将药剂拌入其中，投毒饵时，要注意隔离畜禽，防止误食中毒。熏蒸剂常结合空舍消毒一并灭鼠，也可用于鼠害严重的饲料库。注意及时清除灭鼠剂，以防被畜禽误食而发生二次中毒。

4. 中草药灭鼠　可就地取材，成本低，使用方便，不污染环境，对人、畜较安全。但适口性差，鼠不易采食，且有效成分低，灭鼠效果较差。常用灭鼠中草药有狼毒、天南星、山管兰等。

三、养殖场污物处理

（一）污水处理技术

养殖场污水主要是在生产过程冲洗粪污形成的，排放量大，主要由粪、尿、饲料残渣和畜禽舍冲洗水组成。

1. 物理处理法　养殖场污水中，一般都含有较大的悬浮物（SS），为了保证后续处理的正常运转、降低二级生化处理的负荷，利用隔栅、化粪池或滤网等设施先进行简单的处理，除去 $40\% \sim 65\%$ 的悬浮物，可使生化需氧量（BOD_5）下降 $25\% \sim 35\%$。

2. 化学处理法　向废水中加入化学试剂，通过化学反应改变水体及其污染物性质，以分离、去除废水中污染物或将其转化为无害物质的方法。常用的处理方法有混凝法和中和法。混凝法是向废水中投加混凝剂，使细小悬浮颗粒或胶粒聚集成较大的颗粒而沉淀，使水体得到净化，再用化学法消毒杀灭水中的病原微生物；中和法是向水体中加入酸性（碱性）物质以中和水体碱性（酸性）物质的过程，养殖场废水代谢产物多为酸性物质，一般向废水中加入碱性物质即可。

3. 生物处理法 生物处理法是借助生物的代谢作用分解污水中的有机物，使水质得到净化的过程，可分为人工生物处理法和自然生物处理法。

（1）人工生物处理法。采取人工强化措施，为微生物繁衍增殖创造条件，通过微生物活动降解水体有机物，使水体净化的过程。

①活性污泥处理法。又称生物曝气法，是在水中加入活性污泥并通入空气进行曝气，使其中的有机物被活性污泥吸附、氧化和分解，达到污水净化的目的。活性污泥是由微生物群体（细菌、真菌和原生动物等）及它们所吸附的有机物和无机物组成，细菌是其净化功能的主体。当通入空气后，好氧微生物大量繁殖，细菌及其分泌的胶体物质和悬浮物黏附在一起，形成具有很强吸附和氧化能力的絮状菌胶团，且易于沉淀。

污水进入曝气池，与回流污泥混合，靠设在池中的叶轮旋转、翻动，使空气中的氧进入水中，进行曝气，有机物即被活性污泥吸附和氧化分解。从曝气池流出的污水与活性污泥的混合液再进入沉淀池，在此进行泥水分离。沉淀池底部的活性污泥一部分回流入曝气池，剩余的再进行脱水、浓缩、消化等无害化处理或厌氧处理后利用。沉淀池的上清液引出消毒后再利用（主要用于冲洗地面或清粪）。

②生物膜法。又称生物过滤法，它是使污水通过一层表面充满生物膜的滤料，依靠生物膜上大量微生物的作用，并在氧气充足的条件下，氧化污水中的有机物。

（2）自然生物处理法。利用自然生态系统中生物的代谢活动降解水体有机物，使水体净化的过程。

①氧化塘处理法。利用天然水体和土壤中的微生物、植物和动物的活动来降解废水中有机物的过程。我国氧化塘生物主要由菌类、藻类、水生植物、浮游生物、低级动物、鱼、虾、鸭、鹅等组成。根据优势微生物对氧的需求程度，氧化塘分为厌氧塘、曝气塘、兼性塘、好氧塘和养殖塘。厌氧塘净化水质的速度慢，一般 $30\sim50d$；废水在曝气塘停留时间为 $3\sim8d$，BOD_5 去除率在 70% 以上；废水在兼性塘停留时间 $7\sim30d$，BOD_5 去除率为 $75\%\sim90\%$；废水在好氧塘停留时间仅为 $2\sim6d$，BOD_5 去除率高达 $80\%\sim90\%$，塘内几乎无污泥沉积，主要用于废水的二级和三级处理。养殖场主要养殖鱼类、螺、蚌和鸭、鹅等水禽，通过水产动物、植物的活动，将废水中的有机质转化为水产品，一般采用多塘串联。

②人工湿地处理法。当污水流经人工湿地时，生长在低洼地或沼泽地的植物截留、吸附和吸收水体中的悬浮物、有机质和矿物质元素，并将它们转化为植物产品。将若干个人工湿地串联，组成污水处理系统，可大幅度提高其处理污水的能力。

（二）粪便处理方法

1. 用作肥料 畜禽粪便中含有多种营养成分及大量的有机质，具有改良土壤结构、提高土壤肥力和作物产量的作用。为防治病原微生物污染土壤，同时提高肥效，应经生物发酵或药物处理后再利用。生物发酵处理以腐熟堆肥最为常见，即将畜禽粪便和垫草等有机废弃物按一定比例堆积起来，在微生物作用下进行生化反应而自然分解并造成高温环境，杀灭其中的病原菌和虫卵等，达到矿质化、腐殖化和无害化而变成腐熟肥料的过程。腐熟堆肥的基本要求为：物料中有机物含量不低于 28%，水分含量以 50%～60% 为宜，pH 为 7.5～8.5，氧浓度 15%～20%，碳氮比（26～35）：1。

2. 用作饲料 畜禽粪便中含有未消化的营养物质，将畜禽粪便加工用作饲料，不仅开辟了饲料资源，有利于物质和能量的良性循环，还防止粪便污染环境。鸡粪含有较高的蛋白质和齐全的氨基酸种类，是最受关注的一种非常规饲料源。目前，畜禽粪便主要用来饲养蝇蛆和蚯蚓，考虑防疫需求，基本不提倡作为其他畜禽的饲料。

3. 用作能源 一种是将畜禽粪便直接投入专用炉中焚烧；另一种是将畜禽粪便和秸秆等混合，进行厌氧发酵产生沼气，用以照明或作为燃料。

生产沼气应满足的条件：①沼气池应密闭，保持无氧环境；②合理搭配沼气池内的原料，常用的配料比例是人粪：青草：猪粪＝1：2：2；③原料的浓度要适当，原料与加水量的比例以 1：1 为宜；④适宜的 pH，一般要求 pH 为 7.0～8.5，发酵液过酸时，可加石灰或草木灰中和；⑤温度适宜，一般要求为 20～30℃；⑥经常进料、出料并搅拌池底，以促进细菌的生长发育和防止池内表面结壳；⑦加入发酵菌种。

（三）畜禽尸体、垫料、垃圾的处理

1. 尸体的处理 病死畜禽尸体要及时处理，严禁随意丢弃，严禁出售或作为饲料再利用，一般多采用焚烧法、土埋法和高温熬煮法。焚烧法主要用于处理危害人畜健康极为严重的传染病畜禽尸体，幼小的畜禽可用焚烧炉，体积较大的家畜则用焚烧沟。高温熬煮是将尸体置于特制的高压锅（$5.05×10^5$Pa、150℃）内熬煮，彻底消毒，晒干粉碎后做饲料，多用于非传染病而死的畜禽尸体。土埋法是利用土壤的自净作用使其无害化，易造成二次污染，因此应远离畜禽场、居民点和水源，掩埋深度不小于 2m，埋坑周围撒上消毒药并设栅栏做标记。

2. 垫草、垃圾的处理 养殖场废弃的垫草及场内生活和各项生产活动产生的垃圾，除和粪便一起用于产生沼气外，还可在场内下风处选一地点焚烧并用土覆盖，发酵后可变成肥料。

（四）恶臭控制技术

畜禽由消化道排除的气体以及粪尿和其他废弃物腐败产生的气体，不仅含有多种有害物质，而且产生大量的恶臭。消除畜禽舍和养殖场的恶臭，应采取以下综合措施。

1. 重视畜禽粪便、污水的处理与利用 及时处理粪便，减少粪便储存时间；在粪便表面覆盖草泥、锯末、稻草、塑料薄膜，以减少粪便分解产生的臭气；在储粪场和污水池搭建雨棚，以防积水浸泡粪便或粪便淋洗流失；正确而及时处理畜禽尸体，进行场区绿化。

2. 采取营养措施，减少臭气产生 选择高营养、易消化的配合日粮，减少臭气的产生；在满足畜禽生长发育、繁殖和生产需要的前体下，尽量减少日粮中富余蛋白质含量，以减少粪便含氮化合物和臭气产生量；适当控制畜禽日粮粗纤维含量；科学使用饲料添加剂，活菌制剂可改变粪便分解途径，减少臭气产生。

3. 使用除臭剂 使用除臭剂是消除恶臭比较有效的方法，常用的除臭剂有：丝兰属提取物、沸石、膨润土、海泡石、凹凸棒石、硅藻土、绿矾、EM 菌制剂等。

一、养殖场环境消毒的分类与方法

（一）消毒分类

1. 预防消毒 预防消毒是指在未发生传染病时，结合平时的饲养管理，对畜禽场、圈舍、用具、饮水等进行定期消毒。预防消毒可定期进行，一般每年两次（春、秋季各一次），10％～20％石灰乳、3％的氢氧化钠溶液、百毒杀是常用的消毒剂。

2. 临时消毒 临时消毒是指在疫情发生期内，为消灭病畜禽携带的病原传播所进行的消毒。临时消毒的对象主要有病畜禽所停留过的不安全圈舍、隔离舍，以及被病畜禽分泌物、排泄物污染和可能污染的一切场所、用具和物品等。要定期进行，直到该疫情被消灭为止。

3. 终末消毒 终末消毒是指在发病区消灭了某种传染病，在解除封锁前，为彻底消灭病原体而进行的全面消毒。

（二）消毒方法

1. 物理消毒法 物理消毒法是通过机械性清除（清扫、铲刮、洗刷）、日光照射、辐射消毒、高温消毒等措施消除或杀灭病原微生物及其他有害生物的方法。物理消毒主要用于畜禽养殖场设施、饲料、医疗器械的消毒。

2. 化学消毒法 化学消毒法是使用化学消毒药物作用于微生物和病原体，使其蛋白质变性，失去正常功能而死亡。目前常用的有醛类消毒剂（如甲醛、戊二醛）、酚类消毒剂（如来苏儿、苯酚、甲酚、氯甲酚）、醇类消毒剂（如乙醇、异丙醇、甲醇、氯丁醇、苯乙醇、苯甲醇）、季胺类消毒剂（如苯扎溴铵、百毒杀）、碘类消毒剂（碘伏、碘酊、威力碘）、过氧化物类消毒剂（双氧水、过氧乙酸）、含氯消毒剂（漂白粉、漂白精、二氯异氰尿酸钠、氯胺 T 等）及其他化学消毒剂高锰酸钾和氢氧化钠等。化学消毒常用的方法有清洗法、浸泡法、喷洒法、熏蒸法和气雾法等。

3. 生物消毒法 生物消毒法是利用微生物在分解有机物过程中释放出来的生物热杀灭病原微生物和寄生虫卵的过程。在粪便堆肥处理过程中，嗜热菌繁殖使堆肥内温度达到60～70℃，在此温度下大多数病毒及病原菌、寄生虫幼虫和虫卵很快死亡。粪便、垫草、污物等采用此法消毒比较经济，消毒后不失其作为肥料的使用价值。

二、养殖场选择消毒剂应遵循的原则

1. 实用性 在购买消毒剂时，必须了解消毒剂的药性和消毒对象的特性，应根据消毒的目的、对象和适用范围选择适宜的消毒剂，密切关注消毒剂市场的发展动态，及时选用和更换最佳的消毒新产品，以达最佳消毒效果。同时，多备几种消毒剂，定期交替使用，以免产生耐药性。

2. 高效低度 在同类消毒剂中应选择消毒力强、性能稳定、不易挥发、不易变质或不易失效的消毒剂，对人、畜禽无害或危害较小，无特殊刺激气味，不对设备、物料、产品产生污染。

3. 经济性 优先选择价廉、易得、易配制和易使用的消毒剂。

三、养殖场污物对环境的危害

在畜禽养殖过程中产生的污物主要有：畜禽粪便、污水、畜禽尸体、有害气体以及尘埃等，这些污物会对周围的大气环境产生污染。

1. 空气污染 高密度高集约化养猪、养鸡，舍内潮湿，粪尿及呼吸散发的恶臭、生产尘埃和微生物排放到大气中，影响畜禽的生长发育，引起呼吸道疾病，同时也危害人体健康。

2. 水体富营养化 畜禽粪尿、畜产加工业污水的任意排放极易造成水体的富营养化。大量的腐败有机物不经处理排入水体，如水库、湖泊、稻田、内海等水域，水中藻类获得氮、磷、钾等丰富的营养后大量繁殖，破坏水体生态平衡，引起鱼虾死亡，禾苗徒长、倒伏、稻谷晚熟，并产生硫化氢、氨气、硫醇等恶臭物质，水体变黑。

3. 土壤板结 养殖污物未经处理，直接用于农田，导致作物疯长、晚熟和减产，饲养环节中微量元素的过量添加，未经发酵、腐熟导致土地板结，失去自吸功能，造成农作物减产，甚至绝收。

4. 传播疾病 养殖场的粪污中含有大量的致病菌和寄生虫，如不适当处理则成为畜禽传染病、寄生虫病和人畜共患病的传染源，引起疾病蔓延。

四、养殖场污染防治的基本原则

（一）减量化原则

根据我国畜禽养殖业污染物排放量大的特点，通过多种途径，采取清污分流、粪尿分离等手段削减污染物排放总量。

1. 实行农牧结合，控制养殖业污染物 合理规划养殖结构，限制畜禽饲养量，减少污染物的土壤负荷，减少营养素或有毒残留物、病原体等对水体、土壤的污染。从建设生态农业和保护生态环境的原则出发，运用生物工程技术对畜禽粪尿进行综合处理与应用，合理地将养殖业与种植业紧密结合起来，农牧并举，形成物质的良性循环模式，促进农牧业全面发展。

2. 开展清洁生产，减少粪污产生与排放 清洁生产要求把污染物尽可能消除在它产生之前，其核心是从源头抓起，以预防为主来操作生产的全过程。使用绿色促长保健饲料添加剂，实施畜禽标准化的饲养与管理，改造畜禽舍结构和通风供暖工艺，推行干清粪工艺，建立畜禽养殖场低投入、高产出、高品质的无公害畜禽产品清洁生产技术体系，这是解决养殖场环境污染问题的根本途径。

3. 环保饲料配方设计 饲料是导致畜禽粪尿污染和畜禽产品有毒有害物质残留的根源。一般日粮配合中，如果不注意饲料中微量的有毒有害物质在畜禽体内的富集和消化不完善物质的排出，将会通过食物链逐级富集，增强其毒性和危害；若有毒有害物质向环境排出，则对环境造成污染；在畜禽产品中残留，则危害人体健康，形成公害。因此，配制无臭味、消化吸收好、磷及其他重金属排放少的生态营养饲料是标本兼治的有效措施。为减轻畜禽排泄物及其气味的污染，可选用除臭剂或采用生物技术手段，减轻或消除污染。

（二）无害化原则

环境无害化技术是减少污染、合理利用资源、节约能源与环境相容的技术总称。无害化处理污染物符合资源短缺的解决要求，符合资源再生的要求，符合环境污染治理与生态保护的要求，符合国际环境保护发展趋势的要求。

1. 有害微生物的无害化消毒技术　畜禽粪污中包含大量的大肠杆菌群、蛔虫卵、细菌及病毒等，因此，必须对粪污进行有效的无害化处理，以达到保护环境和人体健康的效果。无害消毒技术包括厌氧消毒、紫外线消毒及化学消毒等。

2. 控制重金属污染　畜牧生产中不使用国家规定的禁用和未经批准的饲料及饲料添加剂；提倡使用绿色促长保健饲料添加剂，如酶制剂、微生态制剂、中草药制剂、活性多肽、酸化剂、低聚糖类制剂等天然物质；定期对使用的饲料及饲料添加剂进行卫生质量指标抽测；对重金属污染的畜禽粪便进行科学处理。

3. 减少药物残留　畜禽生产中不合理使用药物，导致畜禽产品的药物残留，危害人类身体健康。如抗生素的滥用会造成致病菌产生耐药性，使传染病难以控制而引起蔓延；雌激素类药物、氯霉素、磺胺类药物、呋喃类药物、喹乙醇等都具有"三致"作用，即致癌、致畸、致突变；有些药物残留会导致妇女更年期紊乱、青少年早熟、生育力降低。因此，要严格执行农业部公告《饲料药物添加剂使用规范》的规定，控制畜禽产品药残的含量。

4. 养殖场污物的无害化处理技术　在畜禽养殖场污物处理上，采用的技术或工艺流程都遵循无害化原则。如一些现代化猪场的粪污处理采用了生物处理工艺，主要表现在先用固液分离技术将固体和液体分离，固体部分通过堆肥处理制成有机肥料；液体部分用沼气池进行厌氧处理降解80%以上的有机物，产生的沼气经回收作为能源燃料利用，同时沼液经过活性污泥处理池、生物塘等脱磷、脱氨处理稳定后用于农田灌溉。

（三）资源化原则

资源化利用是畜禽粪便污染防治的核心内容。畜禽粪便经处理可做肥料、饲料、燃料等，具有很大的经济价值。畜禽粪便中含有农作物所必需的氮、磷、钾等多种营养成分，是很好的土壤肥料，尤其是在绿色食品生产中。同时，畜禽粪便中含有许多未被消化利用的营养成分，经无害化处理后可作为饲料，也可作为大发电厂和加工厂的燃料。

思考题

1. 结合生产实践，谈谈如何对养殖场进行消毒。

2. 简述养殖场污物对环境的影响。

3. 养殖场污染防治的基本原则是什么？

4. 简述畜禽粪便处理与利用的措施。

5. 试述生产沼气应满足的条件。

6. 简述养殖场污水处理的方法。

7. 简述养殖场恶臭的控制措施。

8. 查询相关资料，谈谈我国各地生态健康养殖的模式及特点。

项目六

遗传规律的解析及应用

项目导学

　　遗传规律是通过研究生物体具体性状的传递而被人们所认识的，经过了实验、假设、验证、提出理论和应用等过程。遗传规律揭示的是作为遗传功能单位的基因在世代传递中的规律。三大遗传定律早已被广大育种者所接受，并在育种实践中发挥了极其重要的作用。遗传规律的分析及应用是畜牧生产中的重要环节，对畜禽繁育技术起指导作用，只有深入研究、灵活运用三大定律，才能使育种工作顺利进行，育种成果得以实现。利用分离定律，能准确检出并淘汰具有遗传缺陷的隐性个体；利用自由组合定律，能合理利用杂种优势，对品种改良及创新具有重要意义；根据基因连锁规律，确定连锁群和基因定位，对育种工作具有很大的指导意义。

学习目标

1. 知识目标

- 了解遗传的细胞学基础和分子学基础。
- 理解染色质和染色体的区别。
- 掌握染色体的形态结构、数目、功能及在减数分裂过程中的规律变化。
- 理解染色体的动态变化与生物性状遗传变异的关系。
- 理解遗传的基本规律、性别决定与伴性遗传。
- 理解遗传规律的普遍性及在育种实践中的意义。

2. 能力目标

- 能够进行单基因性状的遗传分析。
- 学会在显微镜下识别细胞分裂的不同时期。
- 能够图示染色体在有丝分裂和减数分裂中的动态变化。
- 熟练应用遗传的基本规律解释生产中的遗传现象。
- 能够根据双亲的基因型预测后代可能出现的基因型和表型。
- 根据后代的表型推测双亲可能的基因型。
- 掌握伴性遗传在畜牧生产中的表现。

任务一　遗传物质的认识

任务描述

　　除病毒和立克次氏体外，一切生物都是有细胞构成的，所有生物的生长和繁殖都是通过细胞分裂来实现的，生物子代与亲代在性状上的相似和差异，都是由染色体中的遗传物质来控制的。人们对遗传物质的认识是逐步深化的，概括地说，从初期的"种瓜得瓜，种豆得豆"的概念开始，逐步深入到细胞水平，一直到今天的分子水平，经历了一个从现象到本质、从抽象到具体的历史发展过程。根据化学分析，染色体主要是由蛋白质、脱氧核糖核酸（DNA）和核糖核酸（RNA）3 种物质构成。但是，这 3 种物质中究竟哪一种是遗传物质呢？

 **任务实施**

一、DNA 是遗传物质验证

肺炎双球菌能引起人的肺炎和小鼠败血症。已知肺炎双球菌有 2 种类型：一种是 S 型，其细胞壁的外表有一层多糖的荚膜，具有毒性，能引起疾病；另一种是 R 型，无荚膜，也无毒性，不致病。S 型和 R 型细菌按血清免疫反应不同，分为 SⅠ、SⅡ、SⅢ、RⅠ、RⅡ 等多种抗原型。由于各型毒性不同，可以设计肺炎双球菌转化试验。

（一）准备工作

1. 材料的准备 小鼠、R 型球菌、S 型球菌。

2. 工具的准备 注射器、镊子、过滤器。

（二）试验操作

1. 体内转化试验

（1）将活的 RⅡ 型菌注入小鼠体内，小鼠未感染。

（2）将活的 SⅢ 型菌注入小鼠体内，小鼠发病死亡。

（3）将高温杀死的 SⅢ 型菌注入小鼠体内，小鼠未感染。

（4）将活的 RⅡ 型菌和高温杀死的 SⅢ 型菌混合注入小鼠体内，小鼠发病死亡，从死鼠的血液中分离出活的 SⅢ 型细菌。死的 SⅢ 型菌能使 RⅡ 型菌转化为致病的 SⅢ 型活菌，这种现象称为转化。这说明 S 菌体内有一种"转化因子"。

2. 体外转化试验

（1）将 RⅡ 型菌与 S 菌的 DNA 共同培养，得到活的 RⅡ 型菌和活的 S 型菌，注入小鼠体内，小鼠发病死亡。

（2）将 RⅡ 型菌与 S 菌的多糖或蛋白质培养，只能得到活的 RⅡ 型菌，注入小鼠体内，小鼠未感染。

（3）将 RⅡ 型菌与 S 菌的 DNA 及 DNA 水解酶共同培养，也只得到活的 RⅡ 型菌，注入小鼠体内，小鼠未感染。

试验发现，蛋白质、荚膜多糖和用 DNA 酶处理的 DNA 均不引起转化，只有完整的 S 菌的 DNA 才能使 R 型菌转化为 S 型菌。

（三）结果判定

肺炎双球菌转化试验的实质是 S 型的 DNA 与 R 型活细菌 DNA 之间重组，使后者获得了新的遗传信息。该试验证明了使肺炎双球菌遗传性发生改变的转化因子是 DNA，遗传信息是由 DNA 分子传递的。

二、蛋白质是遗传物质验证

噬菌体是一类感染细菌的病毒，在没有活细菌的情况下不能繁殖。T_2 噬菌体有一个六角形的"头"和一个杆状的"尾"（图 6-1-1）。它的化学成分是由蛋白质（约占 60%）和 DNA（约占 40%）组成的，蛋白质构成它的外壳，DNA 在壳内。蛋白质中含有硫而不含磷，DNA 含磷而不含硫，根据成分差异设计了噬菌体感染试验。

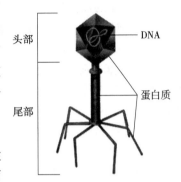

图 6-1-1　噬菌体模式
（李碧春 . 2008. 动物遗传学）

（一）操作方法

1. 用同位素标记细菌　将大肠杆菌分别放在含有放射性同位素 ^{35}S 和 ^{32}P 的培养液中培养，得到被 ^{35}S 和 ^{32}P 标记的两种大肠细菌。

2. 用同位素标记噬菌体　用噬菌体去感染上述两种大肠细菌，分别得到 DNA 中含有 ^{32}P 和蛋白质中含有 ^{35}S 的两种噬菌体。

3. 用被标记的噬菌体侵染细菌　用被 ^{32}P 和 ^{35}S 标记的两种 T_2 噬菌体分别侵染未被标记的大肠细菌，并保温一段时间。

4. 离心、分离　在搅拌器中搅拌，使上清液（培养液）与沉淀物（大肠杆菌含子代噬菌体）分开。

5. 放射性检测　检测上清液和沉淀物中哪个有放射性物质。

6. 检测结果　含 ^{35}S 的噬菌体和细菌，得到上清液放射性高，含 ^{32}P 的噬菌体和细菌，得到沉淀物放射性高。

（二）结果判定

^{35}S 标记的噬菌体蛋白质外壳在感染宿主菌细胞后，并未进入宿主菌细胞内部而是留在细胞外面；被 ^{32}P 标记的噬菌体感染宿主菌细胞后，^{32}P 主要集中在宿主菌细胞内。可见，噬菌体感染宿主菌细胞时进入细胞内的主要是 DNA，在噬菌体的生活史中，只有 DNA 是联系亲代和子代的物质。噬菌体感染实验又一次证实了遗传物质是 DNA。

三、RNA 是遗传物质验证

绝大多数生物的遗传物质是 DNA，然而有些病毒，如烟草花叶病毒只含有蛋白质和 RNA。那么，在只含有 RNA 而不含有 DNA 的生物中，RNA 用作遗传物质。我们用烟草花叶病毒感染实验来证明。

将烟草花叶病毒放在水和苯酚液中震荡，使 RNA 和蛋白质分离。然后将分离的 RNA 感染烟草，发现烟草叶片上产生了病斑；用 RNA 酶处理的 RNA 感染烟草，烟草不发病；用蛋白质感染烟草，烟草不发病。证明，烟草花叶病毒的遗传物质是 RNA，而不是蛋白质。

四、DNA 是遗传物质的旁证

以上 3 个严密、精巧的实验，虽然都明确无误地证明了 DNA 是遗传物质，但实验材料毕竟局限于微生物一类，而生物界是异常复杂的，因此，还需要从别的现象中得到支持。现列举几个有重要意义的论证。

1. DNA 含量的稳定性 同一物种，不同的年龄，不同的组织结构，正常情况下每个细胞核内染色体的数目是相同的。染色体的主要成分是 DNA，DNA 的含量在细胞中也基本相同。当个体性成熟后，性母细胞经减数分裂形成染色体减半的性细胞，DNA 含量也减少 1/2，再经过精卵结合，使染色体数及相应的 DNA 含量恢复至体细胞水平。

2. DNA 能准确地自我复制 在生物体新陈代谢过程中，细胞内的物质不断地进行分解和合成。但其中的糖、脂肪和蛋白质等物质都不能产生类似自己的物质，只能由其他物质来合成。唯独 DNA 能够利用周围物质由 1 个分子变成 2 个分子，进行自我复制，从而把亲代的遗传物质精确地遗传给后代，担负起生命延续的使命。

上面这些事实都表明，细胞里含有 DNA 的生物，DNA 是遗传物质，只含有 RNA 而不含 DNA 的一些病毒，RNA 是遗传物质。

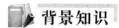 **背景知识**

一、遗传物质应具备的条件

生物物种的延续和进化过程实际上是遗传物质的传递过程。作为遗传物质，必须具备以下条件：

1. 高度的稳定性与可变性 生物在漫长的世代延续中，能够保持物种固有的特性和特征，根本原因在于遗传物质具有高度的稳定性，即遗传物质在细胞中的含量、存在的位置及其化学组成是恒定的。生物要想适应自然，不被自然所淘汰，遗传物质必须具有可变性，生物才能不断进化。

2. 储存遗传信息的能力 目前地球上有 100 多万种动物，30 多万种植物，几十万种微生物，每种生物又具有多种多样的性状，而每一性状又各有其特异的遗传基础，所以遗传物质必须具有复杂的结构和储存各种遗传信息的能力，才能使无数生物的性状得以表达，适应物种复杂多样性的要求。

3. 自我复制的能力 遗传物质必须具有精准的自我复制能力，才能把遗传物质传递给子代，确保子代与亲代间具有相似的遗传性状，确保物种的世代连续性。

二、细胞的基本结构

1. 细胞膜 细胞膜是细胞表面具有一定通透性的薄膜，由按一定比例的蛋白质分子和脂质分子组成，蛋白质分子以球状的形式镶嵌在两层脂质内。细胞膜具有保护细胞、控制细胞膜内外的物质交换及感受和传递外部信息的作用。

2. 细胞质 细胞质是细胞膜和细胞核之间的全部物质，由基质和细胞器构成。细胞器是具有一定形态结构、并且有重要生理机能的小器官，如线粒体、核糖体、内质网、高尔基体、中心体、溶酶体等，其中与遗传密切相关的有线粒体、核糖体和中心体等。

3. 细胞核 真核生物的细胞都有细胞核，细胞核一般呈球形或卵圆形，位于细胞的中央。通常一个细胞只有一个核，但也有两核和多核的，其功能是把遗传物质完整保存起来，并把它一代代传下去，而且指导 RNA 合成。细胞核由核膜、核液、核仁和染色质 4 部分组成。

三、染 色 体

细胞经染色处理后，细胞核内极易吸收碱性染料、染色深的物质称为染色质。染色质在细胞有丝分裂过程中浓缩而成染色体。当细胞分裂结束时，染色体又逐渐恢复为染色质。因此，染色质和染色体实质上是同一物质在细胞分裂周期的不同阶段所表现的不同形态。现代遗传学和生物化学的研究证明，遗传物质主要存在于染色体上。

1. 染色体的形态与结构 在高等动物细胞的分裂中期，可以见到典型的染色体结构。染色体一般呈圆柱形，它含有两条染色单体，并在着丝点（不易着色）处相联结。染色体在电子显微镜下观察，是一个高度折叠的螺旋化结构。染色体的每一条染色单体是由一条完整的 DNA 大分子与组蛋白相结合的纤丝。

2. 染色体的数目 在生物的世代延续中，染色体的数目一般保持不变。在大多数生物的体细胞中，染色体是成对存在的，数目用 $2n$ 表示，称为二倍体；而在性细胞中染色体是成单存在的，数目用 n 表示，称为单倍体。体细胞内的染色体一条来自父本、一条来自母本，两者在大小、形状、着丝点的位置和染色粒的排列都相同，这种成对的染色体称为同源染色体。其中有一对与性别发育密切相关，称为性染色体，其他均为常染色体。哺乳动物的性染色体为 XY 型，雄性的性染色体组成为 XY，雌性为 XX；家禽和鸟类的性染色体为 ZW 型，雄性的性染色体组成为 ZZ，雌性为 ZW。常见动物体细胞染色体数目如表 6-1-1 所示。

表 6-1-1 常见畜禽体细胞染色体数目

动物	染色体数目（2n）	动物	染色体数目（2n）	动物	染色体数目（2n）
奶牛	60	猪	38	鸡	78
黄牛	60	山羊	60	鸭	80
水牛	48	绵羊	54	鹅	82
牦牛	60	兔	44	小鼠	40
马	64	犬	78	大鼠	42
驴	62	猫	38	豚鼠	64

3. 染色体的组型 每一物种所含染色体的形态、结构和数目都是一定的，而不同物种之间在染色体形态和数目上都有差异。因此，染色体的形态和数目可以反映物种的特征。将有丝分裂中期细胞中的全部染色体按照同源染色体的大小、长短臂的比率、着丝点的位置及随体的有无等依次排列，分别予以编号（性染色体排在最后），这种分析技术称为染色体组型分析。如图 6-1-2 所示是牛的染色体组型。

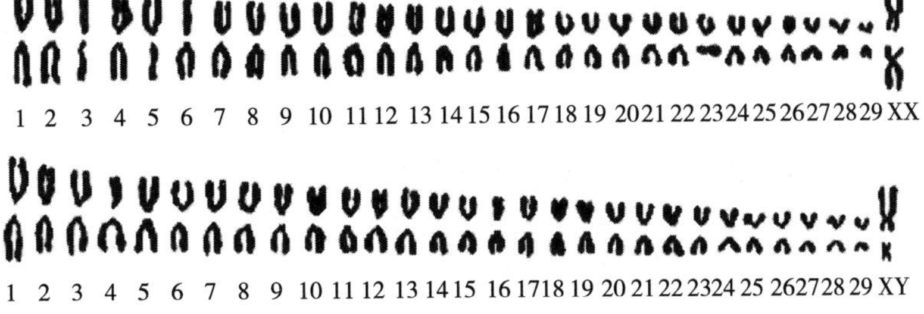

图 6-1-2 牛的染色体组型

（李婉涛．2011．动物遗传育种）

染色体组型广泛应用于动物染色体数目和结构变异的分析以及染色体来源的鉴定，通过细胞融合得到的杂种细胞的研究以及基因定位研究中单个染色体的识别等方面，丰富了人们对染色体进化规律与机制的了解，在动物分类和生物进化研究中也得到广泛的应用。此外，人的染色体组型的分析已被应用于肿瘤的临床诊断、预后及药物疗效的观察，通过对羊水中的胎儿脱屑细胞或胎盘绒毛膜细胞的染色体组型分析，有助于对胎儿的性别和染色体病的产前诊断。

四、染色体畸变

染色体畸变是指在自然或人工诱变条件下，染色体的结构和数目发生的变化。由于染色体畸变的发生，使染色体上的基因数目和位置也发生了变化，从而导致个体性状表型的改变。

（一）染色体数目的变异

各种生物的染色体数目是恒定的。在动物体细胞中，每一种染色体都是由大小、形态、结构相同的同源染色体组成，而每一种同源染色体之一构成的一套染色体，称为一个染色体组。染色体组最基本的特征是：同一个染色体组的各个染色体的形态、结构和连锁基因群都彼此不同，但它构成一个完整而协调的体系，携带着控制生物生长发育的全部遗传信息，缺少其中之一即可造成不育或性状的变异。但由于内外环境条件的影响，生物的染色体数目可能发生变化，这种变化可归纳为整倍体的变异和非整倍体的变异两种情况。

1. 整倍体的变异 整倍体是指含有完整染色体组的细胞或生物。整倍体的变异是指细胞中整套染色体的增加或减少。

（1）一倍体和单倍体。含有一个染色体组的细胞或生物称为一倍体（x）；含有配子染色体数的生物称为单倍体（n）。自然界中仅有少量的单倍体生物，如雄性蜜蜂、黄蜂和蚁，它们是由未受精的卵发育而成的。

（2）多倍体。具有两个以上染色体组的细胞或生物统称为多倍体。多倍体物种在植物界是常见的，因为大多数植物是雌雄同株或同花，其雌、雄配子常可能同时发生不正常的减数分裂，使配子中染色体数目不减半，然后通过自体受精形成多倍体。多倍体动物十分罕见，因为大多数动物是雌雄异体，而雌、雄性细胞同时发生不正常的减数分裂机会极小，而且染色体稍不平衡，就会导致不育。但在扁形虫、水蛭和海虾中也发现有多倍体，它们是通过孤雌生殖方式繁殖。在鱼类、两栖和爬行动物中也都有多倍体。

2. 非整倍体的变异 非整倍体的变异是指在正常染色体（$2n$）的基础上发生个别染色体的增减现象。

（1）三体。某一对染色体多出一条，染色体数为 $2n+1$。如人类的 21-三体（Down 氏综合征）、先天性卵巢发育不全（47，XXX）、先天性睾丸发育不全（47，XXY），牛的 23-三体侏儒症等。

（2）双三体。某两对染色体都外加了一条，染色体数为 $2n+1+1$。

（3）四体。某一对染色体外加了两条，染色体数为 $2n+2$。

（4）单体。某一对染色体少一条，染色体数为 $2n-1$。

（5）缺体。某一对染色体全都丢失了，染色体数为 $2n-2$。

3. 染色体数目变异在育种上的应用

（1）单倍体育种。实质上是一种直接选择配子的方法，它能提高纯合基因型的选择概率。选择的优良单倍体，只要使染色体加倍就可成为纯合的品系，即可显著缩短育种年限。

（2）多倍体育种。因为多倍体耐贫瘠、耐寒冷，异源多倍体又表现杂种优势、繁殖力强，所以培育多倍体已成为育种的一个方向。在植物方面有广泛应用，我国利用多倍体育种方法，已培育出许多农作物新品种，如三倍体无籽西瓜、八倍体黑麦草等。在动物育种方面，有人应用秋水仙素处理青蛙、鲫、牡蛎、兔子等动物的性细胞，获得了三倍体个体，但它们往往不育，所以目前在家畜生产实践中还没有得到实际应用。

（二）染色体结构的变异

染色体结构变异是指在自然突变或人工诱变的条件下使染色体的某区段发生改变，从而改变了基因的数目、位置和顺序。染色体结构变异可分为4种类型，即缺失、重复、倒位和易位。

1. 缺失　缺失是指染色体的某一区段丢失了。根据缺失片断所在的位置，缺失分为中间缺失和末端缺失（图 6-1-3）。中间缺失是指染色体中部缺失了某一个片段，此种缺失较为普遍，也较稳定，故较常见；末端缺失由于丢失了端粒，故一般很不稳定，比较少见。由于缺失区段内基因的丢失，可能表现为致死、半致死或生活力降低，尤其是缺失纯合体。如人类的猫叫综合征就是 5 号染色体断臂缺失所致。基因缺失还可能会产生假显性现象，例如果蝇的缺刻翅。缺失常作为某些功能基因的定位研究手段，如人类的性别分化基因（SRY 基因）就是在基因缺失引发的性反转病例研究中发现的。

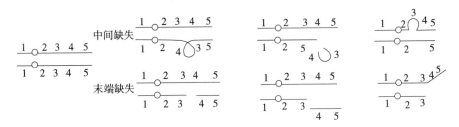

图 6-1-3　缺失类型及缺失杂合体的形成

（欧阳叙向 . 2001. 家畜遗传育种）

2. 重复　重复是指染色体增加了相同的一个区段，分为顺接重复和反接重复（图 6-1-4）。顺接重复是指某区段按照自己在染色体上的正常直线顺序重复，反接重复是指某区段在重复时颠倒了自己在染色体上的正常直线顺序。重复部分过大会影响个体的生活和发育，扰乱了遗传物质的平衡关系，但没有缺失的影响严重。

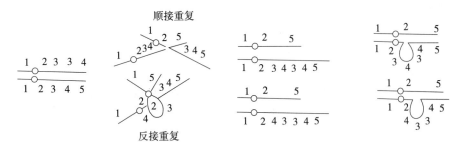

图 6-1-4　顺接重复和反接重复的形成

（欧阳叙向 . 2001. 家畜遗传育种）

3. 倒位　倒位是指一个染色体上某区段的正常排列顺序发生了180°的颠倒。倒位有臂内倒位和臂间倒位两种（图6-1-5）。臂内倒位的倒位区段在染色体的某一个臂的范围内，臂间倒位的倒位区段内有着丝点，即倒位区段涉及染色体的两个臂。倒位严重的杂合体常常发现为不育，多次倒位杂合体则可通过自交出现的纯合体后代形成新物种，促进生物进化。

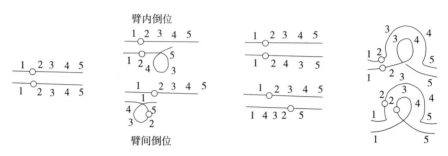

图 6-1-5　臂内倒位和臂间倒位的形成

（欧阳叙向 . 2001. 家畜遗传育种）

4. 易位　易位是指染色体发生断裂，断裂片段接到非同源染色体上的现象。易位可使原来不连锁的基因发生连锁。

5. 结构变异在育种上的应用　染色体结构变异可以人为的诱发产生，在育种上称为诱变育种，通常是诱发易位。例如，在养蚕业中，雄蚕的产丝质量和数量优于雌蚕，用 X 射线处理蚕致使 2 号染色体发生断裂而易位到 W 染色体上，因断裂片断含有显性斑纹基因，该基因可以决定幼蚕皮肤有黑斑，因雄蚕不含 W 染色体，无黑斑，借此可以在幼体时区分雌雄。

五、细胞分裂

任何生物的生长和繁殖都必须通过细胞分裂来实现，细胞分裂主要有以下 3 种：

（一）无丝分裂

又称直接分裂，是一种简单的细胞分裂方式。其分裂过程先是细胞体积增大，然后核延伸，缢裂成两部分，细胞质也随之收缩分裂为二。原核细胞如细菌，靠无丝分裂进行繁殖。无丝分裂在某些专门化组织，如某些腺细胞、神经细胞以及伤愈组织的某些细胞中也是常见的。

（二）有丝分裂

有丝分裂是细胞分裂中最普遍的一种形式，它是一个连续变化的过程。根据其主要的变化特征，可分为间期、前期、中期、后期和末期 5 个时期。各期的主要特征见图 6-1-6。

（1）间期：这是两次分裂的中间时期，此期主要进行 DNA 复制合成。

（2）前期：染色体逐渐明显起来，缩短变粗，每条染色体纵裂分为两条染色单体，由着丝点连在一起，中心粒一分为二，向细胞两极移动，并形成纺锤丝。核仁、核膜逐渐消失。

（3）中期：染色体开始向赤道板移动，最后在赤道板上排成一圈。染色体的着丝点和纺锤丝连接起来，染色体高度螺旋、结构清晰，是核型分析的最佳时期。

（4）后期：两条染色单体从着丝点处分开，开始向细胞两极移动。

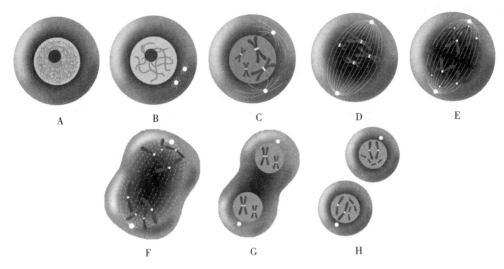

图 6-1-6 有丝分裂模式

A~C. 间期 D. 中期 E、F. 后期 G、H. 末期

（5）末期：分裂以后的两组染色体开始各在一起聚集，并且变细变长，纺锤丝逐渐消失，核仁、核膜重新出现，形成两个子细胞。

由此可见，在细胞有丝分裂中能够保证染色体均等分裂并分配到子细胞中，使子细胞的染色体数与母细胞一样，既保证了个体正常的发育和生长，也保证了物种的连续性和稳定性。

（三）减数分裂

又称成熟分裂，是性细胞形成过程中的一种特殊分裂方式，形成的每个性细胞（卵子或精子）中染色体数目只有性母细胞的 1/2。减数分裂分为减数第一次分裂和减数第二次分裂（图 6-1-7）。

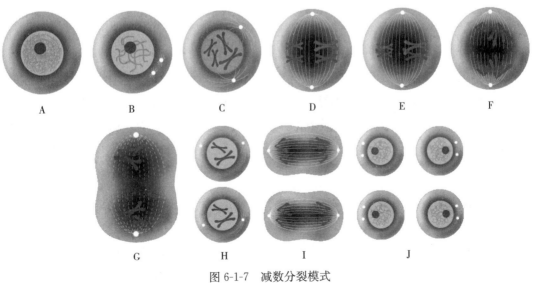

图 6-1-7 减数分裂模式

A~C. 前期Ⅰ D、E. 中期Ⅰ F. 后期Ⅰ G、H. 末期Ⅰ I. 后期Ⅱ J. 末期Ⅱ

1. 减数第一次分裂

（1）前期Ⅰ。根据染色体的变化，通常把前期分为 5 个阶段。

细线期：染色质浓缩成染色丝，每一染色体已复制为两个姊妹染色单体。

偶线期：每对同源染色体开始靠拢配对，称为"联会"。

粗线期：两条配对的同源染色体相互纹扭在一起，成为"四分体"或"二价体"。

双线期：染色体明显地变得粗短，两条同源染色体开始不完全分开，非姊妹染色单体发生部分片段互换。

终变期：染色体明显地变得粗短，两条同源染色体仍有交叉联系，核仁、核膜开始消失，纺锤丝开始出现。

（2）中期Ⅰ。核膜、核仁消失，二价体排列在赤道板上，两极纺锤体与染色体的着丝点相连，二价体开始分离。

（3）后期Ⅰ。两条同源染色体分开，分别向两极移动，每条染色体的两个姊妹染色单体仍由着丝点连在一起。

（4）末期Ⅰ。染色体到达两极后旋解为染色质进入末期。随着核模、核仁重新形成，着丝点仍未分裂，接着进行细胞质分裂，形成两个子细胞，实现了染色体数目的减半。在雄性，所形成的是两个次级精母细胞；在雌性，一个是次级卵母细胞，另一个则是存在于卵黄周隙中的第一极体。

2. 减数第二次分裂　与有丝分裂过程基本相似，分为前、中、后、末 4 期。在雄性动物，每个次级精母细胞分裂为 2 个精细胞；在雌性动物，每个次级卵母细胞分裂为 1 个卵细胞和 1 个第二极体，同时，第一极体也分裂成 2 个第二极体。因此，通过减数分裂，1 个精原细胞形成 4 个精细胞（后变形为精子）；1 个卵母细胞形成 1 个卵子和 3 个极体，每个性细胞的染色体数为体细胞的 1/2。

 拓展知识

一、基　因

基因是染色体上具有遗传效应的 DNA 分子片断，是遗传的物质基础。基因通过调控蛋白质的合成来表达所携带的遗传信息，从而控制生物的性状表现。

（一）基因的本质

遗传物质的载体是染色体，染色体由核酸和蛋白质组成，核酸又是由核酸、戊糖和碱基组成。基因是 DNA 分子上具有遗传效应的一段特定碱基序列，在染色体上有固定的位置，并且呈直线排列。基因储存有遗传信息，具有复制功能。通过遗传信息的转录和翻译，指导蛋白质的合成，控制生物的性状。因此，基因是决定性状的一个功能单位，同时也是突变单位和交换单位。

（二）基因的结构与类型

1. 基因的结构

（1）突变子。指基因内部发生突变的最小单位，可以是一个核苷酸对。

（2）重组子。基因发生交换重组的最小单位，可以只是一个核苷酸。

（3）顺反子。是决定多肽链合成的功能单位。一个顺反子由 500～1 500 个核苷酸构成。

一个基因可能包含几个顺反子，一个顺反子包含很多个突变子和重组子，一个顺反子决定一条多肽链的合成。

2. 基因的类型

（1）结构基因。编码蛋白质或 RNA 分子结构相应的一段 DNA。结构基因的功能是把携带的遗传信息转录给 mRNA，再以 mRNA 为模板合成具有特定氨基酸序列的蛋白质或 RNA。

（2）操纵基因。具有控制结构基因的作用，位于结构基因的一端，与阻遏蛋白质结合后，具有开启或关闭结构基因转录的能力。操纵基因与若干个紧密相邻的结构基因连成一组基因，两者合起来称为操纵子，它们作用于生物合成途径的不同阶段。

（3）调节基因。位于操纵子附近，经过转录、翻译合成阻遏蛋白。阻遏蛋白通过与操纵基因的结合，阻止结构基因的表达。

（4）启动基因。位于调节基因与操纵基因之间，其作用是发出信号，mRNA 合成开始。

3. 基因表达的调控 基因表达是指细胞在生命过程中，把储存在 DNA 顺序中遗传信息通过转录和翻译，转化为具有生物活性的蛋白质分子。因此，任何影响转录和翻译过程的启动、关闭和速率的较为直接的因素及其作用，就称为基因表达的调控。

基因表达的调控是一种多级调控系统，主要在转录水平调控和翻译水平调控两个层次上，以转录水平调控为最主要。转录水平的调控是控制从 DNA 模板上转录 mRNA 的速度，翻译水平的调控是控制从 mRNA 翻译成多肽链的速度，这是一种快速调控基因表达的方式。基因表达调控的最大特征是按着预定的发育程序去实现某个受控的发育途径。例如，任何生物的体细胞含有该物种全部的遗传信息，但不同的体细胞有很大差别。这是因为细胞在分化时，在不同的组织中细胞的某些基因处于活动状态，而另一些基因处于关闭状态造成的。细胞分化并没有改变全部遗传信息的组成，而是通过基因表达的调控，来完成基因活动的高度有序性和特异性。

二、遗传信息的传递

（一）遗传信息和遗传密码

1. 遗传信息 在 DNA 分子中，带有 A、T、C、G 4 种碱基的核苷酸有成千上万对，这些碱基对的任意一种排列顺序就是一种遗传信息。DNA 分子中碱基对的排列组合是一个庞大的天文数字，它蕴藏着地球上所有生物的遗传信息。

2. 遗传密码 遗传密码是核酸的碱基序列和蛋白质的氨基酸序列的对应关系。在 mRNA 上每 3 个相邻核苷酸组成 1 个三联体密码，编码 1 种氨基酸，称为遗传密码。4 种碱基可以组合成 64 种密码子，其中 61 个密码编码常规的 20 种氨基酸，UAA、UAG 和 UGA 不编码任何氨基酸，是蛋白质多肽合成的终止信号，称为终止密码或无义密码。

（二）遗传信息的传递

遗传信息的传递过程，包括 DNA 的复制、DNA 到 RNA 的转录、RNA 到蛋白质的翻译过程。

1. DNA 复制 DNA 双链解开，以一条链为模板，根据碱基互补配对原则，合成两条完全一样的 DNA 链。这个过程成为 DNA 复制。

2. DNA 到 RNA 的转录 遗传信息从 DNA 转移到 RNA 的过程称为转录。在转录过程中，DNA 双链解开，以一条链为模板，根据碱基互补配对原则，在 RNA 聚合酶的作用下，合成一条与 DNA 互补的 RNA 新链。然后，新生的 RNA 链从 DNA 链上脱离，形成 mRNA，而 DNA 的两条单链又重新恢复成双链。这样，就把 DNA 分子上的遗传信息转移到了 mRNA 上。

3. RNA 到蛋白质的翻译　根据 mRNA 上的密码合成蛋白质的过程称为翻译，它是将核酸序列转变为氨基酸序列的过程。mRNA 单链合成后通过核孔进入细胞质，附着在核糖体的亚基上，核糖体能选择相应的氨基肽-tRNA。氨基肽-tRNA 一臂连着一个特定的氨基酸，另一臂具有与 mRNA 密码子互补的 3 个暴露的碱基，称为"反密码子"。氨基肽-tRNA 通过这个反密码子，就可以识别 mRNA 上密码子的位置，把特定的氨基酸送到一定的位置。

在翻译过程中，通常是多个核糖体与 mRNA 分子结合形成多聚核糖体。核糖体附着在 mRNA 单链的一端，逐渐向 mRNA 另一端移动，识别 mRNA 的密码子，同时接受相应的带着氨基酸的氨基肽-tRNA，并一个接一个地将氨基酸结合成多肽。当核糖体移动到 mRNA 单链的终止密码子时，多肽形成终止，mRNA 便与核糖体脱离。形成的几条多肽链相连，最后成为有一定空间结构的蛋白质分子。

（三）中心法则

根据前面的叙述，我们可以把 DNA、RNA 和蛋白质三者的关系概括为以下 3 点：①DNA 链上的碱基序列就是遗传信息，是产生具有特异性蛋白质的模板。②DNA 双链解开，以每条单链为模板，按照碱基配对原则，合成新的互补链，完成 DNA 的复制进行世代传递。③以 DNA 双链中的一条链为模板，转录成 mRNA，然后根据 mRNA 上的遗传密码翻译成蛋白质，使亲代的性状在子代中得以表现。

以上 3 点说明，遗传信息由 DNA 传向 DNA，通过转录过程由 DNA 传递到 RNA，然后翻译成蛋白质，这种遗传信息的流向称为中心法则。而对于仅含有 RNA 的病毒，利用 RNA 复制酶将遗传信息从 RNA 传向 RNA，或通过反转录酶将遗传信息从 RNA 传向 DNA 并通过分裂进行二次侵染。由此可见，遗传信息并不一定是从 DNA 单向地传向 RNA，RNA 携带的遗传信息同样也可以复制和传向 DNA，这就是补充和完善的中心法则。

三、基因工程

基因工程是 20 世纪 70 年代开始发展起来的一门新技术，是现代生物技术的核心。它是以分子遗传学为理论基础，将外源基因通过体外重组后导入受体细胞内，改变生物原有的遗传特性，获得新品种、生产新产品的复杂技术。随着科学技术的进步，基因工程的新技术、新方法层出不穷，基因工程技术手段正向着自动化、规模化、高智能的方向不断发展。

1. 基因工程的实施步骤　基因工程一般分为 4 个步骤：①获得目的基因、载体和工具酶；②利用工具酶对目的基因和载体进行深加工处理，构建重组 DNA 分子；③把重组 DNA 分子导入受体细胞；④转化体细胞的扩增、鉴定与筛选。

2. 基因工程的研究进展　基因工程已广泛应用于医药和农业，甚至与环境保护有密切的关系。

（1）基因治疗。将外源正常基因导入靶细胞，以纠正或补偿因基因缺陷和异常引起的疾病，从而达到治疗的目的。

（2）基因工程药物。利用重组 DNA 技术将生物体内活性物质的基因在大肠杆菌、酵母和哺乳动物细胞中体外表达出所需要的蛋白质，经过分离纯化获得能用于治疗或其他用途的蛋白质纯品。目前市场上的胰岛素、干扰素、白细胞介素-2、生长激素、促红细胞生成素等基因工程药物，均为重组蛋白质或肽类。基因工程药物疗效好、副作用小、应用范围广泛，已成为各国政府和企业投资研究开发的热点。

（3）转基因植物。转基因技术已广泛应用于农作物的品种改良、提高产量、提高抗病虫害能力等方面，获得了许多品质优良的转基因作物。目前，世界上已有百余种转基因植物进入商品化生产，例如水稻、玉米、棉花、大豆、油菜、烟草、甜菜、亚麻、马铃薯、番茄、南瓜等。

（4）转基因动物。在基因组中稳定整合人工导入外源基因的动物，在改良动物生产现状、提高抗病力及生产药物蛋白等方面 具有广阔的应用前景。目前，已有转基因的小鼠、牛、猪、羊、兔、鱼等多种动物问世。

（5）环境保护。以基因工程技术为代表的现代生物技术在环境保护领域发挥了显著作用，主要体现在植物修复技术和用于污染控制的基因工程菌的构建等方面。

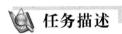

思考题

1. 说明遗传的物质基础。
2. 简述有丝分裂与减数分裂的区别。
3. 简述基因、DNA 和染色体之间的关系。
4. 基因突变和染色体畸变有何区别和联系？
5. 举例说明基因突变和染色体畸变在动物育种中的应用情况。
6. 简述中心法则的主要内容。
7. 通过查阅资料，写一篇有关基因工程在畜牧业上最新应用进展的综述。

任务二　分离定律的解析及应用

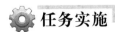

任务描述

某农场养了一群马，马的毛色有栗色和白色两种，已知栗色和白色分别由遗传因子 B 和 b 控制。育种工作者从中选择出一匹健壮的栗色公马，拟设计配种方案鉴定它是纯合子还是杂合子（就毛色而言）。

（1）为了在一个配种季节里完成这项鉴定，应该怎样配种？
（2）杂交后代可能出现哪些结果？如何根据结果判断栗色公马是纯合子还是杂合子？

任务实施

一、分离定律的遗传解析

猪的耳型有竖耳和垂耳两种，是一对相对性状，将具有这对性状的两个个体杂交，观察其后代耳型的变化情况。

（一）试验的方法：正反交试验（图 6-2-1）

正交 ♂ ♀
P₁ 垂耳(DD) ×竖耳(dd)
F₁ 垂耳(Dd)
⊗
F₂ 垂(DD) 垂(Dd) 垂(Dd) 竖(dd)
样本 127 123 124 118
比例 1 : 1 : 1 : 1
反交 ♂ ♀
P₁ 竖耳(dd) ×垂耳(DD)
F₁ 垂耳(Dd)
⊗
F₂ 垂(DD) 垂(Dd) 垂(Dd) 竖(dd)
样本 158 167 159 163
比例 1 : 1 : 1 : 1

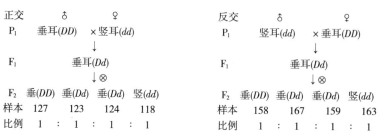

图 6-2-1 猪耳型的正反交试验

（二）分析试验结果

（1）从耳型的表达来看，正反交结果相同。其中，F_1代全为垂耳，无竖耳出现，说明垂耳相对竖耳是显性性状。F_1代自交所产生的F_2代出现性状分离的现象，垂耳占 3/4，竖耳占 1/4，呈现出 3∶1 的数量关系。

（2）对于本试验杂交结果，可以采用“遗传基因”解释如下：相对性状垂耳和竖耳分别由相对遗传因子 *D* 或 *d* 控制，两者在体细胞中成对存在，保持独立性，并不融合；成对的遗传因子分别来自两个双亲，形成配子时彼此完全分离；显性纯合子（*DD*）和隐性纯合子（*dd*）只能产生一种配子，即 *D* 配子或 *d* 配子；杂合子（*Dd*）产生不同类型的配子（*D* 和 *d*）数目相等；所有异性配子结合的概率相等，而且结合具有随机性。

（三）分离现象的验证

分离现象的验证采用测交，即把 F_1 和隐性亲本个体交配。理由是：隐性亲本是纯合体，只能产生一种配子，这种配子与 F_1所产生的两种配子结合，就会产生 1/2 的显性性状个体和1/2的隐性性状个体，如图 6-2-2 所示。

P DD × dd
F₁ Dd(垂耳) ×dd(竖耳)
D d d
F₂ Dd(垂耳) dd(竖耳)
1(106) ∶1(102)

图 6-2-2 测交验证

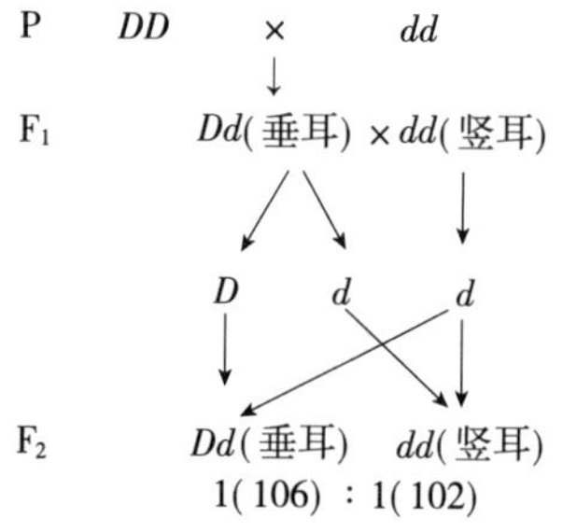

（四）分离比实现的条件

一对相对性状杂交的遗传规律是：F_1代个体都表现显性性状，F_1代自交产生的 F_2代个体表现比例是 3∶1。但是这种性状的分离比，必须在一定条件下才能实现。这些条件是：

①用来杂交的亲本必须是纯合体；

②显性基因对隐性基因的作用是完全的；

③F_1形成的 2 种配子数目相等，配子的生活力相同，2 种配子结合是随机的；

④F_2中 3 种基因型个体存活率相等。

二、分离定律的应用

1. 明确相对性状的显、隐性关系 在畜禽育种工作中，必须搞清楚相对性状间的显、隐性关系，以便我们采取适当的杂交育种措施，预见杂交后代各种类型的比例，从而为确定选育的群体大小、性状提供依据。例如，一只白公羊与一只黑母羊交配，生出的小羊全部表现为白色，这说明在白色和黑色这对相对性状中，白色为显性性状，由显性基因控制，黑色为隐性性状，由隐性基因控制。

2. 判断杂合体或纯合体　在畜牧业生产中，常常需要培育优良的纯种，这就要首先选择出某些性状上是纯合体的种公畜（禽）。例如，马的毛色有栗色（B）和白色（b）两种，育种工作者对选择的栗色公马无法判断是纯合体还是杂合体，可以把待检定的栗色公马同时与多匹白色母马配种，若杂交后代全部为栗色马，说明此公马可能是纯合体；否则，就是杂合体。

3. 淘汰带有遗传缺陷性状的种畜　遗传缺陷性状大多数是受隐性基因控制的，因此在杂合体中表现不出来，这样杂合体就成为携带者，可在畜群中扩散隐性基因。尤其是种公畜（禽），如果是携带者，将会给畜牧业带来不可估量的损失。所以，在育种工作中，我们不仅要把具有遗传缺陷性状的隐性纯合体淘汰，而且还要采用测交的方法检测出携带者，并把它们从畜群中除掉。

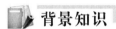 **背景知识**

（一）杂交和自交

遗传学上的杂交指的是具有不同遗传性状的个体间的交配，所得后代称为杂种。自交是指具有同一基因型的个体间的交配。在杂交实验中，母本用符号"♀"表示，父本用"♂"表示，统称为亲本，用"P"表示，杂交符号用"×"表示，自交符号用"⊗"表示，杂种一代用"F_1"表示，杂种二代用"F_2"表示，依此类推。

（二）正交和反交

如果在做杂交时，父、母本相互交换，这在遗传学上称为互交。例如，现有两个亲本，用 P_1 和 P_2 表示。第一个杂交试验♀P_1×P_2♂，第二个杂交试验♂P_1×P_2♀，即第一个杂交试验 P_1 为母本，而 P_2 为父本；第二个杂交试验 P_1 却作为父本，而 P_2 却作为母本，前一个杂交组合称为正交，后一个杂交组合称为反交，两个杂交组合就称为互交。互交试验结果是否一致可以推断控制性状的基因是细胞质基因还是细胞核基因，正反交结果一致说明控制性状的基因是核基因，否则为细胞质基因。

（三）显性性状和隐性性状

在分离实验中，F_1 杂种只出现相对性状的一个。孟德尔把在杂交时两亲本的相对性状能在子一代中表现出来的称为显性性状，不表现出来的性状称为隐性性状。

（四）等位基因

在同源染色体上占有相同的位点，控制相对性状的一对基因称为等位基因。成对的基因通常用字母来表示，显性等位基因用大写的字母来表示，隐性等位基因则用小写的字母来表示。人们把成对的等位基因表示性状或个体的遗传组成方式称为基因型，例如基因型 DD 表示垂耳猪，基因型 dd 则表示竖耳猪。基因型是肉眼看不到的，要通过杂交试验才能鉴定。在基因型的基础上表现出来的性状称为表型。基因型相同的个体，其表型一定相同。而表型相同的个体，其基因型则不一定相同。例如 F_2 代的垂耳猪基因型有两种，一种是 DD，另一种是 Dd。由相同的基因组成基因型的个体称为纯合体（也称纯合子），由不同的基因组成的基因型称为杂合体（也称杂合子）。

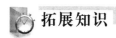 **拓展知识**

一、等位基因的互作

（一）完全显性

在分离规律中，用纯合体与纯合体杂交所得到的 F_1 只表现显性性状，这是因为等位基因中显性基因 D 完全抑制了隐性基因 d 的表现，等位基因间的这种作用，称为 D 基因对 d 基因的完全显性作用。在显性作用完全的情况下，杂合体与显性纯合体在表型上没有区别，而且在 F_1 的群体中只出现显性性状，F_2 中表现 3：1 的分离比数。

（二）不完全显性

在生产实际中，等位基因之间的显隐关系其实并不是那么简单、那么严格。有的等位基因的显性仅仅是部分的、不完全的，这种情况称为不完全显性。

1. 镶嵌型显性 镶嵌型显性是指显性现象来自 2 个亲本，2 个亲本的基因作用可以在不同部位分别表现出非等量的显性。例如，短角品种牛，毛色有白色的，也有红色的，都是纯合体，能真实遗传。这 2 种类型的牛交配后，后代既不是白毛也不是红毛，而全部是沙毛（红毛与白毛相互混杂）。子一代沙毛牛相互交配，生下的子二代 1/4 个体是白毛，2/4 是沙毛，1/4 是红毛，性状分离比为 1：2：1。这似乎与分离规律不符，其实是更加证明了分离规律的正确性。设白毛中的基因型为 WW，红毛牛的基因型为 ww，则子一代沙毛的基因型为 Ww，说明 W 与 w 之间的显隐关系不严格，既不是完全明确的显性也不是完全的隐性。再让子一代 Ww 个体互相交配，根据等位基因分离的原理，子一代可形成 W 和 w 两种配子，那么子二代就有 3 种基因型，即 WW、Ww 和 ww，表型和基因型均呈现 1：2：1 的比数。用沙毛牛与白毛牛回交，后代是 1 沙毛：1 白毛；用沙毛牛与红毛牛回交，后代是 1 沙毛：1 红毛。由此可见，尽管 F_1 表现出不完全显性现象，似乎与分离规律不符，但从后代基因型表现来看，证明分离规律是完全正确的。

2. 中间型 所谓中间型是指 F_1 的表型是 2 个亲本的相对性状的综合，看不到完全的显性和完全的隐性。例如，地中海的安达鲁西品种鸡有黑羽和白羽 2 个类型，都能真实遗传。如果白羽鸡与黑羽鸡杂交，后代 F_1 都是蓝羽。F_1 自群交配，后代 F_2 中 1/4 是白羽，2/4 是蓝羽，1/4 是黑羽。

（三）共显性（等显性）

共显性是指一对等位基因的 2 个成员在杂合体中都显示出来，彼此没有显隐性关系。在人类的 MN 血型系统中，血型可分为 M 型、N 型和 MN 型。MN 血型是由一对基因 L^M 和 L^N 控制的，含有一对 L^M 基因的人，其血型是 M 型；含有一对 L^N 基因的人，其血型是 N 型；含有一个 L^M 和一个 L^N 基因的人，其血型是 MN 型。

二、复等位基因

相对性状是由同源染色体上的一对等位基因控制的，但在同种生物类群中，有比 2 个基因更多的基因占据同一个位点，因此，把在群体中占据同源染色体上相同位点 2 个以上的基因定义为复等位基因。同一群体内的复等位基因不论有多少个，其在每一个个体的体细胞内最多只有其中的任意 2 个，仍然是一对等位基因。复等位基因的表示方法：用一个字母作为该位点的基础符号，不同的等位基因就在这个字母的右上方做不同的标记。基础符号的字母大写表示显性，小写表示隐性。

1. 共显性的复等位基因　人的 ABO 血型系统中，有 4 种常见的血型：A 型、B 型、AB 型和 O 型，有 3 个等位基因 I^A、I^B 和 i 所控制。I^A、I^B 对 i 表现显性，但 I^A 和 I^B 之间表现为等显性。有 3 个等位基因可以组成 6 种基因型，但由于 i 是隐性基因，所以表现为 4 种血型（表 6-2-1）。

表 6-2-1　人的 ABO 血型系统的表型和基因型

血型（表型）	基因型
A	$I^A I^A$，$I^A i$
B	$I^B I^B$，$I^B i$
AB	$I^A I^B$
O	ii

从表 6-2-1 可推知 ABO 血型的遗传情况。父母双方如果都是 AB 型，则他们的子女可能有 A 型、B 型或 AB 型 3 种，但不可能出现 O 型；如果父母双方都是 O 型，则他们的子女都是 O 型；如果一方是 A 型，另一方是 B 型，则他们的子女中 4 种血型都有可能出现。

2. 有显性等级的复等位基因　在家兔中有毛色不同的 4 个品种：全色（全灰或全黑色）、青紫蓝（银灰色）、喜马拉雅型（耳尖、鼻尖、尾尖和四肢末端是黑色，其余部分是白色）、白化（白色，眼睛为淡红色）。通过杂交试验，让纯合体全色型家兔与其他任何毛色纯合体家兔杂交，发现全色对青紫蓝、喜马拉雅型、白化表现显性；让青紫蓝型与其他型杂交，除全色型以外，青紫蓝对喜马拉雅型、白化表现显性；让喜马拉雅型与其他型杂交，除白化型以外，喜马拉雅型表现为隐性。这说明家兔毛色遗传的复等位基因是有显隐性等级的。如以 C 代表全色，c^{ch} 代表青紫蓝基因，c^h 代表喜马拉雅型基因，c 代表白化基因，则 4 个复等位基因的显隐性关系可写成 $C > c^{ch} > c^h > c$。家兔毛色的表现型和基因型如表 6-2-2 所示。

表 6-2-2　家兔毛色的表型和基因型

表　型	基因型	
	纯合体	杂合体
全色	CC	Cc^{ch}，Cc^h，Cc
青紫蓝	$c^{ch} c^{ch}$	$c^{ch} c^h$，$c^{ch} c$
喜马拉雅型	$c^h c^h$	$c^h c$
白化	cc	

三、致死基因

研究发现，家鼠中黄色鼠不能真实遗传，其后代分离比为 2∶1。杂交表现结果如下：

黄鼠×黑鼠→黄鼠 2 378 只，黑鼠 2 398 只

黄鼠×黄鼠→黄鼠 2 396 只，黑鼠 1 235 只

从第一个交配结果来看，黄鼠很像是杂合体，因为与黑鼠交配产生的后代 2 378∶2 398 接近 1∶1 的比例。如果黄鼠是杂合体，那么黄鼠于黄鼠交配，后代的性状分离比应该是

3∶1,而不应该是 2∶1。进一步研究发现，在黄鼠与黄鼠交配产生的子代中，每窝小鼠数总比黄鼠与黑鼠交配产生的子代中约少 1/4。假设黄鼠与黄鼠交配按分配规律应产生 1/4 纯合黄鼠、2/4 杂合黄鼠、1/4 纯合黑鼠 3 种组合，当黄色基因纯合（$A^Y A^Y$）时，对个体发育有致死作用，因而分离比数为 2∶1。这个 A^Y 基因称为致死基因。

基因的致死效应往往与个体所处的环境有一定的关系，而且致死基因的作用可以发生在不同的发育阶段，如配子时期、胚胎期或出生后的仔畜阶段。在畜牧业生产中，致死基因引起的家畜遗传缺陷较多，如牛的软骨发育不全、先天性水肿、羊的肌肉痉挛、马的结肠闭锁、猪的脑积水、鸡的下颚缺损等，患畜（禽）往往在出生后不久死亡。

思考题

1. 试说明基因分离定律的实质。

2. 鸡的毛腿（B）对光腿（b）为显性。现让毛腿雌鸡甲、乙分别与光腿雄鸡丙交配，甲的后代有毛腿，也有光腿，比为 1∶1，乙的后代全部是毛腿，请写出甲、乙、丙的基因型。

3. 先天性聋哑是一种常染色体隐性遗传病。若一对夫妇双亲均无此病，但他们所生的第一个孩子患先天性聋哑，则他们今后所生子女中患此病的可能性是多少。

4. 牛的无角 A 对有角 a 表现显性。1 头无角公牛分别与 3 头母牛杂交，杂交方式和结果如下，试分析杂交亲本和后代的基因型。

有角母牛 1×无角公牛→无角小牛

有角母牛 2×无角公牛→有角小牛

无角母牛 3×无角公牛→有角小牛

任务三　自由组合定律的解析及应用

任务描述

在家兔中毛的黑色（B）基因对褐色（b）是一对等位基因，短毛（L）对长毛（l）是一对等位基因，如果让纯合 $BBLL$ 与 $bbll$ 杂交，则：

（1）F_1 的表型与基因型如何？

（2）F_2 的表型与基因型如何？

（3）如果 F_1 与双隐性亲本回交，其后代如何？

（4）是否能培育出一个能真实遗传的黑色长毛兔？如何培育？

任务实施

一、自由组合定律的遗传解析

1. 杂交试验　如图6-3-1所示。

2. 分析试验结果　从上述试验结果可以看出：

（1）F_1 表现为黑色短毛，F_2 出现了 4 种表型，其中 2 种是亲本类型的性状，即黑色短毛和褐色长毛，称为亲本型；另外 2 种是新组合的性状，即黑色长毛和褐色短毛，称为重组型。

P　　　　　　　　　$BBLL$（黑色短毛）×$bbll$（褐色长毛）

　　　　　　　　　　　　　↓

F$_1$　　　　　　　　　　　$BbLl$（黑色短毛）

　　　　　　　　　　　　　↓⊗

F$_2$

F$_1$配子	BL	Bl	bL	bl
BL	$BBLL$（黑色短毛）	$BBLl$（黑色短毛）	$BbLL$（黑色短毛）	$BbLl$（黑色短毛）
Bl	$BBLl$（黑色短毛）	$BBll$（黑色长毛）	$BbLl$（黑色短毛）	$Bbll$（黑色长毛）
bL	$BbLL$（黑色短毛）	$BbLl$（黑色短毛）	$bbLL$（褐色短毛）	$bbLl$（褐色短毛）
bl	$BbLl$（黑色短毛）	$Bbll$（黑色长毛）	$bbLl$（褐色短毛）	$bbll$（褐色长毛）

图 6-3-1　兔的毛色杂交实验

（2）F$_1$产生 4 种配子的比为 $1:1:1:1$，配子随机结合的 F$_2$有 9 种基因型、4 种表型，表型之比为 $9:3:3:1$。

（3）两对或多对独立基因形成配子时，等位基因相互分离，非同源染色体上的非等位基因以同等的机会在配子内相互组合，不同基因型的雌、雄配子以同等的机会相互结合。非同源染色体等位基因对数的遗传关系归纳如表 6-3-1 所示。

表 6-3-1　多对形状杂交基因型与表型的关系

等位基因对数	F$_1$性细胞种类	F$_2$基因型种类	显性完全时 F$_2$表现种类	F$_2$表型比例
1	$2=2^1$	$3=3^1$	$2=2^1$	$(3:1)^1$
2	$4=2^2$	$9=3^2$	$4=2^2$	$(3:1)^2$
3	$8=2^3$	$27=3^3$	$8=2^3$	$(3:1)^3$
⋮	⋮	⋮	⋮	⋮
n	2^n	3^n	2^n	$(3:1)^n$

3. 自由组合现象的验证　验证自由组合定律在 F$_1$通过减数分裂形成配子时，非同源染色体上的非等位基因分离并自由组合形成 4 种类型的配子以及它们的数目是否相等。仍采用测交的方法，F$_1$（黑色短毛，基因型 $BbLl$）跟双隐性纯合体（褐色长毛，基因型 $bbll$）杂交，其后代出现黑色短毛、黑色长毛、褐色短毛、褐色长毛 4 种表型，且表型之比为 $1:1:1:1$。说明 F$_1$产生 4 种比例相等的配子。其测交试验如图 6-3-2 所示。

黑色短毛 F$_1$×褐色长毛（双隐性类型）

$BbLl$　　↓　　$bbll$

配子	BL	Bl	bL	bl
bl	$BbLl$（黑色短毛） 1	$Bbll$（黑色短毛） 1	$bbLl$（黑色短毛） 1	$bbll$（黑色短毛） 1

图 6-3-2　兔毛色测交实验

二、自由组合定律的应用

（1）通过应用自由组合定律，可以预见杂交后代各种类型性状的比例，从而为确定选育群体的大小提供依据。

（2）培育优良新品种。在畜禽育种工作中，选择具有不同优良性状的品种或品系，使杂交亲体性状重新组合，使其出现符合育种要求的新类型。对新类型继续选育，逐步纯化，可培育成一个优良的新品种或品系。例如，猪的一个品种适应性强，但生长速度慢；另一个品种生长速度快，但适应性差。让这两个品种杂交，在杂种后代中就有可能出现生长速度既快，适应性又强的类型。

背景知识

一、基因分离、自由组合与染色体行为的一致性

孟德尔提出的基因分离和自由组合是从杂交试验的结果推断出来的。但是基因究竟存在于细胞的哪一部位上，又是如何传递的，当时还不清楚。随着细胞学研究的进展，细胞学家萨顿发现，染色体在减数分裂时的行为和基因的行为是一致的，并认为基因位于染色体上。例如，基因在体细胞中是成对存在的，染色体在体细胞中也是成对的；体细胞成对的基因在形成配子时彼此分离，各自进入一个配子中，所以每个配子中只含有其中的一个，体细胞中同源染色体通过减数分裂形成配子时也是这样；雌、雄配子结合，染色体恢复成对，而基因也恢复成对。基因的行为和染色体行为动态的一致性使人们认识到，基因在染色体上呈直线排列。根据这个理论，等位基因就应该分别位于一对同源染色体上。孟德尔规律的关键在于等位基因的分离，等位基因分离的细胞学基础是减数分裂，在同源染色体分离的同时，等位基因也随之分离。染色体的行为与基因自由组合也是一致的。根据细胞学提供的材料和实际观察证明，在减数分裂时同源染色体分离，非同源染色体自由组合。染色体的组合类型与杂交试验推知的基因组合的类型和比数也是相同的。

二、基因突变

（一）基因突变的概念

基因突变就是一个基因变为它的等位基因，是指染色体上某一基因位点内部发生了化学结构的变化，与原来的基因形成对性关系，又称为"点突变"。带有突变基因的细胞或个体称为突变体。基因突变在生物界中普遍存在，并可以遗传。根据突变发生的原因可分为自发突变和诱发突变；根据突变发生的表型效应情况可分为显性突变和隐性突变；根据突变发生的方向性可分为正向突变和回复突变。

（二）基因突变的时期

突变可以发生在生物个体发育的任何时期。性细胞发生的突变可以通过受精直接传递给后代。体细胞如果发生突变，则可通过无性繁殖产生一群相同突变的细胞，由于突变使表型不同于正常细胞，因而形成一个可见的斑块，大多数情况下，突变的体细胞在生长过程中，往往竞争不过周围的正常细胞，受到抑制或最终消失。在体细胞中如果隐性基因发生显性突变，当代就能表现出来，同原来性状并存，出现镶嵌现象，形成嵌合体。突变发生的越早，镶嵌范围越大。

（三）基因突变的频率

基因突变发生的频率简称突变率，是指在一个世代中或一定时间内，在特定的条件下，一个细胞发生某一基因突变的概率。基因突变在自然界中是普遍存在的，但在自然条件下，

基因突变发生的频率很低，而且随生物的种类和基因不同而差异很大。在高等动植物中突变率为 $10^{-8}\sim10^{-5}$，在果蝇中为 $10^{-5}\sim10^{-4}$，在细菌中为 $10^{-10}\sim10^{-4}$。

（四）基因突变的一般特征

1. 突变的重演性 重演性是指相同的突变在同种生物的不同个体、不同时间、不同地点重复地发生和出现。例如安康羊在英国和挪威的两家农场曾重复出现过。

2. 突变的可逆性 基因突变的可逆性是指显性基因 A 可以突变为隐性基因 a，而隐性基因 a 又可以突变为显性基因 A。前者称为正突变，后者称为反突变。

3. 突变的多向性 基因突变的方向是不定的，可以多方向发生。基因 A 可突变为 a_1、a_2、a_3 等，复等位基因的产生是由基因突变的多向性造成的。由于复等位基因的存在，丰富了生物多样性，扩大了生物的适应范围，为育种工作增加了素材。

4. 突变的有害性和有利性 大多数基因突变，对生物的生长和发育是有害的。现存的生物由于经过长期自然选择进化而来，它们的遗传物质及其控制下的代谢过程，都已达到相对平衡和协调状态。如果某一基因一旦发生突变，原有的协调关系不可避免地要遭到破坏或削弱，生物赖以正常生活的代谢关系就会被打乱，从而引起不同程度的有害结果，一般表现为生育反常，极端的会导致死亡，这种导致个体死亡的突变称为致死突变。有些基因仅仅控制一些次要性状，它们即使发生突变，也不会影响生物的正常生理活动，因而能保持其正常的生活力和繁殖力，为自然选择保留下来，这类突变，一般称为中性突变。还有少数的突变在某一方面是有利的，如牛的无角、美丽多彩的金鱼等。

5. 突变的平行性 突变的平行性是指亲缘关系相近的物种往往发生相似的基因突变，例如牛、马、兔、猴、狐等都发现有白化基因。矮化基因在马、牛、猪等动物中都有发生。根据突变的平行性，可研究物种亲缘关系和进化顺序。另外，当了解到一个物种有哪些突变，就能对近缘的其他物种变异类型进行预测，如果突变是有利的，就可加以诱导。

（五）基因突变发生的分子机制

不管是由物理因素或者化学因素引起的基因突变，其实质是 DNA 分子上碱基序列、成分和结构发生了改变，归纳起来有碱基置换、移码突变和 DNA 链的断裂。

1. 碱基置换 指在 DNA 分子中一种碱基被另一种碱基所替代的现象。例如 A→G，或 G→A，或 C→T，或 T→C。碱基替换过程只改变被替换碱基的那个密码子，也就是说每一次碱基替换只改变一个密码子，不会涉及其他的密码子。碱基置换的遗传效应可分为以下 3 种情况：

（1）同义突变。有时 DNA 的一个碱基对的改变并不会影响它所编码的蛋白质的氨基酸序列，这是因为改变后的密码子和改变前的密码子是简并密码子，它们编码同一种氨基酸，这种基因突变称为同义突变。

（2）错义突变。由于一对或几对碱基对的改变而使决定某一氨基酸的密码子变为决定另一种氨基酸的密码子的基因突变称为错义突变。例如人血红蛋白β链的基因如果将决定第六位氨基酸（谷氨酸）的密码子由 CTT 变为 CAT，就会使它合成出的β链多肽的第六位氨基酸由谷氨酸变为缬氨酸，从而引起镰刀形细胞贫血病。

（3）无义突变。由于一对或几对碱基对的改变而使决定某一氨基酸的密码子变成一个终止密码子的基因突变称为无义突变。其中密码子改变为 UAG 的无义突变又称为琥珀突变，密码子改变成 UAA 的无义突变又称为赭石突变。

2. 移码突变 DNA分子中增加或减少一个或几个碱基对，引起密码编组的移动。移码突变的遗传效应比碱基置换所造成的突变大得多，因为在DNA分子链中缺失或插入一个或几个碱基时，将改变原来的DNA链上的一段或整条链的所有密码子，于是在转录时就改变了mRNA的编码顺序，从而翻译出的氨基酸顺序也发生相应的改变，该突变通常产生无功能的蛋白质。

3. DNA链的断裂 DNA链的断裂往往造成染色体片段和基因的缺失，由于不能产生与生命相关的蛋白质，对生物的影响也是巨大的。

（六）诱发突变在育种中的应用

诱变可以增加基因突变的频率，从而增加选种的原始材料。因此，多年来诱变育种已受到人们的广泛关注，并已用于改良生物品种的生产实践，尤其在微生物和植物方面成就卓越。

在微生物方面，青霉菌经X射线和紫外线以及芥子气和乙烯亚胺等理化因素反复交替的处理和选择后，不断培育出新品种，仅10年时间，青霉素的产量由原来的250IU/mL提高到5 000IU/mL，提高了20倍。目前诸多的抗生素菌种，如青霉菌、红霉菌、白霉菌、土霉菌、金霉菌等都是通过诱变育成的。

在植物方面，诱变育种发展很快，世界各国相继育成许多高产优质新品种。例如菲律宾的水稻和墨西哥的大麦矮秆抗病新品种都是由诱变育种的。我国采用诱变育种，已培育出百种以上的水稻、小麦、高粱、玉米、大豆新品种，取得了显著成效。植物的无性繁殖形式，又为植物的诱变育种提供了另一条途径，通过芽变、组织培育而获得突变性个体。

在动物方面，由于动物机体更趋复杂，细胞分化程度更高，生殖细胞被躯体严密而完善地保护，所以人工诱变比较困难，但也取得了一定的成就。如蝇中各种突变种的产生，以及在家蚕中应用电离辐射，育成ZW易位平衡致死系用于蚕的制种，提供全雄蚕的杂交种，大幅度提高了蚕丝的产量和质量。在哺乳动物的鼠类和毛皮兽中也做了一些试验，如野生水貂只有棕色的皮毛，用诱变使毛色基因发生突变，从而育成经济价值很高的天蓝色、灰褐色和纯白色的水貂等。

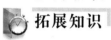 **拓展知识**

一、非等位基因的互作

非等位基因互作的现象广泛存在于动、植物中，大致可以归纳为两大类，一类是不同对基因对某一性状的表现起互补累积效应，另一类是对某一性状的表现起抑制效应，以下分别讨论这些互作类型的遗传表现。

（一）互补作用

互补作用是指两对独立遗传的基因，分别处于纯合显性或杂合状态时，共同决定一种性状的发育，当只有一对是显性或两对基因都是隐性时，则表现为另一种性状。具有互补作用的基因称为互补基因。如鸡的胡桃冠形的遗传就是基因互补的结果（图6-3-3）。

鸡的冠形有胡桃冠、玫瑰冠、豆冠和单冠等多种类型。若将玫瑰冠的纯合体白温多特鸡与豆冠的纯合体科尼什鸡杂交，F_1代都是胡桃冠。若将F_1代相互交配，F_2代出现4种冠形，

胡桃冠　　　　玫瑰冠　　　　豆冠　　　　单冠

图 6-3-3　鸡的冠形

也可粗分为胡桃冠和非胡桃冠 2 种类型，且数量比为 9 : 7。F_1 和 F_2 代出现的胡桃冠不是亲本类型，而是新冠形。假设玫瑰冠的纯合体白温多特鸡的基因型是 $RRpp$，豆冠的纯合体科尼什鸡的基因型是 $rrPP$，则 F_1 代的基因型为 $RrPp$。由于 R 与 P 有互补作用，出现了新性状胡桃冠。F_1 代的公鸡和母鸡都形成 4 种配子，即 RP、Rp、rP 和 rp，根据自由组合规律及基因的互补作用，子二代应该出现 2 种表型，即胡桃冠（$R\_P\_$）和非胡桃冠（$rrP\_$、R_pp、$rrpp$），其数量比为 9 : 7。

（二）累加作用

有些遗传试验中，当 2 种显性基因同时存在时，共同决定一种性状，单独存在时分别表现出 2 种相似的性状，如杜洛克品种猪红毛性状的遗传。该品种猪有红、棕、白 3 种毛色。如果用 2 种不同基因型的棕色杜洛克猪杂交，F_1 产生红色，F_2 有 3 种表型和比例：9/16 红色，6/16 棕色，1/16 白色，如图 6-3-4 所示。可见，2 对基因隐性纯合时为白色毛，只有一个显性基因 A 或 B 存在为棕色毛，A 和 B 同时存在为红色毛。

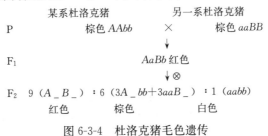

某系杜洛克猪　　　　　另一系杜洛克猪

P　　　　棕色 $AAbb$　　×　　棕色 $aaBB$

↓

F_1　　　　$AaBb$ 红色

↓⊗

F_2　　9（$A\_B\_$）：6（$3A\_bb + 3aaB\_$）：1（$aabb$）

红色　　　　棕色　　　　白色

图 6-3-4　杜洛克猪毛色遗传

（三）上位作用

当影响同一性状的 2 对基因互作时，其中一对基因抑制或遮盖了另一对非等位基因的作用，这种不同对基因间的抑制或遮盖作用称为上位作用，起抑制作用的基因称为上位基因，被抑制的基因称为下位基因。其上位作用的基因是显性时称为显性上位；反之，称为隐性上位。

1. 显性上位　犬的毛色遗传是显性上位基因 I 作用的结果。犬有一对基因 ii 与形成黑色或褐色皮毛有关。当 ii 存在时，具有 $B\_$ 基因的犬，皮毛呈黑色；具有 bb 基因的犬，皮毛呈褐色。显性基因 I 能阻止任何色素的形成，即当 I 基因存在时，犬的皮毛都呈白色。若用纯合体的褐色犬与纯合体的白色犬杂交，F_1 都是白色犬。F_1 代公母褐色犬相互交配，F_2出现白色、黑色、褐色 3 种类型，比例是 12 : 3 : 1（图 6-3-5）。

P　　褐色 $iibb$　　×　　白色 $IIBB$

　　　　　　　　↓

F₁　　　　　　灰色 $IiBb$

　　　　　　　　↓⊗

F₂　　9$I\_B\_$ ：3I_bb ：3$iiB\_$ ：1$iibb$

　　　　白色 12 ：　　黑色 3：褐色 1

图 6-3-5　犬毛色显性上位遗传

2. 隐性上位　一对基因中的隐性基因对另一对基因起阻碍作用时称为隐性上位。如家兔毛色的遗传是隐性上位基因 cc 作用的结果。将能真实遗传的灰色兔与能真实遗传的白色兔杂交，F₁全部是灰兔。F₁代相互交配，F₂出现灰兔：黑兔：白兔的数量比为 9：3：4。为什么会出现 9：3：4 的比例呢？原来是因为有一种隐性上位基因 c，当其纯合时，能抑制非等位基因 G 和 g 的表现，这称为隐性上位。如图 6-3-6 所示，当 C 和 G 共同存在时为灰色；当 C 和 gg 共同存在时为黑色；当隐性基因 cc 存在时，G 和 g 都不起作用，表现为白色，所以 cc 是隐性上位基因。

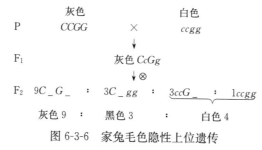

　　　　　　灰色　　　　　　　白色
P　　　　　$CCGG$　　×　　　$ccgg$

F₁　　　　　　灰色 $CcGg$

　　　　　　　　↓⊗

F₂　9$C\_G\_$ ：　3C_gg ：　3$ccG\_$ ：　1$ccgg$

　　灰色 9 ：　黑色 3 ：　　　白色 4

图 6-3-6　家兔毛色隐性上位遗传

（四）重叠作用

有时，2 个显性基因都能分别对同一性状的表现起作用，即只要其中有一个显性基因存在，这个性状就能表现出来。在这种情况下，隐性性状出现的条件必须是 2 对基因双隐性纯和。于是 F₂ 的分离比数不是 9：3：3：1，而是 15：1，这类作用相同的非等位基因称为重叠基因。如猪的阴囊疝遗传。要进行这种缺陷性状的遗传研究是比较困难的，因为这种疝气虽只表现于公猪，但不等于母猪没有这种遗传缺陷的遗传基因，而母猪的基因型只能凭借后裔测验才能推断。若将阴囊疝公猪同正常的纯合体母猪交配，F₁ 外表都正常，F₂ 公猪群分离为 15 正常：1 阴囊疝。假设两个显性基因 D_1 和 D_2 都使性状表现正常，即正常猪的基因型是 $D_1\_D_2\_$，或 $D_1\_d_2d_2$，或 $d_1d_1D_2\_$，阴囊疝基因型为 $d_1d_1d_2d_2$，如图 6-3-7 所示。

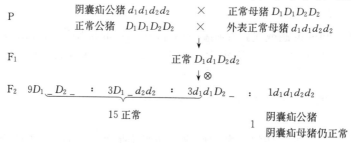

P　　阴囊疝公猪 $d_1d_1d_2d_2$　　×　　正常母猪 $D_1D_1D_2D_2$

　　正常公猪 $D_1D_1D_2D_2$　　×　　外表正常母猪 $d_1d_1d_2d_2$

　　　　　　　　↓

F₁　　　　　　正常 $D_1d_1D_2d_2$

　　　　　　　　↓⊗

F₂　9$D_1\_D_2\_$ ：　3$D_1\_d_2d_2$ ：　3$d_1d_1D_2\_$ ：　1$d_1d_1d_2d_2$

　　　　　15 正常

　　　　　　　　　　　　　　　　阴囊疝公猪
　　　　　　　　　　　　　　1　阴囊疝母猪仍正常

图 6-3-7　猪阴囊疝的遗传

由于阴囊疝是限性性状，只表现于公猪，因此仅 F₂ 的公猪表现 15：1 的比例，对所有

F_2来说则是 31：1。若某性状不是限性性状，则 F_2 表现比例仍是 15：1。

二、多因一效与一因多效

基因互作的实例说明，一个性状的遗传不只受一对基因的控制，而是经常受许多不同基因的影响，出现"多因一效"的结果。例如，小家鼠短尾性状至少受 10 个不同位点的基因控制，猪的毛色受 7 对基因的控制。影响某一性状的基因虽然很多，但有主次之分，所以一般还保留着"某一个基因控制某一性状"的提法，以说明主要基因的作用。相反，一个基因也可以影响到许多的性状。我们把单一基因的多方面表型效应，称为基因的多效性或"一因多效"。基因的多效性是非常普遍的现象，这是因为生物体生长发育中的各种生理生化过程都是相互联系和相互制约的，基因是通过生理生化过程而影响性状的，故基因的作用也必然是相互联系和相互制约的。由此可见，一个基因必然影响若干性状，只不过是各个基因影响各个性状的程度不同罢了。

思考题

1. 用无角黑毛（$PPRR$）安格斯牛与有角红毛（$pprr$）的海福特牛两品种杂交，其后代基因型表现如何？

2. 基因型为 $AaBbCCddEeFF$ 的个体，可能产生配子类型数是多少？

3. 在鹰类中，当亲本条纹绿色鹰与全黄色鹰交配时，子代全绿色和全黄色，其比例为 1：1。当全绿色 F_1 彼此交配时，可产生全绿色、全黄色、条纹绿色、条纹黄色 4 种颜色的小鹰，分离比数为 6：3：2：1。试分析：①该雕羽色亲本基因型；②若 F_2 中条纹绿色鹰彼此交配，写出其子代的表型及比例。

任务四　连锁互换定律的解析与应用

任务描述

在家鸡中有一种白色卷羽鸡，已知鸡羽毛的白色（I）对有色（i）为显性，卷羽（F）对常羽（f）为显性。用纯合体白色卷羽鸡（$IIFF$）与纯合体有色常羽鸡（$iiff$）杂交，F_1 全部为白色卷羽鸡，用 F_1 代母鸡与双隐性亲本公鸡进行测交，产生了 4 种类型的后代，其比例数不是预期的 1：1：1：1，而是亲本型（白色卷羽和有色常羽）大大超过了重组型（白色常羽和有色卷羽），分别占 81.8% 和 18.2%。

任务实施

一、连锁互换定律的遗传解析

1. 杂交试验　如图6-4-1所示。

2. 分析试验结果　从图 6-4-1 可以看出，F_1 形成的 4 种类型的配子数目是不相等的，亲本型（白色卷羽和有色常羽）个体数占 81.8%，重组型（白色常羽和有色卷羽）个体数只占 18.2%。我们知道，在自由组合情况下，亲本型和重组型应该各占 50%，或者说 4 种类型配子各占 25%。差异在哪里？F_1 代所产生的 4 种类型的性细胞的数目为什么不相等？为

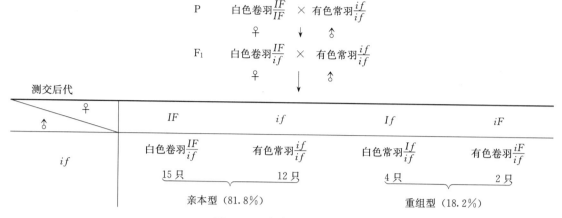

图 6-4-1　家鸡的杂交试验

什么亲本型性细胞数大大超过了重组型性细胞数？

　　染色体是基因的载体，每一条染色体上必定有许多基因存在。存在于同一条染色体上的非等位基因，在形成配子的减数分裂过程中，它们必然随着这条染色体作为一个共同的行动单位而传递，从而表现了另一种遗传现象，即连锁遗传。若染色体间没有发生交换，染色体上的基因随着这条染色体作为一个整体共同传递到子代中去，这就称为完全连锁。若部分非姊妹染色单体之间发生了基因交换，就会产生新组合的配子，而且亲本型配子多于重组型配子，这就是不完全连锁遗传的现象（图 6-4-2）。连锁互换是自由组合定律的补充，完全交换即为自由组合。

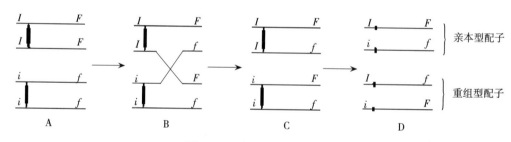

图 6-4-2　基因交换过程示意

A. 四分体，染色体已复制　B. 非姊妹染色单体发生交叉　C. 染色单体片段交换，有些基因与同源的
另一条染色体的基因交换了位置（即 f 和 F 交换）　D. 产生了 4 种基因组合不同的染色单体，
包括 2 条亲本型染色单体、2 条重组型染色单体，经过减数分裂可形成 4 种不同基因组合的新细胞

3. 互换率的测定　遗传学研究中，通常用互换率来表示重组型所占的比例。互换率是指重组型个体数占测交后代总数的百分比，或重组型配子数占总配子数的百分比。

$$互换率 = \frac{重组型配子数}{总配子数} \times 100\% = \frac{重组型个体数}{重组型个体数 + 亲本型个体数} \times 100\%$$

　　在家鸡的测交实验中，互换率＝6/33×100％＝18.2％。但要注意的是，不同连锁基因的互换率是不同的。实际上，多数情况下并不是全部性母细胞都在某两个基因座位之间发生交换，不发生交换的性母细胞所形成的配子都属于亲本组合。当有 20％的性母细胞发生交换时，重新组合配子占总配子数的 10％，即互换率为 10％，刚好是发生交换的性母细胞的百分率的 1/2。由此可以推知，如有 80％的性母细胞在两个基因座位之间发生交换时，互换率为40%。由此可见，在连锁遗传情况下，F_1产生的4种类型配子比数不相等，亲本组合配子多于重新组合配子，原因就在于只有部分性母细胞发生了交换。

试验证明，在一定条件下，连锁基因的互换率是恒定的，低的可以在0.10%以下，高的可以接近50%，这在理论上有重大意义。可以设想，在同一对染色体上，如果两对基因相距越近，交换值则越低；反之，相距越远，交换值越高，即互换率的大小反映了基因之间连锁强度的大小。根据这个原理，可以采用一些方法，确定各种基因在染色体上的位置。

二、连锁互换定律的应用

（1）连锁基因间的交换以及基因间的自由组合，是造成不同基因重新组合从而出现新的性状组合类型的两个重要原因，是自然界里或在人工条件下生物发生变异的重要来源。由基因交换和自由组合所造成的基因重组在生物进化中具有重大意义，因为它提供了生物变异的多样性，有利于生物的发展。另外，基因重组还为我们的选种工作提供了理论依据和原始材料。

（2）根据连锁交换定律，可以进行基因连锁群的测定及基因的定位。这样不仅使染色体理论趋于更加完整，而且对进一步开展遗传试验和育种试验有着指导意义。例如，根据连锁图上已知的交换频率，就可以预测杂交后代中我们所需要的新性状组合类型出现的频率，从而为确定选育群体的大小提供依据。

（3）了解由于基因连锁造成的某些性状间的相关性，就可以根据一个性状来推断另一个性状，特别是当知道了早期性状和后期性状之间的基因连锁关系后，就可以提前选到所需要的类型，大大提高了选择效果。

 拓展知识

基 因 定 位

摩尔根根据大量实验，提出基因在染色体上呈直线排列的设想，并且基因在染色体上的距离同基因间的互换率成正比，因此摩尔根又提出了基因在染色体上的相对距离（即图距）可以用去掉百分号的互换率来表示。如家鸡中白色和卷羽这两个基因在染色体上的相对距离就可以用18.2个遗传单位来表示。

（一）基因定位的概念

基因定位就是把已经发现的某一突变基因用各种不同的方法在该生物体的某一染色体的一定位置上进行标记。这里有两层含义，即基因存在于哪一条染色体上，基因在该染色体上的哪一个位置上。

（二）基因定位的方法

基因在染色体上定位的方法有很多，在这介绍两点测交法和三点测交法。

1. 两点测交法 利用杂交所产生的子一代与双隐性个体进行测交，计算两对基因之间的互换率，从而得出遗传距离，这是基因定位的最基本的方法。但这一方法仅能知道两对基因的相对距离，这两对基因的顺序还无法知道，所以，要知道基因间的顺序，必须让这两对基因与第三对基因分别进行测交，分别计算出这两对基因与第三对基因的互换率。例如，有 *Aa*、*Bb*、*Cc* 3 对基因是连锁的，用3次两点测交法得到 *Aa* 与 *Bb* 的互换率为2.5%，*Aa* 与 *Cc* 的互换率为3.6%，*Bb* 与 *Cc* 的互换率为6.1%，则可知这3对基因的顺序为 *Cc-Aa-Bb* 或 *Bb-Aa-Cc*。

2. 三点测交法 在两点测交法的基础上形成的一种新方法，它只需一次杂交，即可知道3对基因之间的遗传距离和排列顺序。因为大部分突变体都是隐性突变体，其原型都为显性，在三点测交中，3个基因都分别进行了两两交换，这样的交换称为单交换，同时也发生了双交换。在找出双交换类型后，用双交换类型与亲本类型比较，看是哪个基因改变了连锁关系，这个基因即处于中间位置。例如 ABC 与 abc 为亲本类型，Abc 与 aBC 为双交换类型，因为 Aa 改变了连锁关系，所以 Aa 处于中间。

思考题

1. 连锁互换定律的实质是什么？

2. 在果蝇中已知灰身（B）对黑身（b）表现显性，长翅（V）对残翅（v）表现显性。现有一杂交组合，其 F_1 代为灰身长翅，试分析其亲本的基因型。如果用 F_1 的雌蝇与双隐性亲本雄蝇回交，得到以下结果：

灰身长翅	黑身残翅	灰身残翅	黑身长翅
822	652	130	161

（1）上述结果是否属于连锁遗传？有无互换发生？

（2）如属于连锁遗传，互换率是多少？

（3）根据互换率说明有多少性母细胞发生了互换？

任务五　伴性遗传的解析与应用

任务描述

芦花鸡的绒羽黑色，头上有白色斑点，成羽有横斑，是黑白相间的。用芦花母鸡与非芦花公鸡交配，得到的 F_1 代中，公鸡都是芦花，而母鸡都是非芦花。让 F_1 自群繁殖，产生的 F_2 代中，公鸡中 1/2 是芦花，1/2 是非芦花，母鸡也是如此。这个遗传现象如何解释呢？

任务实施

一、伴性遗传的解析

1. 杂交试验 如图6-5-1所示。

2. 分析试验结果 芦花母鸡与非芦花公鸡交配，F_1 代中，公鸡都是芦花，而母鸡都是非芦花。让 F_1 自群繁殖，产生的 F_2 代中，公鸡中 1/2 是芦花，1/2 是非芦花，母鸡也是如此。这说明，性染色体上的基因伴随着性染色体而传递，它们所控制的性状在后代的表现上与性别密切相关。在遗传学上，把性染色体上基因的遗传方式称为伴性遗传（或称性连锁遗传）。芦花鸡的毛色遗传就是伴性遗传。在两性生物体中，不同性别的个体

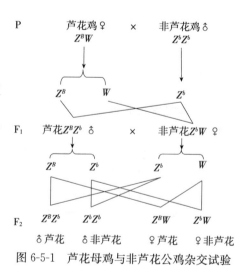

图 6-5-1　芦花母鸡与非芦花公鸡杂交试验

所带有的性染色体是不同的，因此，伴性遗传和常染色体遗传也是不同的。常染色体遗传没有性别上的差别，而伴性遗传则有如下特点：性状分离比数与常染色体基因控制的性状分离比数不同；正反交结果不一样，表现为交叉现象；两性间的分离比数也不同。

人类的色盲遗传方式同芦花鸡的毛色遗传是完全一样的。色盲有许多种类型，最常见的是红绿色盲，其次是蓝绿色盲。经过调查分析得知，控制色盲的基因是隐性基因 b，位于 X 染色体上，Y 染色体上不携带其等位基因。如果母亲正常（$X^B X^B$），父亲是色盲（$X^b Y$），他们所生的子女中，无论男孩（$X^B Y$）或女孩（$X^B X^b$）均正常，但女孩携带有一个色盲基因，像这种色盲父亲的色盲基因（b）随 X 染色体传给他的女儿，不能传给他的儿子，这种现象称为交叉遗传。如果该女儿以后和一个正常男子结婚（$X^B Y$），所生子女中，女孩均正常，但其中 1/2 携带有一个色盲基因；所生男孩中，将有 1/2 是色盲，1/2 是正常。如果母亲是色盲（$X^b X^b$），父亲正常（$X^B Y$），他们所生子女中，男孩必定是色盲（$X^b Y$），女孩正常（$X^B X^b$），但女孩是色盲基因的携带者。这个女孩以后如果和一个色盲男子结婚，他们所生的子女中，无论男孩或女孩中均有 1/2 为色盲，1/2 为正常。这两种色盲遗传的情况如图 6-5-2 所示。

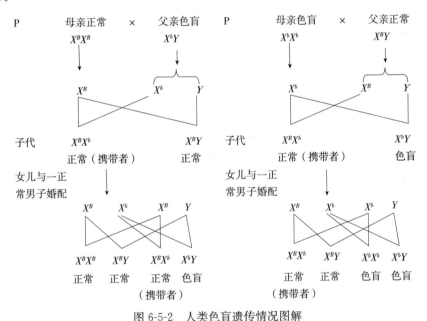

图 6-5-2　人类色盲遗传情况图解

二、伴性遗传在生产上的应用

伴性遗传原理在养鸡业中被广泛应用。鸡的 Z 染色体较大，包含的基因多，已有 17 个基因位点被精确定位于 Z 染色体上，其中在育种中利用这一特点来进行初生雏鸡雌雄鉴别的伴性性状主要有 3 对（如慢羽对快羽、芦花羽对非芦花羽、银色羽对金色羽）。例如，用芦花母鸡和非芦花（洛岛红）公鸡杂交，在 F_1 代雏鸡中，凡是绒羽为芦花羽毛（黑色绒毛，头顶上有不规则的白色斑点）的为公雏，全身黑色绒毛或背部有条斑的为母雏；褐壳蛋鸡商品代目前几乎全都利用金银色羽基因（s/S）来区别雌雄，凡绒羽为银色羽的为公雏，反之为母雏；褐壳蛋鸡父母代也可以利用快慢羽基因（k/K）来区别雌雄，公雏皆慢羽，母雏皆快羽；白壳蛋鸡目前可用于区别雌雄的基因只有快慢羽基因。

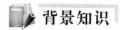 **背景知识**

一、性别决定

性别是动物中最容易区别的性状。在有性生殖的动物群体中，包括人类，雌雄性别之比大多是 1∶1，这是一个典型的一对基因杂合体测交后代的比例，说明性别和其他性状一样，也和染色体及染色体上的基因有关。但生物的性别是一个十分复杂的问题，因此，性别决定也因生物的种类不同而有很大的差异。在多数二倍体真核生物中，决定性别的关键基因位于性染色体上。

（一）性染色体类型

1. XY 型 全部哺乳动物的性染色体属此类型。雌性是一对相同的染色体，用符号 XX 表示，雄性是两条不同的染色体，用符号 XY 表示。

2. ZW 型 全部鸟类动物属于此类型。雌性是一对不同的染色体，用符号 ZW 表示，雄性是一对相同的性染色体，用符号 ZZ 表示。

3. XO 型与 ZO 型 许多昆虫属于这两种类型。在 XO 型中，雌性是 XX；雄性只有一条 X 染色体，用 XO 表示。在 ZO 型中，雌性只有一条 Z 染色体，用 ZO 表示；雄性是 ZZ。

（二）性别决定

生物类型不同，性别决定的方式也往往不同，多数雌雄异体的动物，雌、雄个体的性染色体组成也不同，其性别是由性染色体的差异决定的。如 XY 型染色体中，当减数分裂形成生殖细胞时，雄性产生两种类型精子，即 X 型精子和 Y 型精子，且数目相等；雌性只产生一种含有 X 染色体的卵子。受精后，若卵子与 X 型精子结合成 XX 合子，则将来发育成雌性；若卵子与 Y 型精子结合成 XY 合子，则将来发育成雄性。ZW 型则与 XY 型相反。

（三）性别的分化

性别分化是指受精卵在性别决定的基础上，进行雄性或雌性性状分化和发育的过程。但是性别的分化和发育都要受到机体内外环境条件的影响，当环境条件符合正常性别分化的要求时，就会按照遗传基础所规定的方向分化为正常的雄体和雌体；如果不符合正常性别分化的要求时，性别分化就会受到影响，从而偏离遗传基础所规定的性别分化的方向。机体内外环境条件影响性分化的例证很多，这里仅举几个实例来说明。

1. 外界条件对性别分化的影响 蜜蜂分为蜂王、工蜂和雄蜂 3 种。蜜蜂没有性染色体，它的性别决定于常染色体。雌蜂都是受精卵发育成的，它们的染色体组是相同的，是二倍体 （$2n=32$）。雄蜂是未受精（孤雌生殖）的卵发育成的，是单倍体 （$n=16$）。受精卵可以发育成有生育能力的蜂王，也可以发育成没有生育能力的工蜂，这取决于营养条件对它们的影响。在雌蜂中，如果幼虫能吃到 5d 的蜂王浆则发育成蜂王，如果幼虫仅能吃到 2～3d 的蜂王浆只能发育成工蜂。

有些低级的动物，其性别决定于个体发育关键时刻的环境温度或所处的时期。如果把蝌蚪放于 20℃ 以下的环境中，则 XX 型蝌蚪发育成雌蛙，XY 型蝌蚪发育成雄蛙；置于 30℃ 以上的环境中，则 XX 型和 XY 型蝌蚪均发育成雄蛙，但它们性染色体的组成并不改变。鳝的性别决定于其年龄，刚出生的鳝全为雌性，产过一次卵的鳝则全转变成雄性。

2. 激素对性别分化的影响　"自由马丁"牛是很像雄性的雌牛。当母牛怀异性双胎时，由于胎盘绒毛膜的血管沟通，雄性睾丸发育得早，产生的雄激素通过绒毛膜血管流向雌性胎儿，从而影响了雌性胎儿的性腺分化，使性别趋向间性，失去了生育能力。后来还发现，胎儿的细胞也可通过绒毛膜血管流向对方，因此，在孪生雄犊中有 XX 组成的雌性细胞，在孪生雌犊中有 XY 组成的雄性细胞。由于 Y 染色体在哺乳动物中具有强烈的雄性化作用，所以 XY 组成的雄性细胞可能会干扰孪生雌犊的性别分化，这称为性转变。在鸡中也曾发生过母鸡啼鸣的现象，这是因为母鸡卵巢受结核杆菌侵袭，或发生囊肿而退化，诱发留有痕迹的精巢发育并且分泌出雄性激素，从而表现出公鸡的啼鸣。

二、限性遗传

只在某一性别中表现的性状称为限性性状，控制此类性状的基因多数位于常染色体上，也有少部分位于性染色体上。限性遗传的性状多与性激素的存在与否有关。例如，哺乳动物的雌性有发达的乳房，公孔雀有美丽的尾羽，母鸡产蛋，男人长胡须，公畜阴囊疝等。限性性状有单基因控制的单位性状，如单睾、隐睾；也有多基因控制的数量性状或多性状复合体，如泌乳量、产仔数、产蛋性状等。

三、从性遗传

由从性基因所控制的性状称为从性性状（又称影响性状）。从性性状是指那些在雌性为显性，在雄性为隐性；或在雄性为显性，在雌性为隐性的性状。例如，陶赛特公母羊都有角，其基因型为 HH，雪洛夫羊公母羊都无角，其基因型为 hh，这两种羊杂交，基因型为 Hh，则公羊有角，而母羊无角，这表明 H 在公羊为显性，而 h 在母羊为显性。

人的秃顶遗传也是由从性基因所控制的。基因型 BB 在男性、女性都表现为秃顶，而 bb 在男性、女性都表现正常，但杂合子 Bb 在男性表现为秃顶，在女性则表现为正常。即性别不同，Bb 的表型也不同，B 基因在男性表现为显性，而在女性则表现为隐性。

思考题

1. 一男子为色盲，其女儿为正常，该女子嫁给正常男子后，她的儿子患色盲的概率是多少？他的女儿携带色盲基因的概率是多少？如果该女子的丈夫也是色盲，他的女儿全为色盲的概率为多少？

2. 一对正常双亲有 4 个儿子，其中 2 人为血友病患者。以后，这对夫妇离婚并各自与一表型正常的人结婚。母方再婚后生 6 个孩子，2 个儿子中有 1 人患血友病，4 个女儿表型正常。父方再婚后生了 8 个孩子，4 男 4 女都正常。问：

(1) 控制血友病的基因是显性基因还是隐性基因？

(2) 血友病是性连锁遗传还是常染色体基因遗传？

(3) 这对双亲的基因型如何？

项目七

畜禽的育种技术

项目导学

畜禽育种技术是畜牧业生产的核心技术，能为畜牧业提供优良畜禽种质资源，在现代畜牧业中占有重要的地位。种质资源的优劣，直接影响养殖业的经济效益，有了良种，再配以"良舍、良料、良法、良医"，才可获得量多质优的畜禽产品，才能获得好的效益。通过选种、选配、本品种选育、品系繁育、杂交及品种资源保护等措施，提高畜禽质量，为畜牧业生产奠定坚实的物质基础。

学习目标

1. 知识目标

- 了解畜禽的生长发育规律，掌握不同生产用途畜禽的体质外形特点及鉴定方法。
- 掌握性能测定、系谱测定、同胞测定和后裔测定的方法。
- 熟悉畜禽性状选择的原理及影响因素。
- 熟悉种畜禽的选种方法。
- 了解选配的种类及作用。
- 理解近交的遗传效应，掌握近交程度的分析方法。
- 了解本品种选育的方法。
- 了解品种的起源，掌握品种的概念、特性及分类。
- 掌握地方优良畜禽品种资源保护的原理与方法。
- 掌握引种的注意事项。
- 掌握引入杂交和改良杂交的原理及方法。
- 掌握杂种优势的利用方法。

2. 能力目标

- 能根据畜禽的外形特点鉴定其生产用途或种用价值。
- 学会系谱的编制及鉴定。
- 会准确选择种畜禽。
- 能制定选配计划。
- 会估算个体及畜禽的近交程度。
- 会识别生产中的常用品种，了解其主要性能特点。
- 学会制订引种及保种方案。
- 能根据当地现有的畜禽品种资源，制订科学合理的杂交改良方案。
- 会估算杂种优势。

● 能根据当地畜种选择适宜的杂交方式。

任务一　种畜（禽）鉴定技术

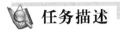

任务描述

近年来，我国种畜禽产业蓬勃发展，法律法规不断完善，政策支持力度不断加大，良种繁育体系进一步完善，良种供种能力显著增强，为现代畜牧业发展奠定了坚实的基础。但也存在一系列问题，如种畜禽生产经营秩序不规范、假劣种畜禽坑农害农事件时有发生。因此，按照各畜禽品种标准，依法开展种畜禽鉴定工作，对于规范和净化种畜禽市场、淘汰不合格种用畜禽、提高畜禽产品质量、全面提升畜牧业整体水平意义重大。

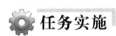

任务实施

一、体尺测量

（一）准备工作

1. 器具的准备　卷尺、测杖。

2. 场地的准备　场地应平坦、宽敞、明亮、安静，并配有栓系装备或保定栏（架）。

（二）测定方法

1. 体高　鬐甲最高点至地面的垂直距离，用测杖量取。

2. 体长　猪的体长是指两耳连线的中点至尾根的距离，卷尺应紧贴体表。牛的体长分体斜长和体直长，均用测杖量取。体斜长是指肩端前缘至坐骨结节后缘的距离；体直长是指肩端前缘向下引垂线与坐骨结节后缘向下所引垂线之间的水平距离。

3. 胸围　肩胛骨后缘处体躯垂直周径，用卷尺量取。

4. 胸深　肩胛软骨后缘处从鬐甲上端到胸骨下缘的垂直距离，用测杖量取。

5. 胸宽　在两侧肩胛软骨后缘处量取最宽处的水平距离，用测杖量取。

6. 管围　前肢掌骨上 1/3 处的水平周径（最细处），用卷尺量取。

7. 腿臀围　自左侧膝关节前缘，经肛门，绕至右侧膝关节前缘的距离，用卷尺量取。多用于肉用家畜。

（三）注意事项

（1）随时注意测量器械的校正和正确使用。

（2）将量具轻轻对准测量点，并注意器具的松紧程度，使其紧贴体表，不能悬空量取。

（3）所测家畜站立的地面要平坦，站立的姿势也要保持正常。

二、外貌鉴定

（一）肉眼鉴定

鉴定时，按照先概观后细察、先整体后局部、先静后动的步骤及程序，从正面、侧面和后面进行一般的观察，了解其体型是否与生产方向相符、体质是否健康结实、结构是否协调匀称、品种特征是否典型、生长发育和营养状况是否正常、有何优点和缺点。获得轮廓认识，再详细审查各重要部位。最后综合分析，定出优劣和等级。

肉眼鉴定的优点是不受时间、地点等条件的限制，不用特殊的器械，简便易行。鉴定时，畜禽也不至于过分紧张，可以观察全貌。其缺点是鉴定人员要有丰富的实践经验，并对所鉴定畜禽的品种类型、外形特征要有深入的了解，另外鉴定中常带有主观性。

（二）评分鉴定

依据各种畜禽的外貌鉴定评分表，鉴定人将每一部位对照评分表上的标准逐项评分。评分一般为百分制，对各部位规定出最高分的标准，然后对每个部位逐一评定，分别给予评分，最后将每个部位的得分加在一起求出总分，即为该个体的外貌鉴定总得分并定出等级。

（三）注意事项

（1）进入牧场和畜禽舍前要注意消毒，并保持安静。

（2）接触畜禽时，应从其左前方缓慢接近，并注意有无恶癖，确保人身安全。

（3）对所鉴定畜禽的品种类型、外形特征要有正确的掌握，在全面观察的基础上进行局部观察，把局部与整体结合起来，要注意膘情、妊娠及年龄等对外貌的影响。

（4）凡有窄胸、扁肋、凹背、尖尻、不正肢势、卧系及隐睾、单睾、瞎乳头等严重缺陷的畜禽，都不能留种。

📁 背景知识

根据畜禽的生长发育、体质外貌和生产力等资料来评定畜禽的品质称为鉴定。鉴定是选种的基础，通过鉴定，可从群体中选出一定数量的种畜禽，从而满足育种需要。

一、畜禽的生长与发育

（一）生长发育的概念及鉴定意义

生长和发育是两个不同的概念。生长是指畜禽达到体成熟前体重的增加，是以细胞分裂增殖为基础的量变过程；而发育是指畜禽达到体成熟前体态结构的改变和各种机能的完善，是以细胞分化为基础的质变过程。两者互相联系，互相促进，互为因果，不可分割。生长是发育的基础，而发育促进生长，并决定生长的发展方向。生长发育的过程就是一个由量变到质变的过程，畜禽的特征特性就是在个体生长发育过程中逐渐形成和完善起来的。生长发育与生产力和体质外形密切相关，进行生长发育测定也较容易和客观，所以生长发育鉴定是畜禽选种的重要依据之一。

（二）生长发育的测定方法

一般用定期称重和测量体尺来衡量。称重是用各种称量用具称量畜禽的体重，一般初生、断奶、初配前后各称量一次，初配至成年每半年一次。体尺测量，是用测杖和卷尺测量畜禽的体高、体长、胸围等。

（三）生长发育的分析方法

1. 累积生长　指畜禽在某一时期生长的最终重量或大小。所测得的体重或体尺，都代表该畜禽被测定以前生长发育的累积结果，用图解方法表示累积生长曲线呈 S 形。

2. 绝对生长　指在一定时间内体重或体尺的增长量，用以说明畜禽在某个时期生长发育的绝对速度。绝对生长在生产上使用较普遍，是用以检查种群的营养水平、评定畜禽优劣和制定各项生产指标的依据。通常用以下公式表示：

$$G = \frac{\omega_1 - \omega_0}{t_1 - t_0}$$

式中，ω_0 为始重（即前一次测定的重量或体尺）；ω_1 为末重（即后一次测定的重量或体尺）；t_0 为前一次测定的月龄或日龄；t_1 为后一次测定的月龄或日龄。

3. 相对生长 指畜禽在一定时间内的增重占始重的百分率，表明畜禽的生长强度。相对生长用 R 代表，计算公式如下：

$$R = \frac{\omega_1 - \omega_0}{\omega_0} \times 100\% \text{ 或 } R = \frac{\omega_1 - \omega_0}{\frac{\omega_1 + \omega_0}{2}} \times 100\%$$

现将累积生长、绝对生长、相对生长绘制成典型的曲线对比图（图 7-1-1）。

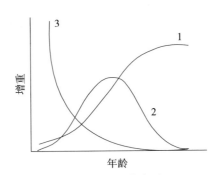

图 7-1-1　生长曲线对比

1. 累积生长曲线　2. 绝对生长曲线　3. 相对生长曲线

（李婉涛 . 2007. 动物遗传育种）

二、畜禽的外形

外形指畜禽的外表形态，在一定程度上反映其生产性能和健康状况。通过外形观察，可以鉴别不同品种或个体间体型的差异，判断畜禽的主要用途，正确判断畜禽的健康和对生活条件的适应性，还可以鉴别畜禽的年龄。这一点在生产实践中很重要，因为直接研究畜禽的内部机能有一定困难，而研究形态却很方便。不同用途畜禽的外形特点如下：

1. 肉用型 呈圆桶形，头短，颈粗，背宽平，后躯丰满，四肢短，肢间距宽，载肉量大。

2. 乳用型 前躯发育差，体形呈三角形。头清秀而长，颈长而薄，胸窄长而深，中躯发育好，后躯发达，乳房大而呈四方形，乳静脉粗而弯曲，四肢长且肢间距较窄，全身清瘦，棱角突出，毛细皮薄而有弹性。

3. 毛用型 体形较窄，四肢较长，皮肤发达。全身被毛长而密，头部绒毛着生至两眼连线，前肢至腕关节，后肢至飞节。公绵羊颈部有 1～3 个皱褶。

4. 蛋用型 体型小而紧凑，毛紧，腿细，头颈宽长适中，胸宽深而圆，腹部发达。

三、畜禽的体质

体质就是人们通常说的身体素质，是机体机能和结构协调性的表现。体质是畜禽作为统一整体所形成的外部的、生理的、结构的、机能的全部综合体现。

外形和体质是紧密联系、不可分割而又有所区别的两个概念。外形是体质的外在表现，

它偏重于"样子";而体质则偏重于机能。两者都与生产力和健康状况相关。体质分类方法很多,通常将畜禽体质分为5种类型:

1. 结实型 身体各部位协调匀称,皮、肉、骨骼和内脏的发育适度。骨坚而不粗,皮紧而有弹性,肌肉发达而不肥胖。外表健壮结实,抗病力强,生产性能良好。结实型是一种理想的体质类型,种畜禽应具有这种体质。

2. 细致紧凑型 骨骼细致而结实,头清秀,角蹄致密有光泽,肌肉结实有力,反应灵活,动作敏捷。乘用马、乳牛、细毛羊、蛋用鸡多属此种体质。

3. 细致疏松型 结缔组织和脂肪组织发达,全身丰满,肌肉松软,骨细皮薄,四肢比例小,早熟易肥,反应迟钝。肉用畜禽多属此种体质。

4. 粗糙紧凑型 骨粗结实,头粗重,四肢粗大,强壮有力,皮肤粗厚,皮下脂肪不多,适应性和抗病力较强,神经敏感程度中等。役畜、粗毛羊多属此种体质。

5. 粗糙疏松型 骨骼粗大,结构疏松,肌肉松软无力,易疲劳,皮厚毛粗,反应迟钝,繁殖力和适应性均差。这是最不理想的一种体质。

四、畜禽的生产力

生产力是指畜禽给人类提供产品的能力。在育种实践中,生产力是重点选择的性状,是表示畜禽个体品质最现实的指标。生产力的评定,对指导育种工作和组织生产具有重要意义。

(一)生产力的种类

1. 产肉力 肉用畜禽主要有猪、牛、羊、鸡等,其评定指标主要有活重、经济早熟性、日增重、饲料利用率、屠宰率、瘦肉率、膘厚、眼肌面积、肉的品质等。

2. 产奶力 产乳动物有奶牛和奶山羊等,其评定指标主要有产乳量、乳脂率、乳蛋白率等。

3. 产蛋力 产蛋动物有鸡、鸭、鹅等,其评定指标主要有产蛋量、蛋重和蛋的品质。

4. 产毛皮力 产毛皮的动物有绵羊、山羊、兔和骆驼等,其评定指标主要有剪毛量、净毛率、毛的品质(长度、密度、细度)、抓绒量、裘皮和羔皮品质等。

5. 役用能力 役用动物有马、牛、驴、骡、骆驼等,其评定指标主要有挽力、速度和持久力。

6. 繁殖力 是指单位时间内畜禽繁殖后代数量的能力,评定的主要指标有受胎率、繁殖率、成活率等。

(二)评定畜禽生产力应注意的问题

1. 全面性 在评定生产力时,应兼顾产品的数量、质量和生产效率。肉、蛋、奶等畜禽产品应把数量放在第一位考虑。在产品数量相近的情况下选择质量好的留种,在产品质量相似的情况下则选择产量高的留种。

2. 一致性 在评定生产力时,应在相同的条件下评比。生产力受各种内外因素的影响和制约,要保证评定的准确性和合理性,就必须使畜禽所处的环境和饲养管理条件保持一致,而且性别、年龄、胎次也应尽可能达到一致。只有这样,才能正确评定其优劣。在生产实践中,应利用相应的校正系数,将实际生产力校正到相同标准条件下的生产力,以利评比。

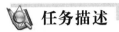

思考题

1. 常用研究畜禽生长发育的方法有哪些?
2. 畜禽体质的类型及特点是什么?
3. 不同生产用途的畜禽外形有什么特点?
4. 简述应如何进行畜禽的鉴定工作?

任务二　选种技术

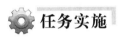

任务描述

俗话说:"母畜管一窝,公畜管一坡"。利用人工授精技术,一头优秀的种公牛一年可配几千头甚至上万头母牛,所以种公牛的选择极为重要。种公牛应体型高大、体质健壮、性欲旺盛、两睾丸大而对称,此外,还应注意它的祖先和后代的表现,尤其是后裔测定的成绩。通过测定公牛后代在不同地区、不同牛场的产奶性能或产肉性能来判断种公牛的遗传效应,理论和实践均证明后裔测定是选择优秀种公牛最可靠的方法。

子任务一　种畜(禽)的测定

任务实施

一、性能测定

性能测定又称成绩测验,是根据个体本身成绩的优劣决定选留与淘汰。性能测定适用于遗传力高、能够在活体上直接度量的性状,如肉用动物的日增重、饲料利用率。有些性状在选种时,公、母畜(禽)应有所不同。如乳用性状和毛用性状,母畜宜用性能测定,公畜则宜用后裔测定;而对于产蛋性状,母鸡宜用性能测定,公鸡宜用同胞测定。

(一)测定形式

1. 生产现场测定　生产现场测定就是在畜禽所在的农场进行测定,测定结果只供本场选种时应用,测定结果不可靠。目前我国的畜禽育种基本上都是采用本场测定的形式,对于群体规模较大的鸡场、羊场,选种效果较好;但对于小群体的育种场(如猪场),选种效果较差。对于奶牛场来说,虽然每个牛场的饲养头数不很多而且世代间隔长,但由于建立了公牛站,提高了公牛选择的准确性,因此仍然取得了较好的遗传进展。

2. 测定站测定　把要测定的畜禽集中到同一地点,在同样的环境条件下记录生产性能,对其性能做出客观公正的评价,便于进行个体间比较。奶牛等大家畜集中有困难,一般不做测定站测定。

(二)测定方法

1. 奶牛生产性能测定(DHI)　奶牛生产性能测定,又称为奶牛群遗传改良,是世界上最为科学、最为有效的奶牛生产管理工具。具体操作步骤:

(1)采样。用特制的加有防腐剂的采样瓶对参加 DHI 的每头产奶牛每月取样一次。所取奶样总量约为 40mL。每天 3 次挤奶者,早、中、晚的比例为 4:3:3;每天两次挤奶者,早、晚的比例为 6：4。

（2）收集资料。新加入 DHI 系统的奶牛场，应填写相关信息（如产犊日期、干奶日期、淘汰日期、年龄、胎次等）交给测试中心，已进入 DHI 系统的牛场每月只需把繁殖报表、产奶量报表交付测试中心。

（3）奶样分析。用红外线分析仪测定奶成分，如乳蛋白率、乳脂率、乳糖率、乳干物质含量等；用体细胞计数仪测定体细胞含量。

（4）数据处理及形成报告。利用计算机软件分析，结合奶牛的基本数据信息，建立牛群生产性能比较报告、体细胞总结报告、泌乳曲线报告、DHI 数据分析报告，并将表格型的 DHI 数据分析报告进一步通过计算机转化为智能型报告和管理建议书。

（5）指导生产改良牛群。将 DHI 报告及时反馈给奶牛场，指导奶牛场及时解决饲养管理过程中存在的实际问题，为改进工作提供客观、准确、科学的依据。

在进行奶牛的 DHI 性能测定时，需注意以下几点：①奶样采集的时间应以母牛产犊后 $25\sim40d$ 为宜，每头测试奶牛的编号要保持唯一性，且牛号与样品号要相对应；②测定产奶量时，若是机械挤奶，通过流量计测定，应注意正确安装流量计，正确记录牛号与产奶量；若为手工挤奶，则用秤称量。所有测量工具都应定期校正。

2. 种猪的性能测定

（1）受测猪的选择。

①受测猪个体编号清楚，品种特征明显，并附 3 代以上系谱记录。

②受测猪必须健康、生长发育正常、无外形损征和遗传疾患。受测前应由兽医进行检验、免疫注射、驱虫和部分公猪的去势。

③受测猪应来源于主要家系（品系），从每头公猪与配的母猪中随机抽取 3 窝，每窝选 1 头公猪、1 头阉公猪和 2 头母猪进行生长肥育测定，其中 1 头阉公猪和 1 头母猪于体重 90kg 时进行屠宰测定。

④受测猪应选择 $60\sim70$ 日龄和体重 25kg 的中等个体。

（2）测定内容。

①繁殖性能。对分娩的母猪进行数据登记，包括初产日龄、产仔数、成活率、初生重、泌乳力、断乳窝重、育成仔猪数、哺育率、产仔间隔等。

②肥育性能。育肥始重、育肥终重、育肥期平均日增重、饲料转换率、达 90kg 体重日龄、90kg 体重活体背膘厚。

③胴体品质。利用超声波等器械对种猪本身在 180 日龄时进行膘厚、眼肌面积等指标的活体测定。进行后裔（或全同胞、半同胞）肥育测定时，主要包括宰前重、胴体重、屠宰率等。

④生长发育。断奶、6 月龄、12 月龄分别测定体重和体尺。

二、系谱测定

（一）系谱资料整理

根据种畜禽档案，整理出其各代祖先生产成绩、外貌鉴定等级、有无遗传缺陷等各类原始资料。

（二）系谱编制

1. 横式系谱 种畜禽的名字记载系谱的左边，历代祖先依次向右记载，父在上，母在下，越向右祖先代数越高（图 7-2-1）。

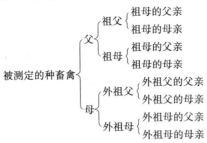

图 7-2-1 横式系谱

2. 竖式系谱 种畜（禽）的名或号写在上面，下面依次是亲代（Ⅰ）、祖代（Ⅱ）和曾祖代（Ⅲ）。每一代祖先中的公畜（禽）记在右侧，母畜（禽）记在左侧。竖式系谱的格式如表 7-2-1 所示。

表 7-2-1 竖式系谱

种畜禽的编号或名字							
Ⅰ	母				父		
Ⅱ	外祖母		外祖父		祖母		祖父
Ⅲ	外祖母的母亲	外祖母的父亲	外祖父的母亲	外祖父的父亲	祖母的母亲	祖母的父亲	祖父的母亲	祖父的父亲

在实际编制过程中，祖先一般都用名、号来代表，各祖先的位置上可记载生产性能和体尺测量结果等。体尺资料记载方法按体高—体长—胸围—管围的顺序填写；产奶性能按年份—胎次—产奶量—乳脂率的顺序填写。例如，奶牛产奶量：2006-Ⅰ-6879-3.6，表示该母牛在 2006 年第一个泌乳期产奶量为 6 879 kg、乳脂率为 3.6%。同样，对体尺指标：136-151-182-19，表示该牛的体高 136 cm、体长 151 cm、胸围 182 cm、管围 19 cm。如果某个祖先无从查考，应在规定的位置上划线注销，不留空白。

（三）系谱鉴定

系谱鉴定是畜禽鉴定方法之一，是指将 2 头以上的被鉴定畜禽放在一起比较，通过分析各代祖先的生产性能、发育情况及其他资料，来推断其后代品质的优劣，选择祖先较优秀的个体留作种用。比较时应把握以下原则：

（1）两系谱要进行同代祖先比较，即亲代与亲代、祖代与祖代、父系与母系祖先分别比较。

（2）重视近代祖先的品质，亲代影响大于祖代，祖代大于曾祖代。

（3）若系谱中祖先成绩一代比一代好，应给予较高评价。

（4）在比较时以生产性能（同年龄、同胎次）为主，同时也应注意有无近交和遗传缺陷等。

（5）如果种公畜（禽）有后裔鉴定材料，则比其本身的生产性能材料更为重要，尤其对奶用公牛和蛋用公鸡来说，意义更大。

下面以北京市种公牛站的东 30285 和 0147 两头公牛系谱为例（图 7-2-2、图 7-2-3），说明鉴定方法。

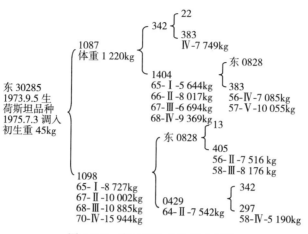

图 7-2-2　东 30285 公牛横式系谱

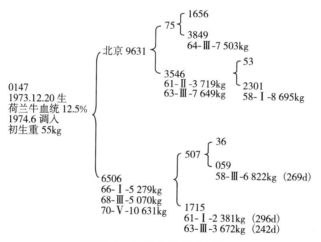

图 7-2-3　0147 公牛横式系谱

这两头牛都是 1973 年生。从母方比较，东 30285 的母亲比 0147 的母亲第一、二胎产奶量分别高 3 448kg 和 5 815kg，1098 号第四胎比 6506 号第五胎高 5 313kg。东 30285 的外祖母比 0147 号的外祖母各胎产奶量也高得多。外祖父的母亲同是第三胎产奶量，405 比 059 号高 1354kg。东 30285 的母方，不但产奶量高，而且各代呈上升趋势。从父方比较，东 30285 的祖母比 0147 的祖母二胎产奶量高 4 298kg，但第三胎的产量 0147 的祖母高。东 30285 的祖母的母亲产量不如 0147 的祖母的母亲产奶量高。东 30285 祖父的母亲产奶量略高于 0147 祖父的母亲。两系谱中都缺少各代公畜的鉴定资料，母畜缺少乳脂率测定资料。仅就现有资料来看，东 30285 号比 0147 号好。

（四）注意事项

（1）系谱是一种系统地记载个体及其祖先情况的资料，通常只记载 3～5 代祖先的资料。

（2）系谱测定一般用于种畜禽幼年时期和青年期本身无产量记录的情况下，是早期选种必不可少的手段，也可用于种畜禽限性性状的选择。

（3）单独使用系谱测定，选种准确性比较低，应结合其他方法综合使用。

三、同胞测定

同胞测定就是根据一个个体的同胞成绩，对该个体做出种用价值的评定。随着超数排卵和胚胎移植技术（MOET）在育种中的应用，使人们可在短期内获得较多的全同胞和半同胞后代，并可根据同胞的生产性能来评定公畜，以代替传统的后裔测定方法，从而使世代间隔缩短，遗传进展大大加快。

（一）准备工作

全同胞、半同胞各种生产性能资料的整理、归类、统计、分析。

（二）测定方法

1. 全同胞测定　利用全同胞（同父同母）的平均表型值作为被评定种畜禽的选种依据，多用于禽类和猪等多胎家畜。例如，公猪的育肥和胴体性状，一般在断奶时，每窝选出4头（2公／2母）同圈饲养到一定体重时屠宰，测定其育肥性能和胴体品质，这同窝4头猪的平均成绩作为被测个体的同胞测定依据。

2. 半同胞测定　利用半同胞（同父异母或同母异父）的平均表型值，作为被评定种畜禽的选种依据。公牛产奶性能测定，可以用同父异母的半同胞母牛的平均产奶量来代表该公牛的产奶性能。

3. 混合家系测定　利用全同胞和半同胞混合群的表型平均值作为评定的选种依据。在多胎家畜和禽类选择中应用十分广泛。如鸡的家系选择，有甲、乙两个家系，家系成员包括全同胞、半同胞，每个家系各选择一定数量的全同胞—半同胞进行测定，如果甲家系的测定平均成绩超过乙家系，则选择甲家系的鸡留种。

（三）注意事项

（1）主要应用于限性性状（如公鸡的产蛋量、公牛的产奶量等因性别无法表达的性状）和胴体性状（如瘦肉率、胴体品质等活体难以度量或不能度量的性状）。

（2）同胞测定可以缩短时代间隔，常用作青年公畜（禽）的早期选种。

四、后裔测定

后裔测定是根据后裔各方面的表现情况来评定种畜禽好坏的一种鉴定方法。它是评定种畜最可靠的方法。

（一）准备工作

自身及子代各种生产性能资料的整理、归类、统计、分析。

（二）测定方法

1. 母女对比法　通过女儿成绩和母亲成绩的比较来判断种公畜（禽）的优劣。若女儿成绩超过母亲成绩，则该公畜（禽）被认为是"改良者"；若女儿和母亲成绩相似，则该公畜（禽）是"中庸者"；若女儿成绩低于母亲成绩，则该公畜（禽）是"恶化者"。此法简便易行，但母女年代不同，生活条件难以取得一致。在生产实践中，实际并不存在绝对的"改良者"或"恶化者"。例如，1头种公牛，当它与平均产乳量为5 000kg的母牛群交配时，其所生女儿的产乳量普遍高于母亲，说明它是"改良者"，但当它与年产乳量为8 000kg的母牛群交配时，就未必仍是"改良者"。

2. 公牛指数法　主要用于奶牛生产中，是按照公牛和母牛对女儿产奶量具有同等影响的原理制定的。用公式 $D=(F+M)/2$，转换为公牛指数公式：$F=2D-M$。

式中，F 为父亲的产乳量（公牛指数）；D 为女儿的平均产乳量；M 为母亲的平均产乳量。

利用该公式计算出各头公牛的产奶指数，然后相互比较，评定优劣。用公牛指数测定公牛，其缺点与母女对比法基本相同，优点在于公牛的质量有了具体的数量指标，各公牛间可以相互比较。在饲养管理基本稳定的牛群，这种后裔测定的方法是一种既简单易行又比较准确的方法。

3. 同期同龄女儿比较法　该法广泛用于奶牛业中，被测公牛的女儿与其同期（在同一季节内）产犊的其他公牛的女儿进行比较。例如，被测小公牛达 12～14 月龄时开始采精，将其精液在短期内（一个季度）分散到各奶牛场随机配种 200 头母牛。待产生的女儿与同场同期的其他公牛的女儿第一胎平均产奶量进行比较。

4. 不同后代间比较　被鉴定的数头母畜（禽）与同一头种公畜（禽）在同一时期内交配，产下后代，这些后代在相同的条件下饲养，根据后代的性能来判定种母畜（禽）的优劣。这种方法也可用于测定数头种公畜（禽）。将条件类似的母畜（禽）分成与公畜（禽）个体数目相等的小组，被测公畜在同一时期分别与某一个小组的若干母畜（禽）配种，所有后代在相同条件下饲养，然后比较后代成绩判定种公畜（禽）的优劣。

（三）注意事项

（1）后裔测定比较几头公畜（禽）时，受配母畜（禽）的条件要一致，以减少由母畜（禽）引起的差异。

（2）被测后代的年龄、饲养管理条件应尽量一致，以减少由环境条件引起的差异。

（3）后裔数目越多，鉴定结果越准确可靠。大家畜至少需要 20 头，多胎家畜可适当多一些。

（4）后裔测定除突出某一项主要成绩外，还应全面分析其体质外形、生长发育、适应性及有无遗传缺陷等。

（5）在资料整理中，无论后代表现优劣，都要统计在内，严禁只选择优良后代进行统计。

子任务二　单性状的选择

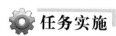

任务实施

单性状选择是指在育种工作中，只选择一个性状的改良作为育种目标，如猪的产仔数、乳牛的产乳量、绵羊的剪毛量等。根据表 7-2-2 资料，采用不同方法选择 4 头猪留作种用。

表 7-2-2　4 窝仔猪 180 日龄体重资料（kg）

家系（窝）	个体 180 日龄体重				家系均值
1	A 80.0	B 86.0	C 93.5	D 106.5	91.5
2	E 79.0	F 99.5	G 105.0	H 114.5	99.5
3	I 56.5	J 60.0	K 65.0	L 118.5	75.0
4	M 87.0	N 90.0	O 95.5	P 103.5	94.0

一、个体选择

个体选择是根据个体表型值高低进行的选择，该法简单易行，适用于遗传力高的性状。

在同样的选择强度下，遗传力高的性状，标准差大的群体，个体选择的效果好。

二、家系选择

家系选择是根据家系均值的高低予以留种或淘汰，一般不考虑个体本身成绩。适合应用家系选择的条件是：①性状遗传力低；②大的家系；③共同环境造成的家系间差异小。例如，鸡的产蛋性能常用家系选择。

三、家系内选择

家系内选择是从每个家系中选留表型值高的个体。适合应用家系内选择的条件是：①性状遗传力低；②家系内高的表型相关；③共同环境造成家系间的差异大。例如，仔猪断奶重性状常用家系内选择。

四、合并选择

合并选择就是结合个体表型值与家系均值进行选择，从理论上讲，合并选择利用了个体和家系两方面的信息，因而其准确性要超过上述 3 种选择方法。合并选择一般适用于多胎动物。合并选择是复合育种值的一种形式，它综合考虑了个体表型值与家系内偏差，根据家系成员间的遗传相关和表型相关，对两者进行适当的加权处理，综合成合并选择指数，然后根据指数的大小选择个体。

合并选择是把同一性状各种亲属的资料合并成一个指数进行的选择。合并选择一般适用于多胎动物。这种选择既考虑种畜禽个体所在家系的平均值的高低，又考虑家系内偏差，同时根据家系成员间的遗传相关和表型相关，对两者进行适当的加权处理，制定出合并选择指数，然后根据指数的大小对个体做出选择。

$$I = P + \left[\frac{r_A - r}{1 - r_A} \times \frac{n}{1 + (n-1)r} \right] \times P_f$$

式中，I 为合并选择指数；P 为个体表型值；r_A 为家系内遗传相关（全同胞为 0.5，半同胞为 0.25）；r 为家系内表型相关；n 为家系内所含个体数；P_f 为家系平均值。

根据表 6-2-1 资料，若按个体选择，应选留 L、H、D、G，因为它们的表型值最高；若按家系选择，应选留第二窝（E、F、G、H），因为它们的家系均值最高；若按家系内选择，应选留 D、H、L、P，因为它们是每个家系中表型值最高者。在上述 3 种方法中，H 能确定被留下，而其余 3 头种猪的选留则需采用合并选择的方法。

通过方差分析先求出家系内个体间表型相关系数，经计算 $r = 0.09$；$r_A = 0.5$，$n = 4$。代入公式得：

$$I = P + 2.58 P_f$$

将每个个体的资料代入合并选择指数公式，计算出个体合并选择指数，按指数高低确定的选留结果为：H、G、F、P。

五、育种值的估计

（一）准备工作

（1）个体育种值估计主要依据的记录资料有 4 种：本身记录、祖先记录、同胞记录和后裔记录。将个体自身、亲代、子代、同胞及后裔各种生产性能资料进行整理、统计、分析。

（2）估计个体育种值的基本公式：$\hat{A}_X = (P - \overline{P})h^2 + \overline{P}$

式中，h^2 为育种值对表型值的回归系数，即遗传力。但在不同的资料中，遗传力要进行不同的加权（表 7-2-3）。

当各种资料比较齐全时，选择复合育种值公式，选种更为准确。

$$\hat{A}_X = 0.1A_1 + 0.2A_2 + 0.3A_3 + 0.4A_4$$

表 7-2-3　不同亲属资料的遗传力加权值

资料来源	h^2	公式
本身 1 次记录	h^2	h^2
本身 n 次记录	$h^2_{(n)}$	$\dfrac{nh^2}{1+(n-1)r_e}$
父母 n 次记录	$h^2_{P(n)}$	$\dfrac{0.5nh^2}{1+(n-1)r_e}$
全同胞记录	$h^2_{(FS)}$	$\dfrac{0.5nh^2}{1+(n-1)0.5h^2}$
半同胞记录	$h^2_{(HS)}$	$\dfrac{0.25nh^2}{1+(n-1)0.25h^2}$
子女记录（子女间为全同胞）	$h^2_{(O_1)}$	$\dfrac{0.5nh^2}{1+(n-1)0.5h^2}$
子女记录（子女间为半同胞）	$h^2_{(O_2)}$	$\dfrac{0.5nh^2}{1+(n-1)0.25h^2}$

注：r_e 为重复力。

（二）测定方法

将有关数据代入不同资料估计育种值的公式，即可估计出个体该性状的育种值。最后按育种值高低进行排列，选出育种值高的个体留种。

1. 根据个体本身记录　根据个体本身 n 次记录估计育种值所用的公式是：

$$\hat{A}_X = (\overline{P}_{(n)} - \overline{P})h^2_{(n)} + \overline{P}$$

式中，$\overline{P}(n)$ 为个体 n 次记录的平均表型值；$h^2(n)$ 为 n 次记录平均值的遗传力。

2. 根据祖先记录　在某些情况下，种畜禽本身没有表型记录，这时可查阅系谱记载，根据祖先成绩对个体的育种值做出估计。祖先中最重要的是父母。估计育种值的公式是：

$$\hat{A}_X = (\overline{P}_{s(n)} - \overline{P})h^2_{p(n)} + \overline{P}$$

式中，$\overline{P}_{s(n)}$ 为亲本 n 次记录的平均值；$h_{p(n)}$ 为亲本 n 次记录平均值的遗传力。

3. 根据同胞记录　在畜禽选种上，主要是利用全同胞或半同胞的资料估计个体育种值，用全同胞或半同胞记录估计育种值的公式是：

$$\hat{A}_X = (\overline{P}_{(FS)} - \overline{P})h^2_{(FS)} + \overline{P}$$

$$\hat{A}_X = (\overline{P}_{(HS)} - \overline{P})h^2_{(HS)} + \overline{P}$$

式中，$\overline{P}_{(FS)}$、$\overline{P}_{(HS)}$ 分别为全同胞和半同胞的平均表型值；$h^2_{(FS)}$、$h^2_{(HS)}$ 分别是全同胞和半同胞均值的遗传力。

4. 根据后裔记录 后裔测定主要用于种公畜（禽）。假设与配母畜（禽）是群体的一个随机样本，而且后裔个体间是半同胞。这时所用的公式是：

$$\hat{A}_X = (\overline{P}_{(O)} - \overline{P})h^2_{(O)} + \overline{P}$$

式中，$\overline{P}_{(O)}$ 是子女的平均表型值；$h^2_{(O)}$ 是子女均值的遗传力。

5. 根据多项资料估计育种值 多项资料复合育种值的估计，是在单项资料育种值估计的基础上发展起来的一种方法。根据多项资料估计育种值，并非多项资料简单的合并。由于本身、祖先、同胞、后裔这 4 项资料在选种上的可靠程度不同，因此在复合时不能给以同等重视。复合育种值的公式是：

$$\hat{A}_X = 0.1A_1 + 0.2A_2 + 0.3A_3 + 0.4A_4$$

对于遗传力 $h^2 < 0.2$ 的性状，A_1、A_2、A_3、A_4 分别为根据亲代、本身、同胞、后裔单项资料估计的育种值；对于遗传力 $0.2 \leqslant h^2 < 0.6$ 的性状，A_1、A_2、A_3、A_4 分别为根据亲代、同胞、本身、后裔单项资料估计的育种值；对于遗传力 $h^2 \geqslant 0.6$ 的性状，A_1、A_2、A_3、A_4 分别代表根据亲代、同胞、后裔、本身单项资料估计的育种值。

子任务三　多性状的选择

⚙ 任务实施

在实际的育种工作中，各种畜禽的育种目标通常均涉及多个重要的经济性状，如奶牛的产奶量、乳脂率和外貌评分等。因此在育种实践中，往往需要同时选择几个性状，以获得最大的遗传经济效益。

一、准备工作

各种畜禽的多个重要经济性状资料的整理与统计分析，如猪的日增重、瘦肉率和产仔数等；蛋鸡的产蛋量、蛋重和开产日龄等；绵羊的剪毛量、毛长和纤维直径等。

二、选择方法

1. 顺序选择法 对所要选择的性状，先选一个性状，当达到预定要求后，再选择另一性状，如此逐个选择下去。此法的优点是每次只选一个性状，遗传进展快，选种效果好；缺点是所需时间长，而且对一些呈负遗传相关的性状，提高了一个性状则会导致另一个性状的下降。例如，奶牛的产奶量与乳脂率呈负遗传相关，有的奶牛场过去只注重产奶量的选择，忽视了乳脂率，结果牛奶中脂肪含量降低了。因此，在育种实践中，很少采用这种方法，只有在市场急需的情况下应用。

2. 独立淘汰法 对每个所要选择的性状，都定出一个最低的中选标准。所选个体必须各性状都达到所规定的最低选留标准才能留种，如果某一性状不够标准就必须淘汰。此法的优点是标准具体，方法简单，容易掌握；缺点是会使大量的"中庸者"入选，而把那些只是某个性状没有达到标准，其他方面都优秀的个体淘汰掉。例如甲、乙两头奶牛，它们的乳脂率相同，甲牛头胎产奶量 6 500kg，评为一级，外形评分 78 分，也评为一级，该牛可作为良种牛登记；乙牛头胎产奶量为 7 500kg，评为特级，外形评分 73 分，被评为二级，该牛就不能被登记为良种牛，可见这种评定方法不完全合理。而且同时选择的性状越多，中选的个体就越少。

3. 综合选择指数法 把所要选择的多个性状，按其遗传特点和经济重要性的大小，给予不同的加权系数，综合成为一个便于不同个体互相比较的数值（综合选择指数），然后根据综合选择指数高低进行选留。

综合选择指数是多性状选择中一种先进的方法。实践证明，此法在多性状选择中能够获得较快的遗传进展，取得最好的经济效益。

应用数量遗传学原理，制定一种简化的综合选择指数，其计算公式是：

$$I = W_1 h_1^2 \frac{P_1}{\overline{P_2}} + W_2 h_2^2 \frac{P_2}{\overline{P_2}} + \cdots\cdots + W_n h_n^2 \frac{P_n}{\overline{P_n}}$$

$$= \sum_{i=1}^{n} W_i h_i^2 \frac{P_i}{\overline{P_i}}$$

式中，I 为综合选择指数；W_i 为性状的经济重要性；h_i^2 为性状的遗传力；P_i 为个体某性状的表型值；$\overline{P_i}$ 为群体该性状的平均值。

为了更适应选种的习惯，把各性状都处于群体平均值的个体的选择指数定为 100，其他个体都与 100 相比，如超过 100 越多，种用价值越高。这时综合选择指数的公式可变换为：

$$I = \sum_{i=1}^{n} \frac{W_i h_i^2 P_i \times 100}{\overline{P_i} \sum W_i h_i^2}$$

例：中国荷斯坦牛的产奶量、乳脂率、体质外貌评分的有关数据如下。

产奶量：$\overline{P}_1 = 4\ 000$kg，$h_1^2 = 0.3$，$W_1 = 0.4$

乳脂率：$\overline{P}_2 = 3.4\%$，$h_2^2 = 0.4$，$W_2 = 0.35$

外貌评分：$\overline{P}_3 = 70$ 分，$h_3^2 = 0.3$，$W_3 = 0.25$

现有 2 头奶牛，1 号牛产奶量 $P_1 = 4\ 800$kg，乳脂率 $P_2 = 3.5\%$，外貌评分 $P_3 = 72$ 分；2 号牛产奶量 $P_1 = 5\ 000$kg，乳脂率 $P_2 = 3.6\%$，外貌评分 $P_3 = 75$ 分，分别计算其综合选择指数。

解：根据已知条件，代入公式得：

$$\sum W_1 h_i^2 = 0.335$$

$$I = \left(\frac{0.4 \times 0.3 \times 4\ 800}{0.335 \times 4\ 000} + \frac{0.4 \times 0.35 \times 0.035}{0.335 \times 0.034} + \frac{0.3 \times 0.25 \times 72}{0.335 \times 70} \right)$$

$$= (0.430 + 0.430 + 0.230) \times 100$$

$$= 109$$

即：1 号个体的综合选择指数为 109；同理，2 号个体的综合选择指数为 113。根据综合选择指数，应该选择 2 号牛留种。

在制定综合选择指数时，应注意以下事项：

（1）突出主要经济性状。同时选择的性状越多，每个性状的改进就越慢，一般以 2～4

个为宜。

（2）选择容易度量的性状。如肉用家畜的增重速度与饲料利用率，都是重要的经济性状，但称体重简单方便，而且两者有显著的正相关，因此可考虑用日增重作为主要的选择指标。

（3）对"向下"选择性状用负加权系数。如瘦肉型猪的背膘厚度、蛋鸡的开产日龄的加权系数要用负值。

（4）性状间呈负遗传相关时，可合并成一个综合性状来处理。如奶牛的产奶量和乳脂率可合并成标准乳量，鸡的产蛋数和蛋重可合并成产蛋总重量等。

4. 间接选择 利用性状相关关系，通过对 y 性状的选择，来间接提高 x 性状。当要改良的某个性状遗传力很低，或难以精确度量，或在活体上不能度量，或在某种性别没有表现时，都可以考虑采用间接选择法。

（1）利用容易直接度量的性状与不易度量的性状的遗传相关进行间接选择。例如，利用背膘厚与胴体瘦肉率的负相关，通过连续几代选择背膘薄的猪留作种用，胴体瘦肉率就会随着增加。

（2）利用高遗传力性状与低遗传力性状的遗传相关进行间接选择。例如，蛋鸡的羽毛生长速度与开产日龄（遗传力均较高）呈负相关，而开产日龄又与 72 周龄产蛋数（遗传力较低）呈负相关，可通过选择羽毛生长速度快且开产日龄早的鸡留种，从而提高后代鸡群 72 周龄产蛋数。

（3）利用幼畜禽某些性状与成年畜禽主要经济性状的遗传相关进行早期选种。例如，仔猪的初生重与断奶后日增重呈强正相关，可选择初生重大的个体留种；犊牛血液中血红蛋白含量与成年后产奶量呈强正相关，可利用血液中血红蛋白含量的高低进行早期选种。

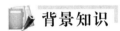 **背景知识**

一、质量性状的选择

根据动物遗传学的论述，畜禽的性状分为质量性状和数量性状两大类。一类由单个或少数几个基因座所决定性状的表现不易受环境因素的影响，且性状的表型变异为间断分布，这类性状称为质量性状。如毛色、角的有无、耳型等。质量性状中有些是重要的经济性状，如毛皮用家畜的毛色。另外，品种标志性性状如毛色、角型，畜禽的遗传标记性状如血型、酶型、蛋白质类型等，都涉及质量性状的选择改良，因此质量性状的选择对畜禽育种工作具有重要的意义。

（一）对隐性有利基因的选择

对隐性有利基因的选择实际上是对显性基因的淘汰。要实施这种选择，只要将群体中表现为显性性状的个体全部淘汰，即可清除群体中的显性不利基因，达到选择隐性基因的目的。当群体中隐性个体较少时，应先将一部分显性个体留作种用，待隐性个体增加至足够数量，再全部淘汰显性个体。

（二）对显性有利基因的选择

1. 根据表型淘汰隐性纯合体 在畜禽中，大多数遗传缺陷都是由隐性基因引起的，因此需要从群体中剔除隐性有害基因。以一对基因 A 和 a 为例，为了淘汰隐性基因 a，可根据

表型把 aa 个体淘汰，就可以使下一代群体中显性基因频率增多。经过 n 代选择后，隐性基因 a 的频率为：

$$q_n = \frac{q_0}{1 + nq_0}$$

如果畜禽的世代间隔较长，则所需时间非常长，可见选择进展非常缓慢。因此，单纯根据表型淘汰隐性纯合体不能彻底剔除隐性基因。

2. 利用测交淘汰杂合体 要想彻底清除群体中隐性基因，最有效的方法就是采用测交的方法，将杂合体淘汰。常用测交方法有 3 种。

（1）被测公畜（禽）与隐性纯合体母畜（禽）交配。以牛为例，牛的无角对有角为显性。按遗传规律，无角纯合体公牛（BB）与有角母牛（bb）交配，其后代全是无角牛；若是杂合体无角公牛（Bb）与有角母牛（bb）交配，其后代 $1/2$ 是无角，$1/2$ 是有角。$1:1$ 的比例只是大群统计数字，不能说明每次交配的结果。因为牛是单胎动物，后代表现无角或有角的概率为 $1/2$。如果产出的是有角牛，当然即可确定该公牛为杂合体；但若产下无角后代，就很难判断结果。因为生 1 头无角牛的概率是 $1/2$，生 2 头无角小牛的概率是 $(1/2)^2 = 1/4$，生 n 头全是无角小牛的概率 $p = \left(\frac{1}{2}\right)^n$。那么究竟生多少头小牛是无角牛，才能判定该公牛是无角纯合体呢？在育种实践中，是以 $p \leq 0.05$ 和 $p \leq 0.01$ 的显著水准来判定的。根据公式计算可得：$p \leq 0.05$，$n \geq 5$；$p \leq 0.01$，$n \geq 7$。即该公牛如果与 5 头有角母牛交配，全部产出无角小牛，就有 95% 以上的把握来判定该公牛是无角纯合体；若是与 7 头有角母牛交配，全部产出无角小牛，就有 99% 以上的把握来判定该公牛是无角纯合体。

（2）被测公畜（禽）与已知杂合体母畜（禽）交配。若被测公畜（禽）为杂合体，则出现显性后代的概率为 $\frac{3}{4}$，n 个后代均为显性的概率为 $\left(\frac{3}{4}\right)^n$，当 $p \leq 0.05$ 时，$n \geq 11$；$p \leq 0.01$ 时，$n \geq 16$。即该牛与 11 或 16 头母畜（单胎家畜）交配，全部产出显性的后代，为纯合体的概率为 95% 或 99%。多胎动物，如猪，只要与 $1 \sim 2$ 头杂合体母猪交配，产出 11 头或 16 头仔猪全不出现隐性状就可判定该公猪为显性纯合体。

（3）被测公畜（禽）与自己的女儿交配。当从外地引进公畜（禽）需要测定其是否带有隐性有害基因，而本地区又无法找到隐性纯合体或杂合体时，即可采用被测公畜（禽）与其女儿交配的方法。测交所需交配女儿数计算如下：

$$p = \left[D + \left(\frac{3}{4}\right)^K H\right]^n$$

式中，p 为概率；D 为女儿中显性纯合体的比例；H 为女儿中杂合体的比例；K 为产仔数；n 为女儿数。若 $D = H = 1/2$，$p \leq 0.05$ 时，$n \geq 23$；$p \leq 0.01$ 时，$n \geq 35$。

单胎家畜测交所需最少与配母畜数，如表 7-2-4 所示。

表 7-2-4 单胎家畜测交所需最少与配母畜数

测交类型	最少与配母畜数	
	$p = 0.05$	$p = 0.01$
与隐性纯合个体交配	5	7
与已知为杂合子的个体交配	11	16
被测公畜与自己的女儿交配	23	35

（三）对杂合体的选择

杂合体有时具有更高的经济价值或更好的适应性，但都不能真实遗传。如卡拉库尔羊银灰色羔皮较名贵，其显性纯合子有致死性，只能代代选留杂合子。

二、数量性状的选择

数量性状是指表现为连续变异、性状之间界限不清楚、不易分类的性状，一般受微效多基因控制。动物中绝大多数的经济性状都属于数量性状。例如，产奶量、乳脂率、日增重、饲料转化率、背膘厚、产毛量、产蛋数、蛋重等。因此，要想高效率地开展动物育种工作，就必须对数量性状的遗传基础及其规律做深入的研究和了解。影响数量性状选择效果的因素为：

1. 遗传力 遗传力高的性状，表型的优劣大体上可反映基因型的优劣，根据个体表型值直接选择，就能得到较好的效果；相反，遗传力低的性状，表型值在很大程度上不能反映基因型值，单按表型进行选择，效果就不好。

2. 选择差与留种率 选择差指留种个体的平均表型值与群体平均表型值之差。选择差的大小与留种率有关。留种率是指留种数占全群总数的百分率。群体的留种率越小，所选留个体的平均表型值越高，选择差就越大。选择差又受选择性状的标准差影响，在相同留种率的情况下，性状的标准差越大，选择差也就越大。

不同性状间由于度量单位和标准差的不同，其选择差之间不能相互比较。为了统一标准，以各自的标准差为单位，换算成选择强度进行比较。选择强度是以性状的标准差为单位的选择差，或称为标准化的选择差。通过选择，在下一代得到的遗传改进称为选择反应，即 $R = Sh^2$。可见，影响选种效果的两个基本因素就是性状的遗传力和选择差。

3. 世代间隔 在畜禽育种中，经历一个世代所需的时间，称为世代间隔。世代间隔影响遗传进展，世代间隔越长，年改进量越少。缩短世代间隔的办法有：改进留种方法、尽可能实行头胎留种、加快种群周转、减少老龄畜禽在种群中的比例。常见畜禽的平均世代间隔为：牛 4.5～5.5 年，绵羊 3.5～4.5 年，猪 1.5～2.0 年，鸡 1.0～1.5 年。

4. 选择性状的数目 在对畜禽进行选择时，往往同时选择几个性状，一次选择的性状不能过多，因为容易使力量分散，每个性状取得的实际改进量就会降低。选择时应突出重点性状，每次选择 2～4 个为宜。

5. 性状间的相关 对畜禽某性状进行选择时，其他一些未被选择性状也发生某些改变。这些改变可能有正向的，也可能有负向的。这种性状间相互关联的现象称为性状间相关。性状间相关又分为表型相关和遗传相关。从育种角度看，重要的是遗传相关，因为遗传相关是可以遗传的。利用性状间相关可以进行间接选择、早期选种，并且可使育种工作少走弯路。如果两性状间存在正相关，选择一个性状，另一性状也可随之得到适当改进；如果两性状间存在负相关，选择一个性状，另一性状就会有相应降低。

三、提高选择效果的途径

总体要求是：早选、选准、选好，三者相互统一，不可分割。

1. 早期选种 早期选种可降低种畜禽饲养成本、缩短世代间隔。具体操作方法：①采用早期配种；②实施早期生产力评定技术；③使用个体表型选择、系谱测试、同胞测试等选择方法代替后裔测定；④应用遗传相关对尚未表达的经济性状进行早期间接选择。

2. 准确选种 选育目标要明确，熟悉每个品种的特性，选种条件尽可能一致，育种数据要齐全，记录要准确，选择方法要正确（突出选择重点，注意性状间相关，参考系谱记录），并保持选择制度的连续性。

3. 从优选种 从优从严，选出遗传素质优秀的个体做种用。注重选配制度的完善，尽量扩大选择群体以降低留种率，增加变异的来源和加大选择强度，选择标准不能随意更改。

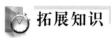 **拓展知识**

一、遗传参数

遗传参数是反映数量性状遗传规律的参考常数，应用较为广泛的遗传参数有遗传力、重复力和遗传相关。

（一）遗传力

1. 遗传力的概念 遗传力是指亲代将其遗传特性传递给子代的能力。在育种中，对一个性状进行选择的效果如何，主要取决于该性状的遗传力的大小。根据遗传力估值中所包含的成分不同，遗传力可分为广义遗传力和狭义遗传力两种。

（1）广义遗传力（H^2）。是指遗传方差占表型总方差的比值，通常以百分数表示，用公式表示如下：

$$H^2 = \frac{V_G}{V_P} \times 100\% = \frac{V_G}{V_G + V_E} \times 100\%$$

（2）狭义遗传力（h^2）。加性方差（育种值）占总表型方差中的比值，用公式表示如下：

$$h^2 = \frac{V_A}{V_P} \times 100\% = \frac{V_A}{V_A + V_D + V_I + V_E} \times 100\%$$

2. 遗传力的估计值 遗传力的估计值多用小数表示，如果遗传力为 1，说明某性状在后代中的变异原因完全是遗传所造成的；相反，如果遗传力为 0，则说明这种变异的原因是环境造成的，与遗传无关。实际上，任何一个数量性状均受到基因和环境的共同作用。因此，数量性状的遗传力介于 0～1。

根据性状遗传力的大小，将其分类 3 类：0.5 以上者为高遗传力，0.2～0.5 为中等遗传力，0.2 以下为低遗传力。

3. 遗传力的应用

（1）预测选择效果。根据选择反应公式 $R = Sh^2$，选择差一定时，遗传力越高的性状，选择效果越好。

（2）确定选种方法。遗传力高的性状，如屠宰率、体高等，可根据表型值进行个体选择，效果较好。遗传力低的性状，如繁殖率，可采用家系选择或结合家系内选择，效果较好。

（3）估计种畜育种值。在育种工作中，根据育种值高低选留畜禽最有效，但育种值只能根据表型值和遗传力来估计。

（4）用于制定综合选择指数。当同时进行两个以上性状的选择时，要确定综合选择指数选留选择指数高的个体，而指数的大小与性状的经济重要性、性状的表型值和性状的 h^2 成正比。

（二）重复力

1. 重复力的概念　重复力是指同一个体的同一性状多次度量值之间的相关程度，用符号 r_e 表示。度量次数越多，信息量越大，取样误差越小，其结果越准确。

一般来说，$r_e \geqslant 0.60$ 为高重复力，$0.30 \leqslant r_e < 0.60$ 为中等重复力，$r_e < 0.30$ 为低重复力。

2. 重复力的应用　确定性状的度量次数（表 7-2-5），估计个体最大可能生产力，估计种畜禽的育种值。

表 7-2-5　不同重复力的性状需要度量的次数

重复力（r_e）	需要度量的次数（n）
0.9 以上	1
0.7～0.8	2～3
0.5～0.6	4～5
0.3～0.4	6～7
0.1～0.2	8～9

（三）遗传相关

1. 遗传相关的概念　遗传相关是指同一个体两个性状育种值间的相关系数，一般用符号 $r_{A(XY)}$ 表示。两个性状间遗传相关有正值也有负值。例如鸡的体重与蛋重的 $r_{A(XY)}$ 为 0.50；黑白花奶牛产奶量与乳脂率的 $r_{A(XY)}$ 为 −0.20。当是正值时，选择提高一个性状会相应提高另一个性状；当是负值时，选择提高一个性状则会降低另一个性状。

2. 遗传相关的应用

（1）间接选择。遗传相关可用于确定间接选择的依据和预测间接选择反应大小。间接选择在畜禽育种实践中具有很重要的意义，有些性状在个体本身是无法度量的，如公牛泌乳量；有些性状是做种用前不能度量到的，如种猪的瘦肉率；还有些性状本身的遗传力很低，直接选择效果不好。在这些情况下，应用性状间相关，选择那些容易度量和早期的性状，也就间接选择了难以度量和晚期发育的性状。

（2）不同环境下的选择。同一品种在不同的环境条件下，品种优良性状的表现会有差别，将不同环境下两性状的遗传相关求出后，找出一个矫正指数，提出正确的推广和改进措施指标。

（3）性状的综合选择。在动物育种中，为同时考虑选择许多重要的经济性状，提高选择效果，常常要进行综合选择，遗传相关是多性状选择的重要依据。

二、BLUP 法

BLUP 法（Best Linear Unbiased Prediction）又称最佳线性无偏预测法，是由美国数量

遗传学家 Henderson 提出的估计育种值的新方法。20 世纪 70 年代以来，随着计算机技术的迅速发展和普及，BLUP 法受到了各国育种学者的重视，并对其理论和应用进行了大量的探索，使其得以不断发展和完善，并成为当今世界上最先进的育种方法之一。目前，BLUP 法已经被应用于奶牛、肉牛、绵羊、奶山羊、绒山羊、猪以及家禽的选育研究。如在加拿大，自 1985 年开始用 BLUP 法以来，背膘厚的改进速度提高了 50％，达 90kg 体重日龄的改良速度提高了 100％～200％。

1. BLUP 法的优点

（1）校正了环境效应，使我们的选种更有效、更准确。

（2）数据收集更广泛，使全国不同育种场的测定数据可以放在一起进行比较，有利于整体水平的提高。

（3）优中择优，能最快地提高优良性状。

（4）育种软件的开发应用，使操作更方便、更快捷等。

2. BLUP 法常用的遗传评估软件介绍

（1）PEST。是由美国 Illinois 大学 1990 年开发研制的多性状遗传评估软件，目前已在世界各国广泛应用。根据性能测定和生产数据，PEST 提供了基于 30 多种教学模型的单性状或多性状 BLUP 育种值的计算。

（2）PIGBLUP。是由澳大利亚研发的一种专为猪育种场设计的现代遗传评估系统，主要包括种猪评估、遗传进展分析、选配和遗传审计 4 个模块。目前，PIGBLUP 软件已被多个国家使用。

（3）GBS。是"猪场生产管理与育种数据分析系统"的英文缩写，由中国农业大学开发研制，集种猪、商品猪生产和育种数据的采集与分析于一体，十分适合大型种猪生产集团使用，并支持联合育种方案。

（4）NETPIG。是四川农业大学和重庆市养猪科学研究院联合研制开发的种猪场网络管理系统，借鉴了加拿大、丹麦等国家的成功经验，应用先进的数学模型进行育种值估计，易于实现"联合育种"。

思考题

1. 分别阐述性能测定、系谱测定、同胞测定和后裔测定的适用条件及在畜禽种用价值评定中的意义。

2. 不同种畜禽所使用的选种方法有何区别？如何加速遗传进展的发展？

3. 根据下列资料编制竖式系谱和横式系谱：

荷兰品种牛 204 号，生于 1998 年 8 月 20 日，其父为 13 号，母亲为 166 号。

13 号的父亲是 12 号，母亲是 123 号；

166 号的父亲是 13 号，母亲是 130 号；

130 号的父亲是 12 号，母亲是 151 号；

12 号的父亲是 70 号，母亲是 151 号。

4. 利用北京市种公牛站的 2 头黑白花公牛的系谱材料进行审查分析，试评定哪一头的种用价值较好，并说明理由。

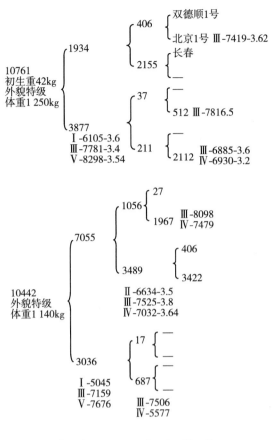

任务三　选配技术

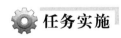**任务描述**

选种是选配的基础，而选配是选种目的得以实现的途径。随着我国奶业的快速发展，提高奶牛的生产性能和遗传品质刻不容缓，是获得优质、健康、长寿奶牛的前提和基础。作为一个牛场生产管理者，如何做好奶牛的选配工作呢？首先，要分析牛群情况，确定具体的育种目标。然后，根据育种目标，为提高优良特性和改进不良性状而进行合理选配，如公牛的遗传品质应高于与配母牛，优秀公母牛采用同质选配，品质较差的母牛采用异质选配。但要尽量避免近亲交配，禁忌相同缺陷或不同缺陷的个体交配。

子任务一　选配计划的制订

任务实施

一、准备工作

（1）收集资料，绘制系谱图。
（2）分析品种形成的历史、现状，找出其优缺点。
（3）分析以往选配效果，选出好的选配组合。

（4）对于初配母畜（禽），选用其同胞姐妹与多头公畜（禽）交配，观察其后代表现，从中选出优秀的组合。

二、选配计划的制订

以奶牛场为例，制订选配计划：

1. 明确育种目标 这是制订选配计划的前提。育种目标应是结合牛场的实际情况，制订出在一定时间内群体主要的数量性状和质量性状预期达到的改进或发育指标。

2. 选择优秀种公牛 目前，奶牛场都是由人工授精站或冻精中心统一供应精液。在选择优秀种公牛时，要审查种公牛的系谱，核实牛号、注册登记号、检疫标号、精液批号、出生日期、品种（系）、来源、体型等级、体尺、体重及其祖代生产性能。然后，绘制种公牛系谱图，了解种公牛在血缘关系图上的位置。最后，根据每年度公布的种公牛产奶量预期差（PDM）、乳脂率预期差（PDF％）、体型预期差（PDT）以及总性能指数（TPI），计算正值以上种公牛的各项平均指数和标准偏差（$\bar{X} \pm S$），按要求进行分组。

A组：$> \bar{X} + S$。

B组：$> \bar{X} - S$ 且 $< \bar{X} + S$。

C组：> 0 且 $< \bar{X} - S$。

3. 选择基础母牛 对于基础母牛，首先应对其育种资料（如产奶量、乳脂率、外貌评分等）进行整理和分析，并进行合理分群。参配母牛包括成年母牛、青年母牛及育成母牛。

4. 标出禁用公牛 在制订选配计划时，与母牛个体有血缘关系的公牛被列为禁用公牛。一般情况下，系谱可见三代以内有共同祖先时应列为禁用。

5. 选配方案 根据种公牛的分组和母牛的分群采用同质选配（或异质选配的方法逐头选用种公牛。同质选配就是选择在外形、生产性能或其他经济性状上相似的优秀公、母牛交配，以获得与双亲品质相似的后代。异质选配就是选择在外形、生产性能或其他经济性状上不同的优秀公、母肉牛交配，以获得兼有双亲优良品质的后代，丰富牛群中所选优良性状的遗传变异。在育种实践中，只要牛群中存在着某些差异，就可采用异质选配的方法来提高品质，并及时转入同质选配加以固定。

三、选配实施的原则

1. 有明确的育种目标 选配在任何时候都必须按育种目标，在分析个体和种群特性的基础上进行。

2. 尽量选择亲和力好的个体交配 分析过去的交配结果，挑选出产生过优良后代的选配组合继续使用，并增选具有相应品质的公、母畜（禽）交配。

3. 公畜（禽）个体等级要高于母畜（禽） 畜禽个体等级是根据生产性能、体型外貌、体质等综合评定出来的。在动物育种上，因公畜（禽）具有带动和改进整个畜（禽）群的作用，而且选留数量少，所以对其等级和质量的要求都应高于母畜（禽），要充分利用特级和一级公畜（禽）个体。

4. 相同缺点或相反缺点者不配 选配中绝不能使具有相同缺点（如猪凹背与凹背）或

相反缺点（如猪凹背与凸背）的公、母畜（禽）相配，以免加重缺点的发展。

5. 正确使用近交 近交只宜在育种群使用，并控制一定的代数。因此，同一公畜（禽）在一个种群中的使用年限不能过长，应定期更换种公畜（禽）或导入外血。

6. 搞好品质选配 对于优秀种畜禽，一般采用同质选配，在后代中巩固其优良品质。

子任务二 近交系数的计算

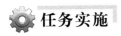 **任务实施**

一、准备工作

材料准备：种畜禽系谱资料，系谱编制。

二、计算方法

（一）个体近交系数的估算

近交系数是指个体通过双亲从共同祖先得到相同基因的概率。其计算公式如下：

$$F_x = \sum \left[\left(\frac{1}{2} \right)^N \cdot (1 + F_A) \right]$$

式中，F_x 为个体 x 的近交系数；N 为通过共同祖先把父、母连接起来的通径链上所有个体数（包括父、母本身在内）；$\sum$ 表示将双亲与共同祖先连接的各个通径链计算值求总和；F_A 为共同祖先本身的近交系数（当共同祖先 A 的系谱不明时，$F_A = 0$）。

计算近交系数的方法步骤如下：

（1）把个体系谱改绘成通径图。从个体的系谱中查找出共同祖先。由共同祖先引出箭头分别指向个体 x 的父亲和母亲。通径图中每个祖先只能出现一次，不能重复。

（2）把通径链展开，得出 N。

（3）把各条通径链的 N，代入公式即可算出 F_x。

例 7-3-1：种畜 x 的横式系谱如下，计算个体 x 的近交系数。

从共同祖先 1 号和 2 号，分别与父亲（S）和母亲（D）连接起来的通路是：

$$S \leftarrow 1 \rightarrow D \qquad N = 3$$
$$S \leftarrow 2 \rightarrow D \qquad N = 3$$

$$F_x = \left(\frac{1}{2} \right)^3 + \left(\frac{1}{2} \right)^3 = 0.25 = 25\%$$

说明：凡双亲至共同祖先的总代数（$n_1 + n_2$）不超过 6，即通径链上所有个体的总数（N）不超过 7，近交系数大于 0.78% 者为近交；小于 0.78% 者，则称为远交或非亲缘交配。

（二）畜（禽）群近交程度的估算

估算种群的平均近交程度时，可视具体情况使用下列方法：

（1）当种群较小时，可先求出每个个体的近交系数，再计算其平均值。

（2）当种群很大时，随机抽一定数量的畜禽，逐个计算近交系数，然后用样本平均数来代表种群平均近交系数。

（3）将种群中的个体按近交程度分类。求出每类的近交系数，再以加权均数来代表。

（4）对于长期不引进种畜禽的闭锁种群，平均近交系数可用下面的近似公式来进行估算：

$$\Delta F = \frac{1}{8N_S} + \frac{1}{8N_D} \qquad F_n = 1 - (1 - \Delta F)^n$$

式中，ΔF 为种群平均近交系数每代增量；N_S 为每代参加配种的公畜（禽）数；N_D 为每代参加配种的母畜（禽）数；F_n 为该群体第 n 代的近变系数；n 为该群体所经历的世代数。种群中的母畜（禽）数，一般数量较大，当母畜（禽）数在 12 头以上时，可略去 $\frac{1}{8N_D}$ 这部分。

例 7-3-2：有一闭锁猪群连续 8 个世代没有引入外来公猪，并且群内使用公猪始终保持 3 头，而且实行随机留种，请问该猪群的近交系数是多少？

解：该猪群每个世代近交系数的增量为：

$$\Delta F = \frac{1}{8N_S} = \frac{1}{8 \times 3} = 0.041\ 67$$

经过 8 个世代后猪群的近交系数为：

$$F_8 = 1 - (1 - 0.041\ 67)^8 = 0.288\ 6 = 28.86\%$$

子任务三 亲缘系数的计算

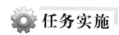 **任务实施**

一、准备工作

材料准备：种畜禽系谱资料，系谱编制。

二、计算方法

亲缘系数是表示两个个体之间的亲缘相关程度的，也就是表示两个个体具有相同基因的概率。亲缘关系有两种，一种是直系亲属，即祖先与后代；另一种是旁系亲属，即不是祖先与后代关系的亲属。由于公式不同，其亲缘系数要分别计算。

1. 直系亲属间的亲缘系数

$$R_{XA} = \sum \left(\frac{1}{2}\right)^n \sqrt{\frac{1 + F_A}{1 + F_X}}$$

式中，R_{XA} 为个体 X 与祖先 A 之间的亲缘系数；F_A 为祖先 A 的近交系数；F_X 为个体 X 的近交系数；n 为个体 X 到祖先 A 的代数；$\sum$ 为个体 X 到祖先 A 的所有通路的计算值的总和。

如果共同祖先 A 和个体 X 都不是近交所生，则公式可简化为：

$$R_{XA} = \sum \left(\frac{1}{2}\right)^n$$

例 7-3-3：现有 28 号公羊的横式系谱如下，试计算 28 号与 1 号之间的亲缘系数。

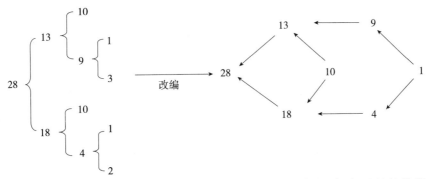

从上列系谱可看出，28 号与 1 号之间的亲缘关系有两条通径路线，每条通径的代数都是 3，即：

$$28 \leftarrow 13 \leftarrow 9 \leftarrow 1 \qquad n=3$$
$$28 \leftarrow 18 \leftarrow 4 \leftarrow 1 \qquad n=3$$

另外，28 号公羊还是近交后代，其近交系数为：

$$F_{28} = \left(\frac{1}{2}\right)^3 + \left(\frac{1}{2}\right)^5 = 0.156\ 3 = 15.63\%$$

$F_1 = 0$，代入公式得：

$$R_{(28)(1)} = \left[\left(\frac{1}{2}\right)^3 + \left(\frac{1}{2}\right)^3\right]\sqrt{\frac{1+0}{1+0.156}} = \frac{1}{4}\sqrt{\frac{1}{1.156}} = 0.232\ 5 = 23.25\%$$

2. 旁系亲属间的亲缘系数

$$R_{SD} = \frac{\sum \left[\left(\frac{1}{2}\right)^n (1+F_A)\right]}{\sqrt{(1+F_S)(1+F_D)}}$$

式中，R_{SD} 为个体 S 和 D 之间的亲缘系数；n 为个体 S 和 D 分别到共同祖先的代数之和；F_S 和 F_D 分别为个体 S 和 D 的近交系数；F_A 为共同祖先本身的近交系数；$\sum$ 为个体 S 和 D 通过共同祖先 A 的所有通路计算值的总和。

如果个体 S、D 和共同祖先 A 都不是近交个体，则公式可简化为：

$$R_{SD} = \sum \left(\frac{1}{2}\right)^n$$

例 7-3-4：计算上面系谱中 13 号和 18 号间的亲缘系数。

从上列系谱可看出，13 号和 18 号之间，有 10 号和 1 号两个共同祖先，其通径路线为：

$$13 \leftarrow 10 \rightarrow 18 \qquad n=2$$
$$13 \leftarrow 9 \leftarrow 1 \leftarrow 4 \rightarrow 18 \qquad n=4$$

$F_{13} = F_{18} = F_{10} = F_1 = 0$，代入公式得：

$$R_{(13)(18)} \left(\frac{1}{2}\right)^2 + \left(\frac{1}{2}\right)^4 = 0.25 + 0.062\ 5 = 0.312\ 5 = 31.25\%$$

计算个体的近交系数可了解个体的近交程度；计算个体间的亲缘系数可了解个体间的亲缘关系程度，即遗传相关程度。计算近交系数和亲缘系数，对种群的选种、选配、防止近交衰退和品系繁育等都有重要的指导意义。

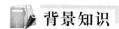 **背景知识**

一、选配的作用

选配是指人们有意识、有计划地决定种畜禽的配对，以达到优化后代遗传基础、培育和利用良种的目的。因此，选配是控制和改良畜禽品质的一种强有力手段，能使群体的遗传结构不断得到优化。选配的作用表现在以下几个方面：

1. 稳定遗传基础，把握变异方向　当种群中出现了某种有益的变异时，可将具有该变异的优良种畜禽选出，通过选配强化该变异。经过几个世代的选择，有益的变异就能在种群中得到突出发展，形成该种群独具的特点，以致扩大成为一个新的类群。

2. 创造必要的变异，培育理想类型　选配是研究配对畜禽间的关系，而畜禽选配双方的品质、亲缘关系和所属种群特征等方面的情况，无疑是极其复杂多变的。也就是说交配双方的遗传基础不可能完全相同，有时甚至差异很大。通过交配，遗传结构重新组合，产生了新的类型，这就为培育优良畜禽理想类型提供了素材。

3. 控制近交程度　要按照育种的要求，合理使用近交，防止过度近交，特别是在小群体中要防止被迫近交。细致的选配工作可使群体近交系数增量控制在较低的水平。

二、选配的种类

选配可分为个体选配和种群选配两大类。个体选配时，按其交配双方品质的不同，可细分为同质选配和异质选配；按其交配双方亲缘关系的不同，可区分为近交和远交。而在种群选配中，按交配双方所属种群特性的不同，可分为纯种繁育与杂交繁育。

（一）品质选配

品质选配，一般是指表型选配。品质，可指一般品质，如体质、体形、生物学特性、生产性能、产品质量等方面的品质；也可指遗传品质，以数量性状而言，如估计育种值的高低。品质选配是按个体的质量性状和数量性状表现，即考虑交配双方的品质对比进行选配。

1. 同质选配　同质选配是用性状相同、性能表现一致，或育种值相似的优秀种畜禽交配。育种实践中主要将其用于下列几种情况：群体当中一旦出现理想类型，通过同质选配使其纯合固定下来并扩大其在群体中的数量；通过同质选配使群体分化成各具特点而且纯合的亚群；同质选配加上选择得到性能优越而又同质的群体。

2. 异质选配　异质选配是指选用具有不同品质的种畜禽交配。在育种实践中，异质选配可分为两种情况：一种是选择具有不同优良性状的种畜禽交配，以结合不同的优点，从而获得兼有双亲不同优点的后代，如产奶量高的牛与乳脂率高的牛相配；另一种是选择同一性状，但优劣程度不同的种畜禽交配，以优改劣，以期后代能取得较大的改进和提高。

异质选配的作用主要在于能综合双亲的优良性状，丰富后代的遗传基础，创造新的类型，并提高后代的适应性和生活力。因此在育种实践中，主要将其用于以好改坏、以优改劣。例如有些高产母畜（禽），只在某一性状上表现不好，就可以选在这个性状上特别优异的公畜（禽）与其交配。

在育种实践中，同质选配与异质选配往往是结合进行的。在育种初期，多采用异质选配。当在杂种后代中出现理想类型后，常转为同质选配，以使获得的优良性状得以稳定。有时，在具体选配时，对某些性状是同质选配，而对另一性状则是异质选配。只有两者灵活应用，才能不断提高种群的品质。

（二）亲缘选配

亲缘选配即考虑交配双方亲缘关系远近的一种选配。交配双方有较近的亲缘关系，就称为近亲交配，简称近交；反之则称为远亲交配，简称远交。畜牧学中，通常简单地将到共同祖先的世代数之和在6代及6代以内的个体间的交配（其后代的近交系数大于0.78%）称为近交，而把6代以外个体间的交配称为远交。在畜禽中近交程度最大的是父女、母子和全同胞的交配，其次是半同胞、祖孙、叔侄、姑侄、堂兄妹、表兄妹之间的交配。近交一般在商品生产场不宜采用，但在育种场可适度使用。远交分群体内远交和群体间远交两种情况。根据交配群体的类别，群体间远交又可分为品系间、品种间的杂交和种间、属间的杂交（简称远缘杂交）。

（三）近交的遗传效应

1. 近交可使个体基因纯合、群体分化　近交可使后代群体中纯合基因型的频率增加。当近交系数达到37.5%以上时，即成近交系。近交系可作为杂交亲本，产生强大杂交优势，能大幅度提高畜牧业的生产水平。但近交建系淘汰率大，成本较高。

2. 近交会降低群体均值　一个数量性状的基因型由加性效应值和非加性效应值两部分组成。非加性效应主要存在于杂合子中，表现为杂种优势。随着群体中杂合子频率的降低，群体均值也就降低，这是近交衰退的主要原因。

3. 近交可暴露有害基因　决定有害性状的基因大多数是隐性基因，近交促使等位基因纯合，隐性有害基因暴露的机会增加。

（四）近交衰退

近交衰退是指由于近交，畜禽的繁殖性能、生理活动以及与适应性有关的各性状，都较近交前有所削弱的现象。主要表现为繁殖力减退、死胎和畸形增多、生活力下降、适应性变差、体质变弱、生长较慢、生产力降低等。

近交衰退的主要原因有：①由于基因纯合，基因的非加性效应减小，隐性有害基因纯合而表现有害性状（基因学说）；②由于某种生理上的不足，或由于内分泌系统的激素不平衡，或者是未能产生所需要的酶，或者是产生不正常的蛋白质及其他化合物（生理生化学说）。

1. 影响近交衰退的因素　近交衰退并不是近交的必然结果，即使引起衰退，其结果也不是完全相同的。影响近交衰退的因素主要有：

（1）畜禽种类。神经类型敏感的家畜（如马）比迟钝的畜禽（如绵羊）衰退严重；小家畜、家禽，由于世代较短、繁殖周期快，近交的不良后果积累较快，因此易发生衰退现象。肉用家畜对近交的耐受程度高于乳用和役用家畜。

（2）群体特性。纯合程度较差的群体，近交衰退表现严重；经过长期近交的群体，由于排除了部分有害基因，近交衰退程度较轻。

（3）体质与饲养条件。体质健康结实的畜禽，近交危害较小；饲养条件较好，可在一定程度上缓和近交衰退的危害。

（4）性状种类。遗传力低的性状，在近交时衰退表现比较严重；遗传力较高的性状，在近交时衰退表现并不显著。

2. 防止近交衰退的措施　为了防止近交衰退的出现，除了正确运用近交，严格掌握近交程度和时间外，在近交过程中还应注意采取以下措施：

（1）严格淘汰。是近交中公认的一条必须遵循的原则。严格淘汰的实质，是及时将分化出来的不良隐性纯合个体从群体中除掉，将不衰退的优良个体留作种用。只要实行严格淘汰，都能获得较好的效果。

（2）血缘更新。一个种群自繁一定时期后，难免都有不同程度的亲缘关系，为防止不良影响的过多积累，可考虑从外地引进一些同品种、同类型，但无亲缘关系的种畜禽或冷冻精液进行血缘更新，但要注意同质性。对商品场和一般繁殖群来说，血缘更新尤为重要，"三年一换种""异地选公，本地选母"，都是这个意思。

（3）加强饲养管理。近交个体，其种用价值一般较高，遗传性也较稳定，但生活力弱，对饲养管理条件要求较高。如加强饲养管理，就可以减轻或避免出现退化现象。所以，加强对近交后代的饲养管理，对提高畜牧生产来说是十分必要的。

（4）做好选配工作。适当多留种公畜（禽）和细致做好选配工作，就可避免被迫进行近交。即使发生近交，也可使近交系数的增量控制在较低水平。据研究，若能将每代近交系数增量控制在 $3\%\sim4\%$，则即使近交若干代，也不致出现显著有害后果。

（五）应用近交注意的问题

（1）近交只适宜在培育新品种和建立新品系时，为了固定优良性状和提高种群纯度时使用。在商品生产畜禽群中，应尽力避免近交。

（2）只有体质健壮、品质优异的公畜（禽）才可用于近交；必须对种公畜（禽）进行严格选择，要确认其不携带隐性有害基因。

（3）长期闭锁繁殖的地方良种，可使用较高程度的近交。在杂交育种的杂交阶段，不宜采用高度近交，当出现理想型后，可采用同胞或父女交配，以加快种群的同质化。

（4）近交使用时间的长短，原则是达到目的就应适可而止，及时转为程度较轻的近交或远交，以便保持种群旺盛的生活力。

思考题

1. 在生产实践中，怎样灵活运用近交？

2. 将下列 x 个体系谱，改绘通径图，并计算 F_x 和 R_{SD}。

$$x\begin{cases}S\begin{cases}5\begin{cases}1\\2\end{cases}\\6\begin{cases}3\\4\end{cases}\end{cases}\\D\begin{cases}7\begin{cases}1\\2\end{cases}\\8\begin{cases}3\\4\end{cases}\end{cases}\end{cases}$$

任务四　保种选育技术

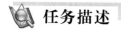 **任务描述**

我国是世界上畜禽遗传资源较丰富的国家之一，不仅物种、类群齐全，而且种质特性各

异。首批列入《中国家畜家禽品种志》的畜禽品种有 280 余个，其中猪品种有太湖猪、金华猪、姜曲海猪、香猪等 48 个地方品种，12 个培育品种和 6 个引入品种；牛品种有南阳牛、延边牛、秦川牛等 34 个地方品种，4 个培育品种和 7 个引入品种；羊品种有蒙古羊、湖羊、小尾寒羊等 35 个地方品种，9 个培育品种和 9 个引入品种；家禽品种有北京鸭、狮头鹅、狼山鸡等 52 个地方品种，9 个培育品种和 14 个引入品种。此外，还有一些其他优良的畜禽品种，如蒙古马、关中驴、阿拉善骆驼等。长期以来，由于对遗传资源保存的重视不够，措施不力，存在"重引进、轻培育，重改良、轻保护"的现象，造成品种混杂、资源流失严重，因此加强畜禽地方品种的保护与利用刻不容缓。

子任务一　保种技术

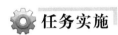 **任务实施**

保种就是要尽量全面、妥善地保护现有的畜禽遗传资源，使其免遭混杂和灭绝，其实质就是保存现有动物种群的基因库。

一、保种的原理

保种的任务是使基因库中每一种基因都不丢失。要达到这一要求，首要的条件是要有大的群体，并且实行随机交配，使其不受选择、突变、迁移和遗传漂变等影响。然而，在畜牧生产中，作为一个保种群，往往是闭锁的有限群体，即使没有突变、选择、迁移等的作用，也可因群体较小而存在的抽样误差，造成基因频率的随机漂变，使任何一对等位基因在群体中的纯合子频率增高。在实际的保种群体中影响近交系数增量的主要因素有：群体大小、性别比例、留种方式、交配系统以及世代间隔等。

二、保种的基本措施

1. 划定良种基地　在良种基地中禁止引进其他品种畜禽，严防群体混杂。这是保种的一项首要措施。

2. 建立保种群　在良种基地建立足够数量的保种群。在保种群内最好有一定数量的彼此无亲缘关系的公畜（禽），一方面考虑把每代近交增量降低到最小限度，另一方面考虑条件的允许程度。一般来说，如要求保种群在 100 年内近交系数不超过 0.1，那么猪、羊、禽等小动物的群体有效含量应为 200 头（设世代间隔为 2.5 年），牛、马等大家畜的群体有效含量应为 100 头（设世代间隔为 5 年）。

3. 实行各家系等量留种　在每一世代留种时，应实行每一头公畜（禽）后代中选留一头公畜（禽），每一头母畜（禽）后代中选留数量相同的母畜（禽），并且尽量保持每个世代的群体规模一致。

4. 防止近交，适当延长世代间隔　在保种群内实行避免全同胞、半同胞交配的不完全随机配种制度，或采取非近交的公畜（禽）轮回配种制度，可以降低群体近交系数增量。也可以采用划分亚群，并结合亚群间轮回的交配方式。

5. 搞好协作　在保种群内一般不实行选择，在不得已的情况下，才实行保种与选育相结合的所谓"动态保种"。同时，控制污染源，保持外界环境条件相对稳定，防止基因突变。

三、保种的方法

畜禽遗传资源保存主要有 3 种方法：活体原位保存、配子或胚胎的超低温保存、DNA保存，此外体细胞保存也是一种很有发展前景的保种方式，这些方法各有利弊，往往需要共同使用，相互补充。

1. 活体保存　活体保存是目前最实用的方法，可以动态地保存品种资源。但是，其弊端在于需要设立专门的保种群体，维持成本很高，存在管理问题。畜群还会受到各种有害因素的影响，例如疾病、近交、群体混杂以及自然选择造成的群体遗传结构变化等。

2. 冷冻保种　随着生物技术的发展，保种技术逐渐趋于多元化。目前，超低温冷冻方法保种尽管还不能完全替代活体保种，但作为一种补充方式，仍具有很大的实用价值，特别是对稀有品种或品系，利用这种保存方法可以较长时期地保存大量的基因型，免除种群对外界环境条件变化的适应性改变。生殖细胞和胚胎的冷冻保存技术、费用和可靠性在不同的动物有所不同。一般情况下，超低温冷冻保存的样本收集和处理费用并不是很高，特别是精液的采集和处理是相对容易和低廉的，而且冷冻保存的样本也便于长途运输。对生产性能低的地方品种而言，这种方式的总费用要低于活体保存。利用这种方式保存遗传资源，必须对供体样本的健康状况进行严格检查，同时做好有关的系谱和生产性能记录。

3. DNA 保存　DNA 基因组文库作为一种新型的遗传资源保存方法，目前基本上处于研究阶段。随着分子生物学和基因工程技术的完善，可以直接在 DNA 分子水平上有目的地保存一些特定的性状，即基因组合，通过对独特性能的基因或基因组定位，进行 DNA 序列分析，利用基因克隆，长期保存 DNA 文库。这是一种最安全、最可靠、维持费用最低的遗传资源保存方法，可以在将来需要时，通过转基因工程，将保存的独特基因组合整合到同种甚至异种动物的基因组中，从而使理想的性能重新回到活体畜群。

4. 体细胞保存　体细胞的冷冻保存可能是成本最低廉的一种方式，但是需要克隆技术作为保障。1996 年英国报道成功的克隆羊"多利"，以及随后相继报道在鼠、兔、猴等动物的体细胞克隆成功事例，至少为畜禽遗传资源保存提供了一条新的途径，即利用体细胞可以长期保存现有动物的全套染色体，并且将来可以利用克隆技术完整地复制出与现有遗传组成完全一致的个体。然而，到目前为止，这种方式还不能真正用于畜禽遗传资源的保存。

四、品种资源的开发利用

（一）直接利用

我国的地方良种以及新育成的品种，大多具有较高的生产性能，或在某一方面有突出的生产用途，它们对当地自然条件及饲养管理条件又有良好的适应性，因此均可直接用于生产畜产品。引入的外来良种，生产性能一般较高，若这些品种的适应性也较好，也可直接利用。

（二）间接利用

1. 作为杂种优势利用的素材　在开展杂种优势利用时，对母本的要求主要是繁殖性能好、母性强、泌乳力高、对当地条件的适应性强，我国地方良种大多都具备这些优点。对于父本的要求，主要是生长速度快、饲料利用率高、产品品质良好等，外来品种一般可用作父系。当然，不同品种间的杂交效果是不一样的，应从中找出最有效的杂交组合，供推广使用。

2. 作为培育新品种的素材　在培育新品种时，为了使新育成的品种对当地的气候及饲养管理条件具有良好的适应性，通常都利用当地优良品种与外来品种杂交。例如，培育三江白猪就是采用长白猪与东北民猪杂交，培育草原红牛是采用短角牛与蒙古牛杂交。

子任务二 本品种选育技术

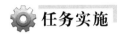 **任务实施**

一、准备工作

（1）调查了解当地自然气候条件、社会经济条件、畜牧业发展方向、畜禽品种资源利用规划及现状。

（2）就近联系猪场、牛场、羊场、禽场等良种场。

（3）调查了解良种场的选育条件、选育方法及技术措施。

二、选育方法

（一）本品种选育的基本措施

本品种选育是指在本品种内通过选种选配、品系繁育、改善培育条件等措施，以提高品种生产性能的一种育种方法。本品种选育的目的是保持和发展本品种的优良特性，克服某些缺点，并保持品种的纯度，不断提高品种的数量和质量。本品种选育的基本措施为：

1. 制订选育规划，确定选育目标 在普查鉴定的基础上，根据国民经济发展的需要、当地的自然经济条件以及原品种的具体特点，制订地方品种资源的保存和利用规划，提出选育目标（包括选育方向和选育指标）。确定选育目标时，要注意保留和发展原品种特有的经济类型和独特品质，并根据品种的具体情况确定重点选育性状。

2. 划定选育基地，建立良种繁育体系 在地方良种区，划定良种选育基地，建立良种繁育体系，使良种不断扩大数量，提高质量。

3. 严格执行选育技术措施

（1）定期进行性能鉴定。

（2）严格执行规定的选种选配方案。按照选育目标，以同质选配为主，结合异质选配的办法，使重点选育的性状得到改良。同时，严格选优去劣，不断提高种群的纯合程度。

（3）进行科学的饲养管理。

4. 开展品系繁育 在本品种选育过程中，积极创造条件，开展品系繁育，有利于品种全面提高。

5. 加强组织领导，建立选育协作组织 建立相应的各种畜禽选育协会组织，在统一的组织领导下，制订选育方案，各单位分工负责，定期进行统一鉴定，评比检查，交流经验，对加速地方良种的选育能起到积极的推动作用。

（二）引入品种的选育措施

1. 集中饲养 引入同一品种的种畜禽应相对集中饲养，建立以繁育该品种为主要任务的育种场，以利于风土驯化和开展选育工作。良种群的大小，可因畜禽种类不同而不同。根据闭锁繁育条件下近交系数增长速度的计算，一般在良种猪群中需经常保持50头以上的母猪和3头以上的公猪。

2. 慎重过渡 对引入品种的饲养管理，应采取慎重过渡的办法，使其逐步适应。要尽量创造有利于引入品种性能发展的饲养管理条件，进行科学饲养。同时，还应逐渐加强其适应性锻炼，提高其耐粗性、耐热性和抗病力。

3. 逐步推广 在集中饲养过程中要详细观察引入品种的特性，研究其生长、繁殖、采食习性和生理反应等方面的特点。要详细做好观察记载，为饲养和繁殖提供必要的依据。在摸清了引入品种的特性后，再逐渐推广饲养。

4. 开展品系繁育 通过品系繁育除可达到一般目的外，还可改进引入品种的某些缺点，使其更符合当地的要求；防止过度近交；综合不同品系的特点，建立我国自己的综合品系。

此外，在开展引入品种选育过程中，也必须建立相应的选育协作机构或品种协会，加强组织领导，及时交流经验，做好种畜禽的调剂和利用工作等。

（三）引种措施

1. 正确选择引入品种 首要必须考虑国民经济的需要和当地品种区域规划的要求。选择引入品种的主要依据是该品种具有良好的经济价值和育种价值，并有良好的适应性。为了正确判断一个品种是否适宜引入，最可靠的办法是首先引入少量个体进行引种试验，实践证明其经济价值及育种价值高，能适应当地的自然和饲养管理条件后，再大量引种。

2. 慎重选择个体 在引种时对个体的挑选，既要注意品种特性、体质外形以及健康、发育状况，还要加强系谱的审查，注意亲代或同胞的生产力高低，防止带入有害基因和遗传疾病。另外，引入个体间一般不宜有亲缘关系，尽量选择幼年健壮的个体。随着冷冻精液及胚胎移植技术的推广，引入良种公畜的精液和良种种畜的胚胎，即可节省引种费用，又利于引种成功。

3. 妥善安排调运季节 注意原产地与引入地的季节差异，使畜禽逐渐适应气候变化。如由温暖地区引至寒冷地区，宜于夏季抵达；而由寒冷地区引至温暖地区则宜于冬季抵达。

4. 严格执行检疫制度 切实加强种畜检疫，严格实行隔离观察制度，防止疾病传入，是引种工作中必须认真重视的环节。

5. 加强饲养管理和适应性锻炼 引种后的第一年是关键性的一年，必须加强饲养管理。做好接运工作，并根据原来的饲养习惯，创造良好的饲养管理条件，选用适宜的日粮类型的饲养方法，采取必要的防寒或降温措施，预防地方性寄生虫病和传染病。加强适应性锻炼和改善饲养条件，两者不可偏废。单纯注意改善饲养管理条件而不加强适应性锻炼，其效果有时适得其反。

6. 采取必要的育种措施 不同个体对新环境的适应性有差异。在选种时，选择适应性强的个体，淘汰不适应的个体。在选配时，为了防止生活力下降和退化，避免近亲交配。

背景知识

一、品种的概念及具备条件

品种是畜牧学分类单位，人类为了某种经济目的，在一定的自然条件和经济条件下，通过长期选育而形成的具有某种经济价值的动物类群。作为一个品种应具备以下条件：

1. 来源相同 同一品种的畜禽在血统来源上应是基本相同的。一般来说，古老的品种往往来源于一个祖先，而培育的新品种则可能来源于多个祖先。

2. 特征特性相似　同一品种的畜禽在体形结构、外貌特征和重要经济性状方面都很相似，容易与其他品种相区别。当然，不同品种在外貌特点的某些方面可能相似，但总的特征必然有区别。

3. 具有一定的经济价值　一个品种之所以能存在，必然有某种经济价值。或是生产水平高，或是产品质量好，或是有特殊的用途，或是对某一地区有良好的适应性。

4. 遗传性稳定，种用价值高　品种必须具有稳定的遗传性，才能将其优良的性状传给后代，与其他品种杂交时，才能起到改良作用。当然品种遗传性的稳定只是相对的，随着人工选择作用的加强，还会在生产性能或生产方向方面逐步地得到改变。

5. 具有一定的结构　在具备基本共同特征的前提下，一个品种的个体可以分为若干个各具特点的类群，如品系、品族和类型等。这些类群可以是自然隔离形成的，也可以是育种工作者有意识地培育而成的，它们构成了品种内的遗传异质性，这种异质性为品种的遗传改良和畜产品的丰富多样提供了条件。

6. 足够数量　数量是决定能否维持品种结构、保持品种特性、不断提高品种质量的重要条件，数量不足不能成为一个品种。只有当个体数量足够多时，才能正常地进行选种选配工作，不致被迫近交或与其他品种杂交。目前，规定新品种猪至少应有 5 个不同亲缘系统的50 头生产公猪和 1 000 头生产母猪。

7. 被政府或品种协会所承认　作为一个品种必须经过国家畜禽遗传资源委员会审定，确定其是否满足以上条件，并予以命名，由国家农业部发布公告，只有这样才能正式称为品种。

二、品种的分类

（一）按培育程度分类

1. 原始品种　原始品种是在生产水平较低，长期选种选配水平不高，而又饲养管理粗放的情况下所形成的品种，如蒙古马和蒙古牛。其特点是：晚熟，个体相对较小；体格协调，生产力低但全面；体质粗壮、耐粗饲，适应性强，抗病力高。原始品种是培育能适应当地条件而又高产的新品种所必需的原始材料。

2. 培育品种　培育品种是人们经过有明确目标选择和培育出来的品种，生产力和育种价值都较高，如荷斯坦牛、海福特牛、长白猪等。

3. 过渡品种　过渡品种是原始品种经过品种改良或人工选育，但尚未达到完善的中间类型，如三河马、三河牛等。过渡品种往往很不稳定，进一步选育，即可成为培育品种。

当然，以上 3 类品种的划分是相对的，是有条件的。

（二）按生产力类型分类

1. 专用品种　由于人们的长期选择和培育，使品种的某些特性获得了显著发展，或某些组织器官产生了突出的变化，从而表现出了专门的生产力。如牛有乳用品种、肉用品种等；猪有脂肪型品种、瘦肉型品种等；羊有细毛品种、半细毛品种、羔皮品种、裘皮品种、肉用品种等；鸡有蛋用品种、肉用品种等。

2. 兼用品种　是指兼备不同生产用途的品种。例如乳肉兼用品种西门塔尔牛、毛肉兼用新疆细毛羊、蛋肉兼用洛岛红鸡等。这些兼用品种，体质一般较健康结实，对地区的适应性较强，但某一类型的生产力低于专用品种。

随着时代的变迁，生产力类型也会有变化，如黑白花奶牛是乳用品种，但有些地方却培育成了乳肉兼用黑白花牛。

三、引　　种

(一) 引种与风土驯化

所谓引种，就是把外地或外国的优良品种、品系或类型引进当地，直接推广或作为育种材料的工作。引种时可以直接引入种畜禽，也可以引入良种畜禽的精液或优良种畜禽的胚胎。

风土驯化是指畜禽适应新环境条件的复杂过程。其标准是畜禽在新的环境条件下，不但能生存、繁殖、正常的生长发育，而且能够保持原有的基本特征特性。畜禽的风土驯化主要是通过以下两种途径实现的。

1. 直接适应　从引入个体本身在新环境条件下直接适应开始，经过后代每一世代个体发育过程中不断对新环境条件的直接适应，直到基本适应新环境条件为止。

2. 定向地改变遗传基础　当新迁入地区环境条件超越了品种畜禽的反应范围，引入畜禽会发生种种反应。通过选择的作用和交配制度的改变，淘汰不适应的个体，留下适应的个体繁殖，从而改变群体中的基因频率，使引入品种畜禽在基本保持原有特性的前提下，遗传基础发生改变。

(二) 引种后的主要表现

品种由原产地引入到一个新地区后，由于各方面条件发生变化，从而使品种特性或多或少地产生一些变异。按其遗传基础是否有改变，可归纳为两种类型。

1. 暂时性变化　自然条件的变迁和饲养管理的改变，常可使引入品种在生长、繁殖和生产力等方面暂时的下降或提高。这是在引种工作中最常见的一类变化。只要所需条件得到满足，上述变异就会逐渐消除。

2. 遗传性变化

(1) 适应性变异。风土驯化过程中可能在体质外形和生产性能上发生某些变化，但适应性却显著提高，并成为可遗传的稳定性状。

(2) 退化。当两地生活环境条件差异过大，引入品种长期不能适应，表现出体质过度发育、经济价值降低、繁殖力减退、发病率和死亡率增加，即使改善了饲养管理及环境条件也难以彻底恢复，这种情况就称为退化。

四、品　　系

品系是指一群具有突出优点，并能将这些突出优点相对稳定地遗传下去的种畜禽群。品系作为畜禽育种工作最基本的种群单位，在加快现有品种的改良，促进新品种的育成和充分利用杂种优势等育种工作中发挥了巨大的作用。

(一) 品系的类型

1. 地方品系　地方品系是指由于各地生态条件和社会经济条件的差异，在同一品种内经长期选育而形成的具有不同特点的地方类群。例如太湖猪，分布在江浙地区太湖流域，由于产地不同使得其体型外貌和性能上存在某些差异，据此将太湖猪分为二花脸、梅山、枫泾、嘉兴、横泾、米猪、沙乌头 7 个地方品系。

2. 单系　单系是指来源于同一头卓越系祖，并且具有与系祖相似的外貌特征和生产性能的有亲缘关系的种群。

3. 近交系　近交系是指连续进行同胞交配形成的品系，其群体的平均近交系数在37.5％以上。由于高度近交，衰退严重，淘汰率较高，建系过程成本太高，因而未能普及。

4. 群系　这是一种选择具有共同优秀性状的个体组群，通过闭锁繁育，迅速集中优秀基因，形成群体稳定的特性。这样形成的品系称为群系，也就是多系祖品系。与单系比较，群系不仅使建系过程大大缩短，品系规模扩大，且有可能使原分散的优秀基因在后代集中，从而使群体品质超出任何一个系祖。

5. 专门化品系　专门化品系是指具有某方面突出优点，并专门用于某一配套系杂交的品系，可分为专门化父系和专门化母系。在培育专门化品系时，母系的主选性状为繁殖性状，辅以生长性状；父系的主选性状为生长、胴体和肉质性状。

6. 合成系　合成系是指两个或两个以上来源不同，但有相似生产性能水平和遗传特征的品种或品系杂交后形成，经选育后可用于杂交配套的种群。合成系育种重点突出主要的经济性状，不追求血统上的一致性，因而育成的速度很快。

（二）建立品系的方法

1. 系祖建系法　系祖建系法适用于建立以低遗传力性状为主选性状的高产品系。其建系程序是：

（1）选定系祖。要求系组具有独特的稳定遗传的优点，其余特征特性达到畜群的中上等水平。

（2）组建基础群自群繁育。选择与系祖相似的优秀母畜（禽）组成基础群，开展自群繁育，并从大量后代中选择系祖的继承者，形成具有与系祖共同特点的高产畜禽群。

（3）纯繁和扩群。按照品系的选育指标，坚持性能与亲缘相结合的原则，从大量的优秀个体中严格选择淘汰。用近交、重复选配等方法不断加强群内性状一致性的选育，保证形成具有突出优点的品系。

2. 近交建系法　近交建系方法的特点是利用高度近交，如亲子、全同胞或半同胞交配，使优秀性状的基因迅速达到纯合。其建系程序是：

（1）组建基础群。由于高度近交，淘汰量很大，因此要求原始基础群有一定的数量（母畜越多越好，公畜不宜过多）。组成基础群的个体不仅要求优秀，而且要选育性状相同，不能带有隐性不良基因。

（2）高度近交。建立近交系应根据具体情况灵活运用近交，建系开始时可进行较高程度的近交，以后则根据上代近交效果来决定下一代的近交方式。建立近交系时，最初几个世代并不宜进行选择，等分化出性状明显不同的纯合子时，再按选育目标进行选择，这样大大提高了选种的准确性和建系的效率。

3. 群体继代选育法　群体继代选育法又称闭锁群选育，在猪和鸡的选育过程中广泛应用。其建系程序是：

（1）组建基础群。建系目标所要求的各种性状务必一次选齐。当品系繁育的目标性状较多时，基础群以异质为宜，把分散于不同个体的理想性状汇集于后代。如果品系繁育的目标性状不多，只需要突出个别性状，则基础群以同质为好，有利于加快品系的培育。基础群要有一定数量，有利于减缓近交程度的增长，以获得理想的基因组合。

（2）闭锁繁育。组群后将种群严格地封闭起来，不允许引入任何来源的种畜禽。一世代畜禽均来自零世代基础群，以后各世代的畜禽均来自上一世代。每一世代的组群数量始终保持基础群原畜禽数。封闭后，基础群内的近交系数随世代自然上升，逐步使群体趋向纯合。基础群经过5～6个世代选育后，使原来有一定差异的群体成为具有共同优良特点的优秀群体。

（3）严格选留。按选育目标严格选种，每一世代的后备畜禽尽量集中于一个时期内出生，在相同条件下培育和生产，然后根据本身和同胞的性能严格选留。各世代的选种标准和选种方法始终保持一致。选种中，一般每一家系都应留下后代，优秀家系可多留些。

（4）畜禽选育与推广。由于群体继代选育法的世代间隔短，畜群更新较快，可以结合各级国有牧场和乡镇企业的育种组织体系，使建系与推广紧密结合。

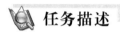
思考题

1. 谈谈我国畜禽品种资源现状。

2. 结合生产实践，谈谈奶牛引种工作中存在哪些问题。

3. 家畜保种和家禽保种有什么区别？

4. 品系繁育在现代畜禽育种中有何意义？

任务五　杂交利用技术

任务描述

在养猪生产中，通过不同品种或品系间杂交是提高商品猪的生产性能和经济效益的重要技术措施。我国规模化猪场生产中的杂交模式一般多采用二元杂交（如长大、大长、杜大、杜长等）、三元杂交（杜长大），也有配套系的多元经济杂交（如杜洛克、皮特兰、PIC等）。一般来讲，杂种猪增重的优势率为5%～10%，饲料利用率的优势率为13%，杂种母猪在产仔数、哺乳率和断奶窝重的优势率分别为8%～10%、25%和45%。如杜长大三元杂交猪是生长发育最快的猪种，肥育期平均日增重750g以上，料肉比为（2.5～3.0）∶1，胴体瘦肉率在60%以上，屠宰率为75%。

子任务一　经济杂交利用

任务实施

大量经济杂交实践证实，杂种优势虽是生物界的一种普遍现象，并不是任何两个亲本杂交所产生的杂种或杂种的所有性状都有优势。杂种是否有优势，其表现程度如何，主要取决于杂交用的亲本群体的质量以及杂交组合等是否恰当，也受制于营养水平、饲养制度、环境温度、卫生防疫体系等环境因素，还受制于遗传与环境的互作。

一、杂交亲本的选择

1. 母本的选择　在选择杂交母本时，要求选择本地区数量多、适应性强、繁殖性能高、母性好和泌乳力强的品种或品系。在不影响杂种生长速度的前提下，母本的体格不一定要求太大。实践中应根据具体情况灵活应用。

2. 父本的选择　在选择杂交父本时，要求选择生长速度快、饲料利用率高、胴体品质好、与杂种类型相同的品种或品系，如杜洛克猪、夏洛来牛、西门塔尔牛等。至于适应性问题，则不必过多考虑，由于父本数量很少，适当的特殊照顾费用不大。

二、杂交亲本的选优与提纯

"选优"就是通过选择使亲本种群原有的优良、高产基因的频率尽可能增大，杂交亲本必须都是优秀高产品种或品系。"提纯"就是通过选择和近交，具有优良性状的纯合体个体数量不断增加。选优提纯在杂种优势利用中的作用是一个"水涨船高"的关系，亲本选育提纯越好，杂种性能也会越高。

三、杂交效果的测定

不同种群间杂交效果好坏差异很大，只有通过配合力测定才能准确度量，但配合力测定费钱费时，为了减少那些不必要的配合力测定，一般可以根据以下几点来对杂交效果进行预估，然后把预估效果较大的杂交组合再列入配合力测定。

（一）杂交效果的估测

一般情况下，种群间差异大的，杂种优势也往往较大；长期与外界隔离的封闭群体杂交时，一般可得到较大的杂种优势；遗传力低、近交衰退严重的性状，杂种优势也较大；主要经济性状变异系数小的品种或品系杂交效果一般较好。

当然根据以上所做的估计还是很笼统、很粗糙的，不可能区分差异不大的杂交组合的效果，有时甚至也会估计错误。最近在作物育种方面报道了一种所谓"线粒体混合试验法"用以预测杂种优势。虽然这种预测杂种优势的方法还不够完善，更不能直接应用于畜禽杂种优势。但是无论如何，这种方法已经在用实验室方法替代杂交试验方面走出了有意义的一步，这预示着在此方面的研究领域和前景还是非常广阔的。

（二）配合力测定

1. 配合力的概念 配合力就是种群通过杂交能够获得的杂种优势程度，即杂交效果的好坏和大小。在生产实践中，通过测定不同品种间（或品系间）杂交的配合力，从中选出理想的杂交组合。

配合力有两种：一般配合力和特殊配合力。一般配合力是指一个种群与其他各种群杂交所能获得的平均效果，反映了杂交亲本群体平均育种值的高低，主要依靠纯繁选育来提高。特殊配合力是指两个特定种群之间杂交所能获得的超过一般配合力的杂种优势，反映了杂种群体平均基因型值与亲本平均育种值之差，其提高主要应依靠杂交组合的选择。在生产中经常进行的杂交组合试验（测定），主要是测定特殊配合力。

2. 配合力的测定方法 杂种优势的大小是按性状分别进行度量，一般以杂种优势值来表示，但为方便各性状间比较，常转化为杂种优势率来进行度量。杂种优势率是用 F_1 代平均数和双亲的平均数的比较来加以度量的。其计算公式如下：

$$H = \frac{\overline{F_1} - \overline{P}}{\overline{P}} \times 100\%$$

式中，H 为杂种优势率；$\overline{F_1}$ 为杂种一代的平均值（即杂交试验中杂种组的平均值）；$\overline{P}$ 为亲本种群的平均值（即杂交试验中各亲本种群纯繁组的平均值）。

多品种或多品系杂交试验时，亲本平均值应按各亲本在杂种中所占的血缘比例进行加权平均。

某畜牧兽医研究所报道的一次杂交试验结果如表 7-5-1 所示，计算断乳窝重的杂种优势率。

表 7-5-1 约克夏猪×金华猪杂交试验结果

组别	窝数	平均每窝产仔数（头）	平均断乳窝重（kg）
约克夏猪×金华猪	12	10.00	129.00
约克夏猪×约克夏猪	17	8.20	122.50
金华猪×金华猪	17	10.41	106.75

解：$H(\%) = \dfrac{129 - \frac{1}{2}(122.5 + 106.75)}{\frac{1}{2}(122.5 + 106.5)} \times 100\% = \dfrac{129 - 114.63}{114.63} \times 100\% = 12.54\%$

例 6-5-2：某三品种杂交试验结果如表 7-5-2 所示，计算日增重的杂种优势率。

表 7-5-2 三品种杂交试验结果

组别	数量（头）	始重（kg）	末重（kg）	平均日增（g）
A×A	6	5.10	75.45	180.54
B×B	4	9.62	77.15	258.85
C×C	4	5.69	75.85	225.10
C×AB	4	9.81	76.63	278.41

解：在三品种杂交中，亲本 C 占 1/2 血缘成分，亲本 A、B 各占 1/4，所以：

$$\overline{P} = \frac{1}{4}(A+B) + \frac{1}{2}C = \frac{1}{4} \times (180.54 + 258.85) + \frac{1}{2} \times 225.10 = 222.40$$

则日增重的杂种优势率：

$$H(\%) = \frac{\overline{F_1} - \overline{P}}{\overline{P}} \times 100\% = \frac{278.41 - 222.40}{222.40} \times 100\% = 25.18\%$$

四、杂种的培育

实践证明，杂种优势的表现与杂种所处的生活条件有着密切的关系。应该给予杂种相适应的饲养管理条件，以保证杂种优势能充分表现。若在基本条件也不能满足的情况下，杂种优势是不可能表现的，有时甚至不如低产的纯种。

子任务二 杂交育种

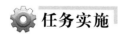 **任务实施**

一、引入杂交

引入杂交又称导入杂交，是在保留原有品种基本特性的前提下，利用引入品种来改良其某些缺点的一种杂交方法。该方法一般在某一品种基本上能满足国民经济要求，各种特性无需从根本上加以改变，只是纠正其个别缺点和不足时采用。

（一）杂交方法

根据育种目标，选定引入杂交的品种，在杂交时一般要求引入的外血不超过 1/8 或 1/4，即只杂交一次，然后从杂种中选出理想的公畜（禽）与原有品种的母畜（禽）回交，理想的杂种母畜（禽）则与原品种优秀的公畜（禽）回交，产生含 25% 外血的杂种。再根据杂种的具体表现，主要视其缺点和改进程度等情况，决定是否再回交。如果回交一代不理想，可以再回交一次，产生含 12.5% 外血的杂种，如此类推（图 7-5-1）。

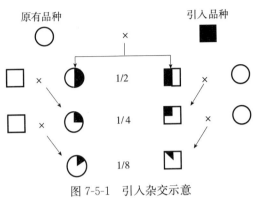

图 7-5-1 引入杂交示意

（二）注意事项

1. 慎重选择引入品种和引入个体 引入品种要求其生产力方向、生产性能、体质类型要与原品种基本相似，要具有针对原品种某些缺陷的显著优点，且适应性较强。选择引入个体时，最好经后裔测定为优秀的畜（禽），且不能携带隐性不良基因。

2. 加强原品种和杂种选育 引入杂交是以原有品种为基础，要求它们在优势性状上的遗传表现非常稳定，具有非常完整的原品种的优点。此外，要特别注意对杂种的选择和培育，创造有利于引入性状得以表现的饲养管理条件。

3. 引入外血量要适当 一般要求引入的外血不超过 1/8 或 1/4，外血过多不利于保持原来品种的特性，但外血过少不能达到育种目标。

二、级进杂交

级进杂交又称改良杂交，是利用某一优良品种彻底改造另一品种生产性能的方向或水平的杂交方法。例如粗毛羊转变为细毛羊、役用牛转变为肉用牛。

（一）杂交方法

级进杂交是利用改良品种的公畜（禽）和被改良品种的母畜（禽）杂交，对其所生的杂种母畜（禽）继续与改良品种的公畜（禽）逐代回交，直到杂种接近改良品种的生产力类型或水平时，然后将理想型的杂种进行自群繁育。其杂交模式如图 7-5-2 所示。

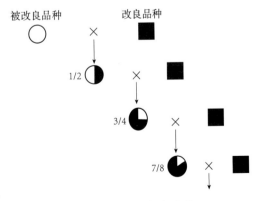

图 7-5-2 级进杂交示意

（二）注意事项

1. 改良品种的选择 根据地区规划、国民经济的需要以及当地自然条件，选择适应性好、生产力高、遗传稳定和遗传能力强的品种，作为改良品种。

2. 杂种的选择和培育 杂种的遗传性不稳定，其性状、特性的表现不仅取决于"血缘成分",且受环境条件的影响很大。因此,为杂种创造最适宜的培育条件,才能保证其优良性状充分发育。

3. 正确掌握杂交的代数 对杂种性状表现进行逐代分析,当后代出现既具有改良品种的优良性状,又适当保留被改良品种原有的良好繁殖力和适应性等优点时,就要立即进行横交自繁固定该性状。级进杂交的代数,需根据具体情况而定,通常杂交 2～3 代,一般不超过 5 代。

三、育成杂交

开展杂交育种工作,必须在全面调查研究的基础上,根据国民经济需要,结合当地自然经济条件和原有品种特点,制订一个切实可行的育种方案,确定育种方向、育种指标和育种措施,然后根据育种方案有计划地进行。育成杂交一般分为 3 个阶段。

1. 杂交创新阶段 根据原拟订的杂交育种方案,进行品种间杂交,以期将分散在不同品种或不同个体的优良性状汇集到杂交后代群体上。通过不同品种间杂交,是否可获得新的理想型杂交后代群体,关系到培育新品种的遗传素材的优劣,杂交创新阶段的成败是新品种培育能否成功的关键。

2. 自繁定型阶段 通过杂交创新阶段,发现理想型杂交后代时,即不再杂交,转入杂交后代间自群交配繁育,进入优良性状和优秀个体的固定阶段。此阶段的主要目的是固定理想型个体和理想性状。此阶段的主要技术措施是适当近交,使理想个体及理想性状的基因型得以纯合,达到固定优良个体和优良性状的目的。该阶段是杂交育种最为关键的阶段。

3. 扩群提高阶段 当畜群内优良个体和优良性状得到固定后,进入扩群提高阶段。此阶段的主要工作是:①大量繁殖理想型个体。②中试、推广。国家对新品种的培育和验收有严格的规定,如要求新品种培育者要对新品种进行中间试验。对新品种的生产性能、适应性、抗逆性等进行验证。③在扩繁和推广实践中选育。将新品种推广到广大农村和将来的饲养区域,进行实地饲养、实地选育,实地测试和实地调试;使新品种更加适应当地气候条件、饲料管理条件等,确保培育出高产优质的新品种。

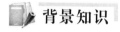 **背景知识**

一、杂交的概念

在畜牧生产中,杂交指不同种群(种、品种、品系或品群)之间的种畜禽交配。杂交的后代称为杂种,不同属、种之间的杂交称为远缘杂交。因不同种属间的遗传结构差异较大,虽易产生杂种优势,但其杂交后代往往不育,所以远缘杂交育种受到一定限制。

二、杂交的作用与遗传效应

(一)杂交的作用

1. 改良品种 我国畜禽品种资源极为丰富,且大多具有自己独特的优点,但也不同程度地存在一定缺点。在生产实践中,往往需要引入适量外血,在保留原有品种的生产性能的基础上,改良其不足或缺陷。

2. 培育新品种 我国虽然历史悠久,畜禽品种繁多,但随着经济、社会的发展和市场需求的不断变化，许多地方品种已失去生命力和市场价值。这就需要通过杂交的方式来培育新的品种，如新淮猪、中国荷斯坦奶牛、雪山草鸡等。

3. 经济杂交 纯种繁育基本上没有杂种优势，而用不同品种（或品系）的畜禽进行杂交，即可最大限度地开发和利用杂种优势，从而获得最大效益。所以，在我国的商品蛋鸡、商品肉鸡、商品肉猪及商品肉牛、肉羊等生产中都广泛开展经济杂交，通过获取杂种优势来提高经济效益。

（二）杂交的遗传效应

1. 杂交使基因杂合化 不同品种（或品系）的畜禽间杂交，其杂种一代基因型必然杂合。对群体来说，可以提高杂合基因型频率，降低纯合基因型频率。

2. 杂交提高群体均值 随着群体中杂合基因型频率的升高，群体的平均杂合效应值也升高。因此，群体的表型平均值也提高。

3. 杂交可使群体一致性增强 杂交虽能使个体的基因型杂合化，同时却使群体趋向一致。现代化的畜牧业，多采用纯系间杂交，得到完全一致的 F_1 代，个体间表现整齐，在生长发育和生产性能方面的差异小，便于工厂化饲养、标准化管理及畜产品规格化上市。

三、杂交方式

1. 二元杂交 二元杂交是用两个种群杂交一次，一代杂种无论公、母畜（禽），都不作为种用继续配种繁殖，而是全部做经济利用。这种杂交方式最简单，只需做一次配合力测定。其缺点是，不能充分利用繁殖性能方面的杂种优势。

2. 三元杂交 就是先用两个种群杂交，产生在繁殖性能方面具有显著杂种优势母畜（禽），再与第三种群公畜（禽）杂交，产生的三品种杂种后代全部做经济利用。这种杂交方式主要用于肥猪生产，许多国家都采用杜洛克猪、长白猪和大约克夏猪三元杂交生产商品猪。一般来说，三元杂交的总杂种优势超过二元杂交，杂种母猪产仔多、哺乳能力强，仔猪初生窝重和断奶窝重均较大，其缺点是组织工作比较复杂，因为它需要有 3 个种群的纯种猪源，而且需要两次配合力测定。

3. 轮回杂交 即用两个或两个以上的品种逐代的轮流杂交，杂种母畜（禽）继续参加繁殖，杂种公畜（禽）供经济利用。轮回杂交的优点是：能充分利用繁殖性能的杂种优势，组织工作相对比较方便，且杂种优势效果较好。其缺点是：代代要变换公畜（禽），即使发现杂交效果好的公畜（禽）也不能继续使用；配合力测定有一定难度，特别是在第一轮回杂交期间，相应的配合力测定必须做到每代杂交之前，但是这时相应的杂种母畜（禽）还没有产生。

4. 双杂交 双杂交是指两个品种杂交产生的杂种做父本，另两个品种杂交产生的杂种做母本，将两个单杂交种之间再进行一次杂交，所得的杂种后代全部做经济利用。目前，这种杂交方式在畜牧生产中主要用于鸡。

5. 顶交 即近交系的公畜（禽）与无亲缘关系的非近交系的母畜（禽）交配。顶交的优点是：不必经过双杂交阶段，见效快；不需建立母本的近交系，投资少；由于非近交系的母畜（禽）数量大，因而杂种后代多，成本低。缺点是：由于母本群不是近交系，因此一般都不纯，容易发生分化，难以得到规格一致的产品。

思考题

1. 图示西门塔尔牛级进杂交改良当地土种牛（杂交三代）。

2. 图示甘肃高山细毛羊导入 12.5% 澳洲美利奴血液。

3. 试根据表中三品种杂交试验结果，计算平均日增重的杂种优势率。

组别	平均日增重（g）
长白猪×长白猪	800
大约克夏×大约克夏	810
杜洛克×杜洛克	850
杜洛克×大长	880

项目八

畜禽的繁殖技术

项目导学

繁殖技术是畜牧业生产中的关键技术环节，在优质、高产、高效的现代畜禽繁育体系中占有重要的地位，畜禽繁殖力的高低直接影响着养殖业的经济效益，物种的延续、品种的改良、畜禽的生产均离不开繁殖这一环节。影响繁殖力的因素众多，包括品种、年龄、环境、营养水平、配种制度等。根据畜禽的生殖生理特点，通过选择优良的种畜（禽）、加强饲养管理、生产优质精液、适时配种、克服不孕、减少空怀等措施可全面提高畜禽的繁殖力。

学习目标

1. 知识目标

- 熟悉生殖器官的组成及生理功能。
- 了解精液的理化特性，理解外界因素对精子存活的影响。
- 理解稀释液的主要成分及作用。
- 掌握母畜的发情调节及规律。
- 掌握受精生理及妊娠生理。
- 理解分娩机理。
- 了解发情控制及胚胎生物工程。
- 熟悉畜禽常见的繁殖障碍及诊治方法。

2. 能力目标

- 掌握种公畜（禽）的规范采精方法。
- 熟练评定精液的品质。
- 正确处理精液。
- 掌握母畜的发情鉴定要点及输精操作。
- 准确进行母畜的妊娠诊断。
- 熟练掌握母畜的助产和接产工作。
- 熟悉畜禽的繁殖生产管理工作。

任务一　公畜（禽）的采精

任务描述

采精是人工授精技术的首要环节，只有认真做好采精前的准备，正确掌握采精技术，合理安排采精频率，才能获得量多质优的精液，从而提高种公畜（禽）的利用率。采精的方法很多，如假阴道法、手握法、按摩法和电刺激法等。由于假阴道采精法不会降低精液品质，又不影响公畜的生殖器官和性功能，所以应用最为广泛，适用于牛、羊和兔等。手握法是目前采取公猪精液最常用的方法，具有设备简单、操作容易和便于选择性地收集精液等优点。按摩法适用于犬和禽类的采精。

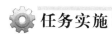 **任务实施**

一、采精前的准备

（一）采精场地

采精场地要固定，有条件的通常设有室内（图8-1-1）和室外两部分。采精场地要求宽敞、平坦、安静、清洁，配有消毒设备，并设有假台畜或采精架（图8-1-2）。

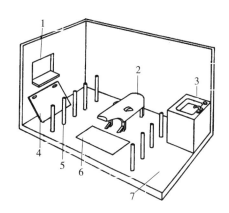

图 8-1-1　公猪采精室结构示意
1. 传递窗　2. 假台猪　3. 清洗槽　4. 赶猪板　5. 安全栏　6. 防滑垫　7. 安全角

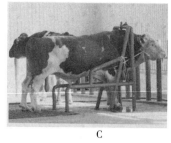

A　　　　　　　　　　B　　　　　　　　　　C

图 8-1-2　假台畜和采精架
A. 假台猪　B. 假台羊　C. 牛的采精架

（二）台畜的准备

台畜有真台畜和假台畜两种。公猪采精多采用假台猪，采精前对其彻底消毒。公牛（羊）的采精多用真台畜，最好选择健康无病、体格健壮、大小适中、性情温顺的发情母牛（羊）作为台畜，有利于刺激公牛（羊）的性反射，采精前对其尾根部、肛门、会阴部进行清洗消毒。

（三）公畜（禽）的调教

公畜（禽）的性行为主要由视觉、听觉、嗅觉、触觉所引起。调教前，将发情母畜的尿液或阴道分泌物喷涂在假台畜背部和后躯，或在假台畜旁放一头发情母畜，以引起公畜性欲，诱导其爬跨假台畜。

（四）假阴道的准备

1. 假阴道的结构 假阴道是模拟发情母畜阴道内环境而仿制的人工阴道。牛的假阴道由外壳、内胎、集精杯、橡胶漏斗、活塞、固定胶圈等部件构成（图 8-1-3），外壳长度为25～50cm，内经约为 8cm，集精杯有美式（外壳一端连接橡胶漏斗，漏斗上连接有刻度的试管或离心管，最外层用保温套防护）和苏式（双层棕色玻璃瓶，中间可注入温水，以防精液遭受冷刺激）两种。羊的假阴道结构包括外壳、内胎、集精杯、活塞、胶塞、二连充气球等（图 8-1-4），外壳为筒状，长度约为 20cm，内经约为 4cm，集精杯（瓶）一般用棕色玻璃制成。

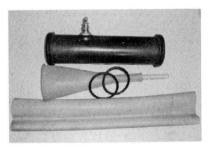 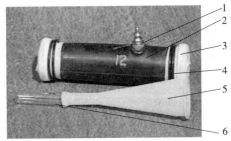

图 8-1-3　牛的假阴道结构

1. 活塞　2. 外壳　3. 内胎　4. 胶圈　5. 橡胶漏斗　6. 集精杯

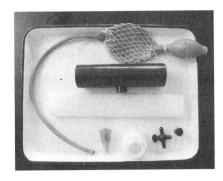 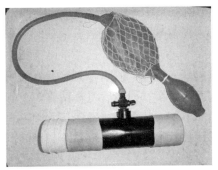

图 8-1-4　羊的假阴道结构

2. 假阴道的安装程序

（1）检查。安装前，要仔细检查外壳是否有裂口、沙眼等，内胎是否漏气、有无破损，活塞是否完好或漏气、扭动是否灵活，集精杯是否破裂。

（2）安装内胎。将内胎的粗糙面朝外、光滑面向里放入外壳内，将内胎两端翻卷于外壳上，要求松紧适度、不扭曲，内胎中轴与外壳中轴重合，即"同心圆"，再用胶圈加以固定。安装好内胎，充气调试呈 Y 形（图 8-1-5）。

（3）消毒。用长柄镊子夹酒精棉球对集精杯、橡胶漏斗消毒，同时由里向外螺旋式对内胎进行擦拭消毒。采精前，最好用生理盐水或稀释液冲洗 1～2 次。并将消毒好的集精杯安装在假阴道一端，固定好。

（4）注水。由注水孔向外壳内灌注 50～55℃ 的温水，水量约为外壳与内胎容积的 1/2，注水完毕装上活塞。

（5）涂抹润滑剂。用消毒玻璃棒蘸取凡士林由外向内在内胎上均匀涂抹，深度为外壳长度的 1/2 左右。润滑度不够，公牛（羊）阴茎不易插入或有痛感；润滑剂过多或涂抹过深，则往往会流入集精杯而污染精液。

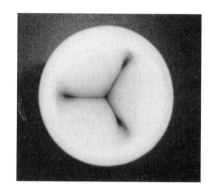

图 8-1-5　Y 形假阴道

（6）调压。如注入水后压力不够，可用二连充气球充气调压，使假阴道入口处内胎呈 Y 形。压力不足，公牛（羊）不射精或射精不完全；压力过大，不仅妨碍阴茎插入和射精，还可造成内胎破损和精液外流。

（7）测温。用消毒的温度计插入假阴道内腔，待温度不变时再读数，一般 38～40℃ 为宜。

（8）防尘和保温。调试结束后，在假阴道入口端用消毒纱布盖好，放入保温箱内备用。

（五）采精员的准备

采精员应技术熟练，动作敏捷，熟悉每一头公畜（禽）的射精特点，并注意人畜（禽）安全。采精员指甲应剪短磨光，手臂要清洗消毒。

二、采精操作

（一）公牛的采精

公牛的采精多采用假阴道法。采精时，采精员站在台牛的右侧斜后方，面朝臀部，当公牛爬上台牛时，迅速跨前一步，左手迅速拖住包皮，右手持假阴道并调整角度使其与公牛阴茎的伸出方向呈一直线，使阴茎自然插入假阴道内（图 8-1-6）。当公牛后肢跳起，臀部用力向前一冲，即已射精。射精后将集精杯向下倾斜，使精液顺利流入集精杯，并随公牛从台牛臀部下落而向下，让公牛阴茎慢慢从假阴道自行脱出。待阴茎自然脱离后立即竖立假阴道，打开气门，放掉空气，以充分收集滞留在假阴道内壁上的精液，然后小心取下集精杯，迅速转移至精液处理室。

图 8-1-6　公牛的采精

（二）公羊的采精

采精员多站在母羊的右后方，右手持假阴道，并用食指固定集精杯，防止脱落。当公羊爬跨母羊时，迅速将假阴道口对准公羊阴茎，方向保持一致，同时用左手迅速将阴茎牵引入假阴道内，但不要触及阴茎，以免采精失败，或导致公羊恶癖。公羊的采精如图 8-1-7 所示。公羊有前冲动作即为射精，射精时将集精杯一端适当向下倾斜，以便精液顺利流入集精杯中。公羊射精后，待其从母羊身上退下后取出假阴道并竖立，使集精杯一端向下，放掉空气，然后取下集精杯，运往精液处理室进行精液品质检查。

8-1-7　羊的假阴道采精

（三）公猪的采精

1. 手握法采精　这种方法目前在国内外养猪业被广泛应用，具有操作简单，可选择性接取公猪的精液等优点，但操作不当，易引起公猪阴茎受伤和污染精液。采精前，用 0.1% 的高锰酸钾溶液清洗公猪包皮部并擦干。当公猪性欲旺盛爬跨假台猪时，采精员左手持集精杯蹲在台猪的左侧，右手呈锥形的空拳，于公猪阴茎伸出的同时，将龟头（螺旋部分）导入空拳内，然后顺其向前冲力，将阴茎的 S 状弯曲尽可能拉直，握紧阴茎龟头防止其旋转，待充分伸展后，阴茎将停止前冲，开始射精。猪的手握法采精如图 8-1-8 所示。刚开始射出的清亮液体部分弃去不要，当射出乳白色精液时即可收集。公猪射精时间可持续 5~10min，分 2~4 次射出。当公猪开始环顾四周时，说明公猪射精即将结束，可略松开龟头，以观察公猪反应。采精后，小心将集精杯上的过滤纱布及上面的胶原蛋白去掉，用盖子盖好集精杯，迅速传递到精液处理室进行检查、处理。

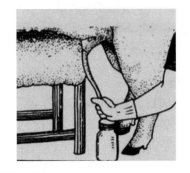

图 8-1-8　手握法采精

2. 自动采精系统　该系统主要由采精间、人造仿生假阴道、假台猪、主控箱组成（图 8-1-9）。采精间分公猪采精前等待区、公猪采精区和采精员操作区。仿生假阴道由托架、内胆、一次性衬袋、专用精液采集袋等组成。主控箱通过控制气源调整假阴道，产生持续压力并能提供循环脉冲功能，使种公猪在射精时得到切实的生物实体感。该采精系统延长了种公猪的使用年限，避免了精液污染，提高了精液质量。

图 8-1-9　自动采精系统

（四）公鸡的采精

1. 采精操作　公鸡的采精普遍采用背腹式按摩两人采精法（图 8-1-10）。采精时，由两人操作，一人保定公鸡，用双手握住鸡的两腿，以自然宽度分叉，使鸡头向后，尾部向采精员，鸡体保持水平，夹于右腋下。采精员左手沿公鸡背鞍部向尾羽方向抚摩数次，以缓解公鸡惊恐并引起性兴奋，右手中指和无名指夹着经过消毒、清洗、烘干的集精杯，杯口向外，避免按摩时公鸡排粪污染。待公鸡有性反射时，左手迅速翻转，将尾羽向背部压住，并以拇指与食指跨在泄殖腔上侧；右手拇指和食指跨在泄殖腔下侧腹部柔软部，抖动触摸数次，当泄殖腔外翻露出退化交媾器时，左手拇指与食指立刻轻轻挤压，公鸡就能排精。与此同时，迅速将右手夹着的集精杯口翻向泄殖腔开口处承接精液。如果采集的精液少或没有采出精液时，可以按以上手法进行 1～2 次。采集的精液置于 25～30℃的保温瓶内以备处理。

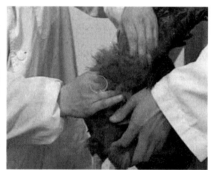

图 8-1-10　公鸡的采精

2. 注意事项

（1）公鸡的调教。采精前必须对公鸡进行调教训练。首先剪去泄殖腔周围的羽毛，以防污染精液，每天训练 1～2 次，经 3～4d 后即可采到精液。多次训练仍没有条件反射或采不到精液的公鸡应予以淘汰。

（2）公鸡的隔离。公鸡最好单笼饲养，以免相互斗殴，影响采精量，采精前 2 周将公鸡上笼，使其熟悉环境，以利采精。

（3）采精前要停食。公鸡当天采精前 3～4h 停水停料，以防排出粪、尿，污染精液。

（4）固定采精员。采精的熟练程度、手势和压迫力的不同都影响采精量和品质，所以最好固定采精员。

（5）用具消毒。采精用具应经过刷洗、消毒、晾干或烘干后使用。

（6）精液的保存和使用。精液收集后，置于 35～40℃温水中暂存，输精一定要在 30min

内完成。

三、采精频率

公畜（禽）采精频率应根据其种类、个体差异、健康状况、性欲强弱、精子产生数量等而定。生产实践中成年公牛每周采精 2~3 次；公羊在配种季节内可每天连续采精 2~3 次，每周采精 5~6d，休息 1~2d；成年公猪隔天采精 1 次，青年公猪和老龄公猪以每周采精 2 次为宜；公鸡每周采精 4~5 次。

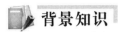 背景知识

一、雄性动物生殖器官的结构与功能

雄性动物的生殖器官由睾丸、附睾、阴囊、输精管、副性腺、尿生殖道、阴茎和包皮组成。各种雄性动物的生殖器官如图 8-1-11 所示。

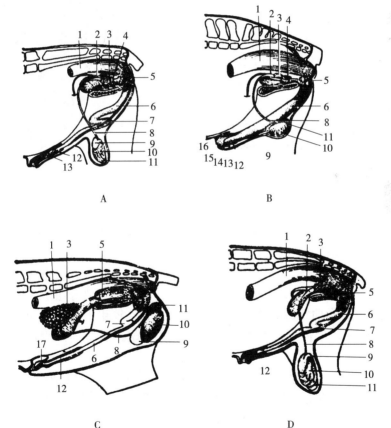

图 8-1-11　雄性动物生殖器官示意

A. 牛　B. 马　C. 猪　D. 羊

1. 直肠　2. 输精管壶腹　3. 精囊腺　4. 前列腺　5. 尿道球腺　6. 阴茎　7. S 状弯曲
8. 输精管　9. 附睾头　10. 睾丸　11. 附睾尾　12. 阴茎游离端　13. 内包皮鞘
14. 外包皮鞘　15. 龟头　16. 尿道突起　17. 包皮憩室

（张忠诚 . 2004. 家畜繁殖学）

（一）睾丸

1. 形态和位置 睾丸为雄性动物的性腺，成对存在，呈卵圆形或长卵圆形。睾丸原位于腹腔内肾两侧，在胎儿期的一定时期，由腹腔下降入阴囊。睾丸下降的时间因动物种类不同而异，若出生后乃至成年睾丸仍然滞留于腹腔内，称为隐睾，此时其内分泌机能不受损害，但精子生成会出现异常。公禽的睾丸位于体腔内，形似蚕豆。

2. 组织构造 睾丸表面覆以固有鞘膜，其深层为致密结缔组织构成的白膜。白膜从睾丸头端向睾丸实质部伸入结缔组织索，构成睾丸纵隔，并向四周呈放射状伸出许多结缔组织中隔，将睾丸实质分成许多锥形的睾丸小叶，每个小叶由2～3条精曲小管盘曲构成。精曲小管在各小叶顶端汇合成精直小管，穿入纵隔结缔组织内形成睾丸网，最后在睾丸网一端汇成10～30条睾丸输出管盘曲成附睾头（图8-1-12）。

精曲小管管壁由外向内为结缔组织纤维、基膜和复层生殖上皮。生殖上皮主要由生细精胞和支持细胞构成。在睾丸小叶的精曲小管之间有疏松结缔组织构成的间质，内含血管、淋巴管、神经和间质细胞。

3. 机能 精曲小管生殖上皮的生精细胞是直接形成精子的细胞，它经增殖、分裂，最后形成精子；精曲小管之间的间质细胞能分泌雄激素，可以激发雄性动物的性欲和性行为，刺激第二性征，促进生殖器官的发育，维持精子发生和

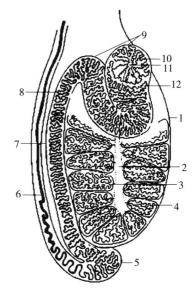

图8-1-12 睾丸及附睾的组织构造

1. 睾丸 2. 纵隔 3. 精曲小管 4. 小叶 5. 附睾尾
6. 输精管 7. 附睾体 8. 附睾管 9. 附睾头
10. 精直小管 11. 输出管 12. 睾丸网
（杨利国．2003．动物繁殖学）

附睾中精子的存活。雄性动物在性成熟前阉割会使生殖器官的发育受到抑制，成年后阉割会发生生殖器官结构和性行为的退化。

（二）附睾

1. 形态结构 附睾位于睾丸的附着缘，由头、体、尾3部分组成。附睾头膨大，由13～20条睾丸输出管盘曲组成。这些输出管汇集成一条较粗而弯曲的附睾管，构成附睾体。在睾丸的远端，附睾体延续并转为附睾尾，其中附睾管弯曲减少，最后逐渐过渡为输精管。

2. 机能 附睾是精子贮存与成熟的器官。从睾丸精细管生成的精子，刚进入附睾头时颈部常有原生质小滴，活动微弱，没有受精能力或受精能力很低。在精子通过附睾的过程中，原生质小滴向尾部末端移行，精子逐渐成熟。由于附睾管上皮的分泌作用和附睾中的弱酸性（pH为6.2～6.8）、高渗透压、较低温度（低于体温4～7℃）和厌氧的内环境，使精子代谢和活动维持在很低水平，因而精子在附睾内可贮存较长时间。例如，牛精子在附睾尾内贮存60d仍具有受精能力。但贮存过久会降低精子活力，引起精子畸形和精子死亡数量增多。

（三）阴囊

阴囊是由腹壁形成的囊袋，通过中隔将阴囊分为 2 个腔，2 个睾丸分别位于其中。阴囊皮层较薄、被毛稀少，含有丰富的汗腺，具有调节温度的作用。阴囊腔的温度低于腹腔内的温度，通常为 34～36℃，这对于维持生精机能至关重要。

（四）输精管

输精管由附睾管延续而来，与通往睾丸的神经、血管、淋巴管、睾丸提肌共同组成精索，经腹股沟管上行进入腹腔，转向后进入骨盆腔。两条输精管沿骨盆腔侧壁移行至膀胱背侧逐渐变粗，形成输精管壶腹（马、牛、羊的壶腹比较发达，而猪无壶腹部）。输精管壁具有发达的平滑肌纤维，管壁厚而口径小，射精时凭借其强有力的收缩作用将精子排出。

（五）副性腺

副性腺包括精囊腺、前列腺和尿道球腺（图 8-1-13）。公禽没有副性腺。

1. 形态构造

（1）精囊腺。成对存在，位于输精管末端的外侧。牛、羊、猪的精囊腺为致密的分叶状腺体，马的为长圆形盲囊。猪的精囊腺最发达，犬和猫没有精囊腺。牛、羊精囊腺的排泄管和输精管共同开口于精阜，形成射精孔。

（2）前列腺。位于精囊腺的后方，由体部和扩散部两部分组成。前列腺为复管状腺，多个腺管开口于精阜的两侧。

（3）尿道球腺。成对存在，位于尿生殖道骨盆部后端。猪的体积最大，呈圆筒状；牛、羊较小，呈球状埋藏在球海绵体肌内。猪、牛、羊的尿道球腺两侧各有一个排出管，开口于尿生殖道背外缘顶壁中线两侧。

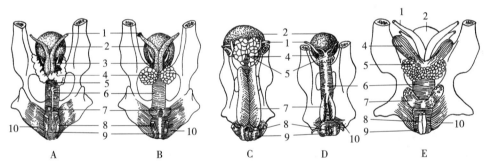

图 8-1-13　各种雄性动物的副性腺（骨盆内背侧观）
A. 公牛　B. 公羊　C. 公猪　D. 去势公猪　E. 公马
1. 输精管　2. 膀胱　3. 壶腹　4. 精囊腺　5. 前列腺　6. 尿生殖道骨盆部
7. 尿道球腺　8. 坐骨海绵体肌　9. 阴茎缩肌　10. 球海绵体肌
（杨利国．2003．动物繁殖学）

2. 机能　公畜在射精的时候，副性腺分泌物与输精管壶腹部的分泌物混合形成精清，有稀释精子、冲洗尿生殖道、活化精子、为精子提供营养等作用，有利于精子的生存和运动。

（六）尿生殖道

尿生殖道为尿液和精液的共同通道，由骨盆部和阴茎部组成，两部之间以坐骨弓为界。骨盆部前上壁有一个小隆起，即精阜，输精管、精囊腺、前列腺开口于精阜，精阜后上方有尿道球腺开口。精阜主要由海绵组织构成，在射精时可以膨大，关闭膀胱颈，阻止精液流入膀胱，同时防止尿液混入精液。

（七）阴茎和包皮

阴茎为雄性动物的交配器官。各种动物的阴茎呈粗细不等的长圆锥形，龟头的形状也不相同（图 8-1-14）。阴茎平时柔软，隐藏于包皮内，交配时勃起，伸长并变得粗硬。阴茎由阴茎海绵体和尿生殖道阴茎部组成，分为阴茎根、阴茎体和阴茎头。

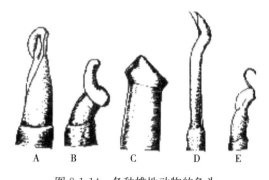

图 8-1-14　各种雄性动物的龟头
A. 牛（插入前）　B. 牛（插入后）　C. 马　D. 猪　E. 羊
（杨利国 . 2003. 动物繁殖学）

包皮为一末端垂于腹壁的双层皮肤套，形成包皮腔，包藏阴茎，有容纳和保护阴茎头的作用。

二、雄性动物的性机能发育

（一）初情期

初情期是指雄性动物初次出现性行为和能够射出精子的时期。初情期雄性动物的繁殖力较低，精液品质较差，需经过进一步发育，才能达到生殖机能的完全成熟。因此生产实践中应将公、母畜分群饲养，防止幼畜随意交配和生殖。

（二）性成熟

雄性动物继初情期后，生殖器官和生殖机能发育趋于完善，进入具备正常繁殖能力的时期即为性成熟。性成熟是生殖能力达到成熟的标志，对多数雄性动物来说，此时身体发育尚未达到成熟。

（三）初配适龄

初配适龄是雄性动物开始适合配种的年龄，生产上常根据其发育情况和使用目的人为确定配种的年龄阶段。一般在性成熟期稍后一些，体重达到其成年体重的 70% 左右开始配种，过早配种会影响雄性动物身体的正常生长发育，影响其繁殖机能和使用年限。

（四）性行为表现

1. 性激动　性激动是指雄性动物接触异性时所产生的性兴奋或性冲动现象。雄性动物可以通过感觉器官将异性刺激转变为神经冲动，激发求偶与交配的欲望。

2. 求偶　求偶是指雄性动物向异性做出某些特殊姿势和动作，以诱使雌性动物接受交配的性行为表现。比如，通过嗅闻雌性动物的生殖器官和尿液，发出特殊的叫声或与雌性动物身体的接触等来表现求偶的欲望。

3. 交配　交配是包括勃起、爬跨和交合等几个连续发生而紧密结合的性行为。雄性动物在性激动和短促的求偶行为之后，很快发生阴茎勃起并迅速爬跨雌性动物，若雌性动物静立接受爬跨，则可顺利完成交合过程，并将精液排放在雌性动物生殖道内。生产上单独饲养的后备雄性动物，往往需要与雌性动物多次接触后才能产生正常的交配行为。

4. 性失效　射精完毕后，雄性动物立刻爬下，结束交配，性欲消失，此过程称为性失效。

在交配或采精前加强对雄性动物的感官刺激，有利于其性机能潜力的发挥。在人工采精实践中，作为台畜的雌性动物，其发情状态、体型、毛色和对雄性动物的亲善反应程度等也影响性行为。雄性动物在交配或采精过程中受到各种不良刺激时，如惊吓、疼痛、攻击等，会抑制或中断其性行为，甚至可能造成阳痿等性机能障碍。此外，交配或采精频率过大，也会损害其性机能，因此对雄性动物应该人工控制交配或采精的频率。

三、精子的发生

雄性动物在整个生殖年龄中，精细管上皮总是在进行着细胞的分裂和演变，产生出一批又一批精子，同时生精细胞源源不断地得到补充和更新。精子的发生是指精子在睾丸内产生的全过程，主要历经以下 3 个阶段（图 8-1-15）。

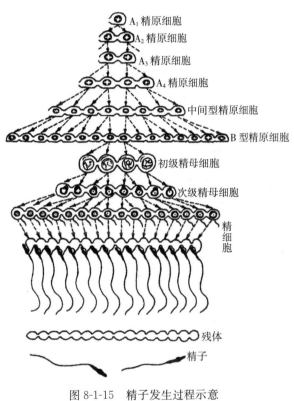

1. 精原细胞的分裂增殖及精母细胞的形成 这一阶段历时 15～17d。其主要特点为：精原细胞的首次分裂产生一个活动的精原细胞和另一个暂时休眠的干细胞，所有的细胞分裂都是有丝分裂。理论上，一个 A_1 型精原细胞经几次分裂可生成 16 个初级精母细胞，猪可能生成 24 个。

2. 精母细胞发育 初级精母细胞形成以后，便进入静止期，期间细胞进行 DNA 复制，此后便进入成熟分裂，初级精母细胞分裂为 2 个次级精母细胞，染色体数目减半。此阶段历时 15～16d。次级精母细胞存在的时间很短，在 1d 之内分裂成 2 个精子细胞，因此在睾丸组织切片上很难发现次级精母细胞的存在。

3. 精子的形成 精子细胞不再分裂而是经过复杂的形态结构变化演变为精子。最初的精子细胞为圆形，以后逐渐变长，发生形态上的急剧变化，最后成为蝌蚪样的精子。精子形成后即脱离精细管上皮，以游离状态进入管腔。此阶段历时 10～15d。

图 8-1-15 精子发生过程示意
（张忠诚 . 2004. 家畜繁殖学）

图中标注：
- A_1 精原细胞
- A_2 精原细胞
- A_3 精原细胞
- A_4 精原细胞
- 中间型精原细胞
- B 型精原细胞
- 初级精母细胞
- 次级精母细胞
- 精细胞
- 残体
- 精子

在精子发生过程中，由一个 A_1 型活动的精原细胞经过增殖、生长、成熟分裂及变形等阶段，最后形成精子这一过程所需的时间，称为精子发生周期。不同动物的精子发生周期不同，猪为 44～45d，牛为 54～60d，绵羊为 49～50d，山羊为 60d，马为 49～50d，兔为 44～50d。

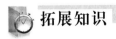 **拓展知识**

公牛的电刺激采精

采用电刺激采精仪，将探头插入肛门内，置于紧贴直肠底壁靠近输精管壶腹部，通过间歇而不断增强的电流刺激，引起精囊、输精管、前列腺及尿道等相关组织的兴奋、收缩，并刺激公牛的射精神经，使阴茎渐渐勃起，从而达到准确采精的目的。此法多适用于毛皮动物、野生动物（如梅花鹿、大熊猫、老虎等）或失去爬跨能力的公畜。

1. 操作过程 采精前需保定（或麻醉）公牛，剪短包皮毛，洗净下腹，掏出直肠宿粪，并向直肠内灌注 3％的温氯化钠溶液 500～1 000mL。电刺激采精需 3 人配合操作，由一人戴上橡皮手套把电极送入直肠，并扶持电极棒，找到合适的刺激部位；一人操作电波发生器；一人收集精液。电波发生器上的电流、电压、频率均可调节。频率一般控制在 30～50Hz/s，电压、电流从"0"开始逐渐增大，反复刺激。当电压为 12V、电流为 300～500mA 时，公牛伸出阴茎，滴出副性腺液，然后加大电流、电压，并反复刺激即可射精。一般射精时电压为 12～18V、电流为 500～800mA。

2. 注意事项

（1）在插入电极棒时，在肛门处涂抹润滑剂，动作要轻柔，不能粗暴。

（2）把电极插入直肠后才能通电。

（3）开始电刺激时，电流、电压要低，不要骤然变大，防止伤害公牛。

（4）在采精过程中，时刻观察公牛的反应，发现异常情况，及时停止采精。

 **思考题**

1. 采精前需做好哪些准备工作？

2. 安装假阴道需调控哪几个方面的内环境？牛、羊的采精需注意哪些事项？

3. 简述公猪的采精操作及注意事项。

4. 如何合理控制采精频率？

5. 雄性动物生殖器官有哪些部分组成？各部分分别具有哪些生理功能？

6. 精子的发生分为哪几个阶段？

任务二 精液的品质评定

任务描述

精液的质量控制和品质保证是影响人工授精效果的关键技术环节，精液的稀释、保存和运输等环节均可影响精液的质量，精液的品质分析又易受环境、检测人员的技术熟练程度及主观判断能力等诸多因素影响，因此精液品质评定必须严格按照规范程序进行。例如：某公猪站采精时用 4～6 层消毒纱布滤除胶状物质，然后置于 30℃恒温水浴锅中进行品质鉴定，经检测，本次采集精液 300mL，乳白色，略有腥味，精子活率为 0.7，精子密度为 2 亿个/mL，精子畸形率为 12％。试分析该精液是否能用于配种？

任务实施

一、精液的外观评定

（一）准备工作

将采集好的精液做好标记迅速置于 30℃左右的温水或保温瓶中备用。

(二) 评定方法

1. 采精量　采精后应立即检测其采精量。将采集后的精液盛放在带有刻度的集精杯或量筒中，检测精液量的多少。注意：猪、马的精液需经4~6层消毒纱布滤除胶状物质后再检测其精液量。采精量的多少受多种因素影响，但超出正常范围（表8-2-1）太多或太少，应查明原因。

表 8-2-1　成年公畜（禽）的采精量（mL）

动物种类	一般采精量	范围
奶牛	5~10	0.5~14.0
肉牛	4~8	0.5~14.0
水牛	3~6	0.5~12.0
山羊	0.5~1.5	0.3~2.5
绵羊	0.8~1.2	0.5~2.5
猪	150~300	100~500
马	40~70	30~300
鸡	0.5~1.0	0.2~1.5

2. 颜色　观察装在透明容器中的精液颜色。正常精液一般为乳白色或灰白色，精子密度越大，乳白颜色越明显。牛、羊的精液呈乳白色或淡乳黄色，猪的精液呈淡乳白色或浅灰白色，鸡的精液呈乳白色。颜色异常的精液应废弃，并停止采精，查明原因，及时治疗。

3. 气味　用手慢慢在装有精液的容器上方煽动，并嗅闻精液的气味。正常精液略带腥味，牛、羊精液除具有腥味外，另有微汗脂味。如有异常气味，可能是混有尿液、脓汁、粪渣或其他异物，应废弃。

4. 云雾状　观察透明容器中精液的液面状态，若呈上下翻滚状态，像云雾一样，称为云雾状。云雾状越明显，说明精液密度越大，活率越高。正常未稀释的牛、羊精液可观察到云雾状。

二、精子活率评定

(一) 准备工作

1. 器械的准备　将光电显微镜调成弱光，打开显微镜的保温箱（图8-2-1）或载物台上的电热板（图8-2-2）；清洗干净的载玻片和盖玻片，并放入37℃左右的恒温箱内备用；玻璃棒、镊子、烧杯、细管剪刀及擦镜纸等。有条件的也可选用全自动精子分析仪。

2. 试剂的准备　生理盐水、38~40℃的温水。

3. 精液的准备　新鲜的精液、牛的细管冻精。

(二) 评定方法

精子活率的评定方法有平板压片法和悬滴法，后者因精液较厚易导致结果偏高，生产上多采用平板压片法。

1. 新鲜精液检查　用玻璃棒蘸取1滴原精液或经生理盐水稀释的精液，滴在载玻片上，

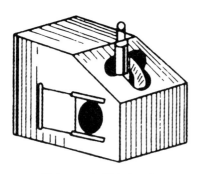

图 8-2-1　显微镜保温箱

图 8-2-2　恒温载物台显微镜

呈 45°盖好盖玻片，载玻片与盖玻片之间应充满精液，避免气泡存在，置于显微镜下观察，估测呈直线运动的精子数占总精子数的百分率。

　　2. 细管冻精的检查　在烧杯中盛满 38～40℃温水，打开液氮罐，把镊子放在罐口预冷，然后提起提筒至罐的颈部，迅速夹取一支细管冻精放入烧杯中，轻轻摇晃使其基本融化（20s 左右），取出细管冻精并用细管剪刀剪开，采用平板压片法检查活率。

　　（三）结果评定

　　精子活率是指精液中呈直线运动的精子数占总精子数的百分率。评定精子活率多采用"十级评分制"法，在显微镜视野中有 80% 的精子做直线前进运动，活率评为 0.8；有 70% 的精子做直线前进运动，评为 0.7，依次类推。各种动物的新鲜精液活率一般为 0.7～0.8，细管冻精解冻后活率应不低于 0.35，否则不能用于输精。

　　（四）注意事项

　　（1）牛、羊和鸡的精液密度较大，可用生理盐水稀释后再检查。

　　（2）活率是评价精液品质的一个重要指标，与受精力密切相关，一般在采精后、精液处理前后及输精前都要进行检测。

　　（3）温度对精子活率影响较大，要求检查温度在 37～38℃，如果没有保温装置的，检查速度要快，在 10s 内完成。

　　（4）精子活率评定带有一定的主观性，应观察 2～3 个视野，取平均值。

三、精子密度评定

　　精子密度又称精子浓度，是指每毫升精液中所含有的精子数。根据精子密度可计算出每次采精量中的精子总数，结合精子活率可确定适宜的稀释倍数。目前，常用的评定方法有估测法、血细胞计数法和精子密度仪测定法。

　　（一）估测法

　　1. 检查方法　取 1 小滴精液滴于清洁的载玻片上，盖上盖玻片，使精液分散成均匀一薄层，不得存留气泡，也不能使精液外流或溢于盖玻片上，置于显微镜下观察精子间的空隙。通常结合精子活率评定进行。

　　2. 结果评定　根据显微镜下精子的密集程度，把精子密度大致分为密、中、稀 3 个等级（图 8-2-3）。由于各种畜禽正常精子密度相差很大，很难使用统一的等级标准，检查时应根据经验，对不同的畜禽采用不同的标准（表 8-2-2）。该法具有较大的主观性，误差也较大，但简便易行，在基层人工授精站常采用。

密　　　　　　　　　　中　　　　　　　　　　稀

图 8-2-3　精子密度

(张周 . 2001. 家畜繁殖)

表 8-2-2　各种畜禽的精子密度等级划分

动物类别	精子数（亿个/mL）		
	密	中	稀
牛	>15	10～15	<10
羊	>25	20～25	<20
猪	>3	1～3	<1
鸡	>40	20～40	<20

（二）血细胞计数法

1. 准备工作

（1）器材的准备。显微镜、血细胞计数板、盖玻片、胶头滴管、计数器、擦镜纸等。

（2）试剂的准备。3%的氯化钠溶液。

（3）精液的准备。新鲜的精液。

2. 操作方法

（1）清洗器械。先将血细胞计数板及盖玻片用蒸馏水冲洗，使其自然干燥。

（2）稀释精液。用 3%氯化钠溶液对精液进行稀释，根据估测精液密度确定稀释倍数，稀释倍数以方便计数为准。牛、羊的精液一般稀释 100 倍、200 倍，猪的精液稀释 10 倍、20 倍。

（3）找准方格。将血细胞计数板置于载物台上，盖上盖玻片，先在 100 倍显微镜下查看方格全貌（由 25 个中方格组成，每个中方格又有 16 个小方格）（图 8-2-4），再用 400 倍显微镜查找其中一个中方格（四角中的一个）。

（4）镜检。将稀释好的精液滴一滴于计数室上盖玻片的边缘，使精液自动渗入计算室（图 8-2-5），静置 3min 检查，计数具有代表性的 5 个中方格内的精子数。一般计数四角和中间一个（或对角线 5 个）。

（5）计算。1mL 原精液的精子数＝5 个方格内的精子总数×5×10×1 000×稀释倍数。

3. 结果评定　正常情况下，鸡的精子密度较大，每毫升含精子 20 亿～40 亿个；羊精子

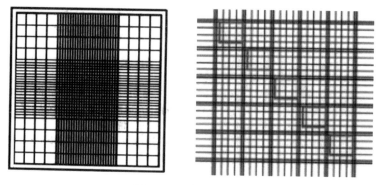

图 8-2-4　计数室结构

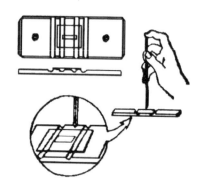 

图 8-2-5　滴加精液

20亿～30亿个；牛精子10亿～15亿个；猪2亿～3亿个。该方法因检测速度慢，在生产上用得较少，但结果准确，一般都用于结果的校准及产品质量的检测。

4. 注意事项

（1）血细胞计数板一定要清洗干净。

（2）滴入精液时，不要使精液溢出于盖玻片之外，也不可因精液不足而致计数室内有气泡或干燥之处，如果出现上述现象应重新做。

（3）计数时，以头部压线为准，按照"数头不数尾、数上不数下、数左不数右"的原则（图8-2-6），避免重复或漏掉。

（4）为了减少误差，应连续检查两次，取其平均值，若两次计数误差大于10%，则应做第三次检查。

图 8-2-6　精子计数

（三）精子密度仪测定

1. 准备工作　准备好精子密度仪（图8-2-7）、精液。

2. 操作方法　将待检精液样品按一定比例稀释，置于精子密度仪中读取结果，结果与标准管比较或查对精液密度对照表，确定样品的精子密度。此法快速、准确、操作简便，广泛用于畜禽的精子密度测定。

图 8-2-7 精子密度测定仪

四、精子畸形率评定

1. 准备工作

（1）器械的准备。显微镜、载玻片、计数器、染色缸、镊子、玻璃棒、擦镜纸。

（2）试剂的准备。蓝墨水（或红墨水或 0.5% 龙胆紫溶液）、96% 酒精等。

（3）精液的准备。新鲜的精液或冷冻保存的精液。

2. 操作方法

（1）抹片。用细玻璃棒蘸取精液 1 滴，滴于载玻片一端，以另一载玻片的顶端呈 35°角抵于精液滴上，精液呈条状分布在两个载玻片接触边缘之间，自右向左移动，将精液均匀涂抹于载玻片上（图 8-2-8）。

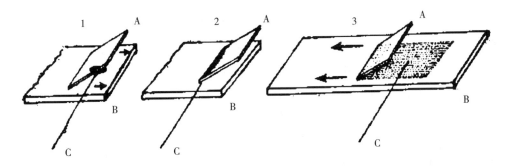

图 8-2-8 精液抹片示意

1. A 片后退，使其边缘接触精液小滴（C）　2. 精液均匀分散在 A 片的边缘

3. A 片向前推进，使精液均匀涂抹在 B 片上

（王元兴，郎介金 . 1997. 动物繁殖学）

（2）干燥。抹片于空气中自然干燥。

（3）固定。置于 96% 酒精固定液中固定 5～6min，取出冲洗后阴干。

（4）染色。用蓝（红）墨水染色 3～5min，用缓慢水流冲洗干净并使其干燥。

（5）镜检。将制好的抹片置于 400 倍显微镜下观察，查数不同视野的 300～500 个精子，记录畸形精子的数量，并计算精子畸形率。

$$精子畸形率 = \frac{畸形精子数}{精子总数} \times 100\%$$

3. 结果评定 凡形态和结构不正常的精子统称为畸形精子。畸形精子类型很多，按其形态结构可分为3类：头部畸形，如头部巨大、瘦小、细长、缺损、双头等；颈部畸形，如颈部膨大、纤细、曲折、双颈等；尾部畸形，如尾部膨大、纤细、弯曲、曲折、回旋、双尾等（图8-2-9）。正常情况下，精液中会含有一定比例的畸形精子，一般牛、猪不超过18%，羊不超过14%，马不超过12%。否则，视为精液品质不良，不能用于输精。

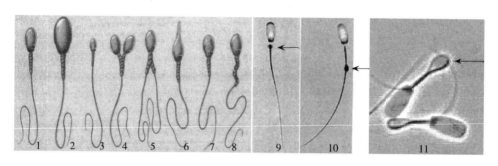

图 8-2-9　畸形精子类型
1. 正常精子　2. 头部膨大　3. 头部瘦小　4. 双头　5. 双颈　6. 头部细长
7. 头部破损　8. 颈部曲折　9. 近端原生质滴　10. 远侧原生质滴　11. 别针尾

背景知识

一、精子的形态结构

各种动物精子的形状、大小及内部结构有所不同，但大体上是相似的（图8-2-10）。哺乳动物的精子形如蝌蚪，主要由头部、颈部和尾部组成（图8-2-11）。精子长度因动物种类不同而有差异，家畜精子的长度为50～90 μm。

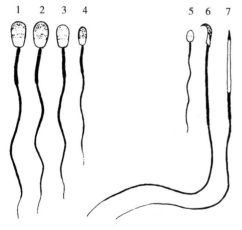

图 8-2-10　各种动物精子的形态
1. 牛　2. 猪　3. 羊　4. 马　5. 人　6. 小鼠　7. 鸡

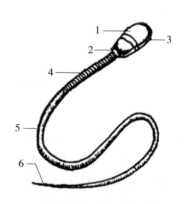

图 8-2-11　精子的形态结构
1. 头　2. 颈　3. 顶体　4. 中段　5. 主段　6. 末段

1. 头部　精子头部的形状因动物种类而异，家畜精子头部一般为扁卵圆形，犬为梨状，鼠类为镰刀状，鸡为微弯曲的圆锥形。精子头部主要由细胞核和顶体构成，顶体内含有多种酶，与受精有关。顶体是一个不稳定的特殊结构，衰老的精子易发生顶体异常或脱落。

2. 颈部　精子颈部是连接头部和尾部的部分，呈短圆柱状。精子颈部长约 0.5 μm，脆弱易断，特别是在精子成熟过程中或在精液稀释、保存、运输时，容易受到不良影响，导致从颈部断开。

3. 尾部　尾部为精子最长的部分，是精子的代谢和运动器官。尾部长 40～50 μm，分为中段、主段及末段 3 部分。中段被线粒体呈螺旋状环绕，存在多种酶系，是精子能量代谢的中心。

二、精子的生理特性

(一) 精子的代谢

精子的代谢活动是精子维持其生命和运动的基础。精子由于缺乏许多胞质成分，只能利用精清的代谢基质和自身的某些物质进行分解代谢，从中获得能量以满足精子生理活动的需要。精子的分解代谢主要是通过糖酵解和精子呼吸的方式进行，此外也可以分解脂质及蛋白质。

1. 糖酵解　糖酵解是一个无氧分解的糖代谢过程，在有氧或无氧条件下，精子都可以把精清（或稀释液）中的果糖、葡萄糖及甘露糖分解为乳酸而获得能量。精子自身缺乏糖类物质，主要利用精清的果糖进行糖酵解，因此也称为果糖酵解。精子的果糖酵解能力与精子密度及活力有关。在无氧条件下，1 亿个精子在 37℃条件下，1h 分解果糖的质量（mg）称为果糖酵解指数。牛、羊精子的果糖酵解指数一般为 1.4～2.0mg，猪和马为 0.2～1.0mg。

2. 精子的呼吸　精子的呼吸主要在尾部进行，为需氧分解代谢过程，与糖酵解进程密切相关。在有氧条件下，精子可将糖酵解过程生成的乳酸及丙酮酸等有机酸，通过三羧酸循环彻底分解为二氧化碳和水，产生更多的能量。精子的耗氧率通常按 1 亿个精子在 37℃下 1h 的耗氧量来计算，家畜一般为 5～22μL。精子的耗氧率代表精子的呼吸程度。呼吸旺盛，会使氧和营养物质消耗过快，造成精子早衰，所以在保存精液时应采取隔绝空气或充入二氧化碳、降低温度及 pH 等办法，尽量减少能量消耗，延长其体外存活时间。

(二) 精子的运动

运动能力是精子有生命力的重要特征之一，精子的运动主要依赖于尾部的摆动。显微镜下一般可以见到的精子运动类型有 3 种，即直线前进运动、转圈运动和原地摆动（图 8-2-12）。直线前进运动是精子正常的运动形式，这样的精子能运行到受精部位参与受精作用，称为有效精子。而转圈运动及原地摆动的精子不具备受精能力。

三、外界因素对精子的影响

影响精子生存的外界因素很多，如温度、光照和辐射、渗透压、pH、电解质浓度、精液的稀释及药品等。在生产中，要注意防止有害因素的作用，控制适宜的条件，延长精子存活和保持受精能力的时间。

1. 温度　精子对温度十分敏感，最适合精子运动和代谢的温度是体温，哺乳动物为37~38℃，禽类为40℃，但该温度不利于精子长时间保存。精子对高温的耐受性差，一般要求不超过45℃。在低温环境中，精子的代谢和运动受到抑制，能量消耗减少，存活时间相应延长。若精液由体温急剧降至10℃以下时，精子会不可逆地失去活力而不能复苏，这种现象称为冷休克。在超低温冷冻环境中精子的代谢和运动活动基本停止，可以长期保存。

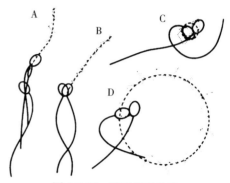

图 8-2-12　精子运动轨迹
A、B. 直线前进运动　C. 原地摆动　D. 转圈运动

2. pH　精液 pH 的变化可明显地影响精子的代谢和活动力，pH 可用 pH 试纸测定。在 pH 降低的弱酸性环境中，精子的代谢和活动力受到抑制；反之，精液 pH 升高时，精子代谢和呼吸增强，运动和能量消耗加剧，精子寿命相对缩短。因此，弱酸性环境更有利于精液保存，可采用向精液中充入饱和二氧化碳气体或使用碳酸盐等方法降低 pH。

精子适宜的 pH 范围因畜禽种类不同而有差异，一般为：牛 6.9~7.0，羊 7.0~7.2，猪 7.2~7.5，家兔为 6.8，鸡为 7.3。

3. 渗透压　精子与其周围的液体（稀释液）要保持等渗。渗透压高时，精子内水分外渗，精子皱缩，严重时会死亡；渗透压低时，水分向精子内渗透，使精子膨胀，细胞膜破裂而导致精子死亡。

4. 光照和辐射　可见光和紫外线光及各种放射性射线均会对精子的活力产生不利影响。日光的直射可以刺激精子的摄氧能力，加速精子的呼吸和运动，缩短精子寿命。紫外线对精子的影响取决于其强度，强烈的紫外线照射能使精子活力下降甚至死亡。因此，在采精和精液处理时，应避免阳光直射，尽量减少光的照射。装精液的容器最好用棕色瓶，以阻隔光照，降低不良影响。

5. 电解质浓度　精子的代谢和活力受环境中的离子类型和浓度的影响。一定量的电解质对精子的正常刺激和代谢是必要的，特别是一些弱碱性盐类，如柠檬酸盐、磷酸盐等溶液，具有良好的缓冲性能，对维持精液 pH 的相对稳定具有重要作用。但高浓度的电解质易破坏精子与精清的等渗性，对精子造成损害。一般来说，精液中电解质浓度越高，精子存活时间就越短。

6. 精液的稀释　精液经过适当稀释处理后，精子的代谢和运动加强，耗氧量增加，受精能力增强。但对精液进行高倍稀释时，精子表面的膜会发生变化，细胞的通透性增大，影响精子的代谢和生存。在稀释液中加入卵黄并做分步稀释，可以减少高倍稀释对精子的有害影响。

7. 药品　一些药品对精子具有保护作用，可以免除对精子的某些伤害。例如，向稀释液中加入适量抗生素、磺胺类药物，能抑制病原微生物的繁殖，有利于精子的保存；加入适量甘油、二甲基亚砜等抗冻剂可缓解冷冻过程对精子的伤害。但某些防腐消毒药品，如酒精、煤皂酚等对精子有害。所以，在人工授精操作中，既要保持所用器械清洁无菌，又要避免消毒药液混入精液中。

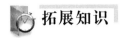 **拓展知识**

一、全自动精子分析仪

生产上常规的精液检测方法，由于检验手段不同，实验室的条件、检验人员技术水平及经验不等，造成检测结果差异较大，从而降低了报告的客观性和可比性。全自动精子分析仪采用现代化的计算机技术和先进的图像处理技术（图 8-2-13），对精子的动静态特征进行全面的量化分析，为生产和科研中精液常规分析的科学化、规范化和标准化创造了条件。

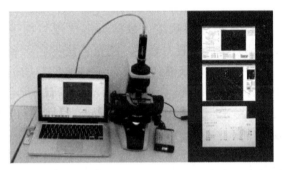

图 8-2-13　全自动动物精子分析仪

全自动精子分析仪广泛应用于某些专业领域，如生物研究所，濒危动物、稀有动物研究所，畜牧人工繁殖研究所及人工授精站等。本系统较传统的分析法比较，具有速度快、量比性好、准确性高、检测参数指标丰富等优点，为临床和科研提供客观的检测依据。另外，它还具有操作简单、污染小、智能化程度高等特点。目前，全自动精子分析仪可用于多种动物精子分析，如鼠、兔、猪、牛、绵羊、山羊、猪等。

二、精子的其他检查

1. 精子顶体异常率检查　精子顶体在受精过程中具有重要作用，一般认为只有呈前进运动且顶体完整的精子才具有正常受精能力。在正常情况下，新鲜精液中存在一定比例的顶体异常精子。如果精子顶体异常率显著增加，牛超过 14%，猪超过 4.3%，会导致受精力下降。因此，在精子形态检查中，对顶体异常率的检查具有重要意义，尤其对冷冻精液来讲，是判定其品质的重要依据。精子的顶体异常有膨胀、缺损、部分或全部脱落等数种类型（图 8-2-14）。

常用的检查方法：将精液制成抹片，自然干燥，在固定液中固定片刻，水洗后用姬姆萨缓冲液染色 1.5～2.0h，再水洗、干燥后用树脂封装，置 1 000 倍以上生物显微镜下随机观察 200 个以上精子，算出顶体异常率。

2. 精子存活时间和存活指数测定　精子存活时间是指精子在一定外界环境条件下总的生存时间。存活指数是指精子的平均生存时间，其长短表明精子活力下降速度的快慢。精子存活时间和存活指数与受精能力有关，两项指标的测定也是评定精液稀释液效果好坏的重要方法之一。

检查时将稀释后的精液置于一定温度（一般为0～5℃）下保存，每隔8～12h检查一次精子活力，直至无活动精子为止。所有间隔时间累加后减去最后两次间隔时间的1/2，即为精子存活时间。每相邻两次检查的平均活力与其间隔时间的乘积之和为存活指数。精子存活时间越长，存活指数越大，说明精子生活力越强，精液品质越好。

3. 精子耗氧量测定　精子呼吸时消耗氧气多少与精子活力和密度有密切关系，可用瓦氏呼吸器测定。

4. 果糖分解测定　果糖分解快慢与精子的密度、活力和代谢能力有关。测定方法：在厌氧情况下，将一定量的精液（如0.5mL）在37℃的恒温箱中孵育3h，每间隔1h取出0.1mL进行果糖定量测定，将结果与放入恒温箱前比较，即可计算出果糖分解指数。

5. 美蓝褪色试验　美蓝是一种氧化还原剂，氧化时呈蓝色，还原时为无色。精子在美蓝溶液中呼吸时氧化脱氢，美蓝获得氢离子被还原，由蓝色变为无色。根据美蓝溶液褪色时间的快慢，可估测出精子密度和活力的大小。测定方法：取含有0.01%美蓝盐水与等量的原精液混合，立即吸入内径0.8～1.0mm、长6～8cm的毛细玻璃管内，使液柱高达1.5～2.0cm，然后放在白纸上，在18～25℃下观察并计时。品质良好的牛和羊精液褪色时间分别在10min和7min内，中等者分别为10～30min和7～12min，低劣者分别在30min和12min以上。

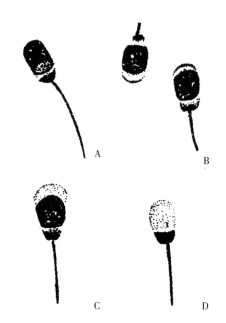

图8-2-14　精子顶体异常
A. 正常顶体　B. 顶体膨胀
C. 顶体部分脱落　D. 顶体全部脱落
（张忠诚. 家畜繁殖学. 2004）

思考题

1. 影响精子存活的外界因素有哪些？
2. 评定精子活率需注意哪些事项？
3. 进行牛、猪的精液品质评定时，精子活率、密度及畸形率的评定标准分别是多少？
4. 简述畸形精子的类型。

任务三　精液的稀释

任务描述

精液稀释是人工授精中的一个重要技术环节，只有经过稀释的精液，才适于保存、运输及输精。精液的保存方法不同，稀释的倍数及稀释液的成分也不相同。如何确定精液的稀释倍数？配制稀释液时需加入哪些成分呢？

案例：某公猪站一种公猪，一次采得鲜精300mL，经检查精子活率为0.7，精子密度为2.4亿个/mL，此公猪精液能给多少头母猪输精？（人工授精正常输精量为80～100mL，每

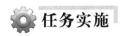

份精液一般含有 30 亿～50 亿个精子）

任务实施

一、确定稀释倍数

母猪一次输精量以 100mL（含有 40 亿个精子）为例：

解 1：输精头份为：（300mL×2.4 亿个/mL）÷40 亿个＝18（头份）

稀释倍数为：100mL×18÷300 mL＝6（倍）

需配制稀释液的量为：18×100mL－300mL＝1 500mL。

解 2：稀释后精液的密度为：40 亿个÷100mL＝0.4 亿个/mL

稀释倍数为：2.4 亿个/mL÷0.4 亿个/mL＝6（倍）

输精头份为：300mL×6÷100mL＝18（头份）

需配制稀释液的量为：18×100mL－300mL＝1 500mL。

二、配制稀释液

1. 准备工作

（1）器械的准备。电子天平、水浴锅、显微镜、量筒、烧杯、三角烧瓶、水温计、漏斗、玻璃棒、定性滤纸等。

（2）试剂的准备。葡萄糖、碳酸氢钠、氯化钾、柠檬酸钠、EDTA、青霉素、链霉素、蒸馏水等。

（3）材料的准备。公猪的新鲜精液。

2. 稀释液的配方 如表 8-3-1 所示。

表 8-3-1 猪稀释液的配方（1 000mL 为例）

成分	BTS	Kiew	葡萄糖稀释液	葡萄糖—柠檬酸钠稀释液
葡萄糖（g）	37	60	50	50
碳酸氢钠（g）	1.3	1.2		
氯化钾（g）	0.4			
柠檬酸钠（g）	6	3.7		3.0
EDTA（g）	1.3	3.7		1.0
蒸馏水（mL）	1 000	1 000	1 000	1 000
青霉素、链霉素	每 1 000mL 加青霉素 50 万～100 万 IU、链霉素 50 万～100 万 U			

3. 稀释液的配制

（1）玻璃器皿的清洗与消毒。先将玻璃器皿清洗干净并控干水分，然后用锡纸将瓶口封好置于 120℃恒温干燥箱干燥 1h，冷却备用。

（2）配制稀释液。按照配方准确称量药品，并放在烧杯中，再用量筒量取蒸馏水 1 000mL 放入烧杯中，用磁力搅拌器或玻璃棒搅拌使其充分溶解，然后用漏斗（放入定性滤纸）将溶液过滤至三角烧瓶中并封口，置于 100℃水浴锅煮沸消毒 10～20min，取出冷却至 40℃以下，最后加入青霉素 50 万～100 万 IU、链霉素 50 万～100 万 U，混合均匀。

三、正确稀释精液

采精后立即对精液稀释，将稀释液和精液放入 30℃环境进行同温处理。稀释时将稀释液沿着器壁缓缓加入精液中，边加入边摇晃，勿剧烈震荡。稀释后，静置片刻再做活率检查，若活率下降，说明稀释液配制或稀释处理不当，则应弃掉精液，并及时查明原因。

本次精液的稀释倍数为6倍，可一次稀释完成。若稀释倍数较高，需分次进行，以防稀释打击。

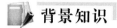 **背景知识**

一、精液稀释的目的

在精液中添加一定数量的、适宜于精子存活并保持其受精能力的溶液称为精液的稀释。精液稀释的目的：

（1）扩大精液容量，提高受配雌性动物头（只）数。

（2）延长精子的存活时间及受精力。

（3）方便精液的保存和运输等。

二、稀释液的成分及作用

1. 稀释剂　主要是单纯扩大精液容量的等渗液，如生理盐水、5％的葡萄糖等。

2. 营养剂　主要是为精子提供营养，补充精子在代谢过程中消耗的能量。常用的营养剂有糖类、卵黄、奶类等。

3. 保护剂

（1）缓冲物质。用以保持精液适当的pH。精子在体外不断代谢，随着代谢产物（乳酸或二氧化碳等）的累积，精液的pH会逐渐下降，甚至发生酸中毒，使精子不可逆地失去活力。常用的无机缓冲剂主要有柠檬酸钠、酒石酸钾钠等，有机缓冲剂有三羟甲基氨基甲烷（Tris）和乙二胺四乙酸二钠（EDTA）等。

（2）防冷物质。具有防止精子冷休克的作用。当精液温度急剧下降到10℃以下时，精子内部的缩醛磷脂在低温下冻结而凝固，精子发生冷休克而失去活力。卵黄和奶类富含卵磷脂，在低温下不易被冻结，常被用作防冷剂。

（3）抗冻物质。可以防止冷冻过程中"冰晶化"的形成。精液在冷冻和解冻过程中，精液所经历的固液态之间的转化对精子的存活危害很大。甘油、二甲基亚砜（DMSO）等则有效缓解这种危害，是生产中常用的抗冻保护剂。

（4）抗菌物质。具有抗菌作用。采精和精液处理过程中，难免受到细菌及有害微生物的污染。常用的抗菌物质有青霉素、链霉素、林肯霉素、卡那霉素、恩诺沙星等。

（5）非电解质和弱电解质。具有降低精清中电解质浓度的作用。强电解质如Ca^{2+}、Mg^{2+}等含量较高，可刺激精子的代谢和运动，使精子发生早衰。因此，向精液中添加非电解质或弱电解质物质，可以降低精液的电解质浓度，如各种糖类、氨基乙酸、甘氨酸等。

4. 其他添加剂　这些添加剂主要用于改善精子外在环境的理化特性，调节雌性动物生殖道的生理机能，提高受胎率。常用的有酶类、激素类和维生素类物质，如β-淀粉酶可促进精子获能，催产素、前列腺素可促进雌性动物生殖道的蠕动而有利于精子的运行。

三、稀释液的种类

1. 现用稀释液　适用于精液稀释后立即输精用，以单纯扩大精液容量为目的。此类稀释液常以简单的等渗糖类和奶类溶液为主体。

2. 常温保存稀释液　适用于精液的常温短期保存。以糖类和弱酸盐为主体，一般 pH 控制在 6.35 左右。

3. 低温保存稀释液　适用于精液的低温保存。以卵黄和奶类为主体，有抗冷休克的作用。

4. 冷冻保存稀释液　适用于精液冷冻保存。其稀释液成分较为复杂，除具有糖类、卵黄，还应添加甘油或二甲基亚砜等抗冻剂。

生产中选用稀释液时，应根据用途、动物种类及精液的保存时间、保存方法等进行综合考虑，选择来源广、成本低、效果好、易配制的稀释液配方。

四、配制稀释液的基本原则

（1）配制稀释液的器具必须彻底清洗，严格消毒。

（2）选用新鲜的蒸馏水。若无蒸馏水，可选用离子交换水或冷却沸水代替，但沸水冷却后应用滤纸过滤 2～3 次，经实验对精子无不良影响才可使用。

（3）药品试剂要纯净，应选用化学纯或分析纯试剂。称量时要准确，经充分溶解、过滤后进行消毒。

（4）奶液和奶粉需新鲜。将一定量的鲜奶或充分溶解的奶粉溶液，用脱脂棉进行过滤，再用水浴锅加热到 92～95℃消毒灭菌 10min，取出降温，除去奶皮备用。

（5）鸡蛋要新鲜，卵黄中不应混入蛋白和卵黄膜。经加热消毒过的稀释液，待温度降至 40℃以下再加入卵黄，并注意充分溶解。

（6）抗生素、酶类、维生素、激素等需在稀释液加热灭菌后，温度降至 40℃以下再加入。

（7）稀释液最好现用现配。

思考题

1. 如何确定稀释倍数？
2. 简述精液的正确稀释方法。
3. 简述稀释液的主要成分及作用。
4. 配制稀释液需注意哪些事项？

任务四　冷冻精液的制作

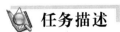 任务描述

某奶牛育种中心，现有来自美国、加拿大、澳大利亚以及以色列等国家的优秀荷斯坦种公牛约 80 头，其中采精公牛 60 头，严格按照我国标准《牛冷冻精液》（GB/T 4143—2008）以及牛冷冻精液检测技术规程，每年制作冻精 100 多万剂。

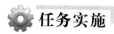 **任务实施**

（一）采精及精液品质检查

用假阴道采集公牛精液，经检测，精子活率不低于0.7，精子密度不少于8亿个/mL。

（二）稀释精液

1. 一次稀释法 将配制好的含有卵黄、甘油的稀释液按一定比例加入精液中，适用于低倍稀释。

2. 两次稀释法 为了缩短甘油与精子的接触时间，常采用两次稀释法。首先用不含甘油的稀释液Ⅰ和精液放入30℃环境进行同温处理，并按稀释倍数进行半倍稀释；然后把稀释精液连同稀释液Ⅱ一起缓慢降温至0~5℃，并在此温度下进行第二次稀释。

（三）精液分装

目前，精液分装一般采用颗粒和细管两种分装方法。颗粒精液，即将稀释好的精液直接进行降温平衡，不必分装。细管精液，利用细管冻精分装机对精液进行机械化分装（图8-4-1）。细管冻精的剂型有0.25mL、0.5mL和1.0mL，现在生产中牛的细管冻精多用0.25mL剂型。封口采用聚乙烯醇粉末、钢（塑料）珠或超声波封口等，不论何种封口，管口都要封严，防止漏进液氮，否则解冻时细管易炸裂。管壁外打印上产地、公牛品种、公牛号、生产日期等信息。

图8-4-1 细管冻精分装机

（四）降温平衡

若采用一次稀释法，由于稀释温度为30℃左右，可将稀释后的精液或细管用10~12层纱布包裹好放入冰箱内，经1~2h缓慢降温至0~5℃，然后置于0~5℃的环境中平衡2~4h，使甘油充分渗入精子内部，起到抗冻保护作用。

（五）冻结

1. 颗粒精液冷冻法 用一个容器（如广口保温瓶）盛满液氮，用聚乙烯四氟板（或铝板、钢砂网）作为冷冻板固定在液氮面上方1~2cm处，使其温度维持在−80~−100℃。然后将平衡好的精液用胶头滴管滴在冷冻板上，每个颗粒的体积约为0.1mL。当冷冻板上的精液颗粒颜色变白、色泽发亮时，收集冻精沉入液氮，并解冻抽检精子活率。将合格的颗粒冻精以每袋50~100粒收入灭菌纱布袋内，标记上品种、牛号、精液数量、生产日期和抽检精子活率等，将其放入液氮罐内保存。颗粒冻精的优点是制作简单、成本低廉，缺点是不便标记、易受污染、解冻麻烦等。

2. 细管冻精冷冻法　将平衡后的细管精液平铺在纱网上，距液氮面1～2cm处熏蒸5～10min，最后将合格的细管冻精移入液氮罐内保存。也可利用冷冻仪制作细管冻精（图8-4-2）。细管冻精具有不受污染、容易标记、易贮存、适于机械化生产等特点，是较理想的剂型，但输精时需配有专用的输精器械。

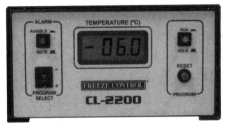

图 8-4-2　程序冷冻仪

（六）保存

目前，生产中普遍采用以液氮为冷源，液氮罐作为贮存冻精的容器。各种类型的冷冻精液，一般以液氮罐的提筒存放，但都必须浸泡在液氮中。根据液氮的挥发情况，要定期往液氮罐中添加液氮。

（七）解冻及品质评定

1. 颗粒冻精　取一消毒的小试管，加入1mL解冻液（2.9%柠檬酸钠或其他解冻液），水浴加温至38～40℃，迅速夹取并投入颗粒冻精1粒，轻轻摇荡至颗粒完全溶化。经检查精子活率应不低于0.3。

2. 细管冻精　烧杯中盛满温水，温度调至38～40℃，打开液氮罐，把镊子放至罐口预冷，提起提筒，迅速夹取一支细管冻精冻精放入烧杯中，并轻轻搅拌20s左右，待细管冻精冻精溶化后剪去细管的封口端，装入细管输精器中。具体操作如图8-4-3所示。细管冻精品质检查可按批抽样评定，活率应不低于0.35。

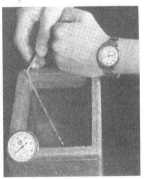

图 8-4-3　细管冻精的解冻

📖 **背景知识**

（一）液氮的特性

液氮是空气中的氮气经分离、压缩形成的一种无色、无味、无毒的透明液体，沸点为−195.8℃，每升液氮为0.8kg左右。液氮具有超低温性，可抑制精子代谢和细菌繁殖，能长期保存精液；液氮具有很强的膨胀性，当温度达到15℃时，在标准大气压下，1L液氮可气化为680L氮气，膨胀率为680倍；液氮具有挥发性，当液氮用量大时，要注意通风，以防窒息。

（二）液氮罐的结构

液氮罐可分为液氮贮存罐和液氮运输罐两种。贮存罐主要用于室内液氮的静置贮存，分容量不等的液氮罐，大的可达数百升，小的不到1L，一般的人工授精站适宜用10～30L的中型罐。为了满足运输条件，液氮运输罐增加了专门的防震设计，但也应避免剧烈的碰撞和震动。液氮罐由外壳、内槽、夹层、颈管、盖塞、提筒及外套构成（图8-4-4）。

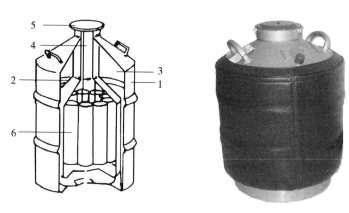

图 8-4-4　液氮罐内部结构
1. 外壳　2. 内槽　3. 夹层　4. 颈管　5. 盖塞　6. 提筒

1. 外壳　液氮罐的罐壁由内、外两层构成，外层称为外壳，内层称为内胆，一般由坚硬的合金制成。

2. 内槽　液氮罐内层中的空间称为内槽，内槽的底部有底座，供固定提筒用，可将液氮及冷冻精液储存于内槽中。

3. 夹层　内、外两层间的空隙为夹层，为增加罐的保温性，夹层被抽成真空，在夹层中装有绝热材料和吸附剂（如活性炭），以吸收漏入夹层的空气，从而增加了罐的绝热性能。

4. 颈管　颈管以绝热黏剂将罐的内、外两层连接，并保持有一定的长度。顶部有罐口，其结构既要有孔隙能排出液氮蒸发出来的氮气以保证安全，又要有绝热性能以尽量减少液氮的气化量。

5. 盖塞　盖塞由绝热性能良好的塑料制成，以阻止液氮的蒸发，又可固定贮精提筒的手柄。

6. 提筒　是存放冻精的装置。提筒的手柄由绝热性良好的塑料制成，既能防止温度向液氮传导，又能避免取冻精时冻伤。提筒的底部有多个小孔，以便液氮渗入其中。

7. 外套　中、小型液罐为了携带方便，有一外套并附有挎背用的皮带。

无论大小的液氮罐都应该具有绝热性能好、坚固耐用、使用方便等特点，这样才能更好地满足生产的使用。

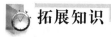 **拓展知识**

（一）《牛冷冻精液》国家标准（GB/T 4143—2008）

2008年3月20日，中国国家标准化管理委员会（SAC）发布《牛冷冻精液》国家标准（GB/T 4143—2008）。该标准是对中华人民共和国国家标准《牛冷冻精液》（GB/T 4143—

1984）的修订，规定了牛冷冻精液的命名、技术要求、抽样、试验方法、判定规则和标志、包装，并于 2009 年 1 月开始实施。具体内容如表 8-4-1 所示。

表 8-4-1　GB/T 4143—2008 与 GB/T 4143—1984 和欧盟标准对比

产品	技术要求	（GB/T 4143—2008）	（GB/T 4143—1984）	欧盟标准
牛冷冻精液	直线前进运动精子数（万个）	≥800（水牛≥1 000）	≥1 000	≥600
	活率	≥0.35（水牛≥0.3）	≥0.3	≥0.4
	畸形率（％）	≤18（水牛≤20）	≤20	≤20
	顶体完整率（％）	≥40	≥40	—
	细菌菌落数（个）	≤800	≤1 000	≤500
	病原微生物	无	无	无
	情期受胎率（％）	—	—	＞50

以上几项除直线前进运动精子数有所下降外，精子畸形率和细菌菌落数标准都有所提高，对产品的质量要求更加严格，与欧盟的相关标准接近，但仍有一定差距。由于国外饲养环境好、配种人员水平高，欧盟标准中的直线前进运动精子数标准较低（≥600 万个），但其解冻后活率、细菌菌落数标准较高。

（二）性控冻精

奶牛的性别是由性染色体决定的，奶牛生产中为了多产母犊以加快奶牛群的扩繁速度和提高牛奶的产奶量，性别控制研究就成了奶牛繁殖科研工作者关注的课题。1989 年美国 XY 公司首次应用流式细胞仪成功将 X、Y 精子分离，并达到一定的精确度，2000 年开始进入商业化应用阶段，已应用于牛、猪、马等哺乳动物。由于母牛犊的经济效益及国际乳业发展需求，目前都将该技术应用重点放在奶牛精子分离上。奶牛性控冻精是通过精子分离仪使含 X 染色体和 Y 染色体的精子有效分离，将含 X 染色体的精子分装冷冻制成细管冻精，进行奶牛的人工授精，从而使母牛怀孕产母犊。目前，X、Y 精子的分离成功率已达到 93％，X、Y 精子的受精成活率已达到 65％。奶牛性控冻精的操作要点：

1. 母牛的选择　使用性控冻精配种的母牛选择严格，首先选择中、高产奶牛及其后代为配种对象，其次尽量选择初配母牛和生产三胎内的母牛，最后查看母牛的营养状况和健康状态，选用的母牛要膘情适中、健康无病和无繁殖病史。

2. 解冻方法　从液氮罐取冻精时，提筒不可超过液氮罐口，迅速夹取冻精放入 38～40℃温水中解冻（10s 左右），取出后用干脱脂棉擦干后剪断封口，装入输精器备用。

3. 输精时间　使用性控冻精时，要尽量缩短解冻与输精之间的时间，配种时间尽量控制在排卵前 6h 之内或排卵后 4h 之内，最好是解冻一支输一支。

4. 输精部位　输精部位一般在排卵侧子宫角，若不能准确判断排卵侧，则采用子宫体后拉法，保证两侧子宫角都能有精子进入。输精器最好使用一次性外套的，以保证无菌操作。

思考题

1. 简述牛的冷冻精液制作程序。

2. 如何解冻颗粒冻精和细管冻精？

任务五 精液的保存与运输

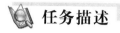**任务描述**

　　精液保存的目的是为了延长精子在体外的存活时间，便于长途运输，从而扩大精液的使用范围。精液保存的方法，按保存温度不同可分为常温保存、低温保存和冷冻保存 3 种。对于远距离购买精液的猪场，运输过程至关重要。运输成败的关键在于保温和防震是否做得充分。将精液从甲地运往乙地，应如何运输？

任务实施

一、猪精液的保存与运输

（一）精液的分装

　　精液稀释后按母猪一次输精量进行分装，常用的有瓶装和袋装两种。瓶装的精液分装简单方便，易于操作，容量最高为 100mL（图 8-5-1）；袋装的精液分装一般需要专门的精液分装机，用机械分装、封口，容量一般为 80mL（图 8-5-2）。分装后将精液瓶加盖密封，封口时尽量排出瓶中空气，贴上标签，标明公猪的品种、耳号、采精日期、保存有效期、生产单位及相应的使用说明。

图 8-5-1　分装后的瓶装精液

图 8-5-2　猪精液自动灌装打印一体机

（二）精液的保存

分装好的精液先置于 22～25℃的室内环境下放置 1～2h，然后移入 16～18℃的恒温箱中保存（图 8-5-3）。存放时，不论是瓶装的或是袋装的，均应平放，目的是为了增大精子沉淀后铺开的面积，减少沉淀的厚度，降低精子死亡的比率。保存期内要注意 3 点：一是尽量减少恒温箱门的开关次数，防止频繁升降温对精子的打击；二是每隔 12h 轻轻翻动一次（上下颠倒），以防精子沉淀；三是每天检查恒温箱内温度计的变化，防止温度出现明显波动，若出现停电应全面检查贮存的精液品质。精液保存时间的长短，因稀释液成分不同而异，一般可保存 2～3d。

（三）精液的运输

精液运输是人工授精顺利进行的必要环节，需注意以下几点：

（1）运输的精液需按规定进行稀释和保存，有详细的说明书，标明站名、公猪品种和编号、采精日期、精液剂量、稀释倍数、精子活率和密度等。

（2）精液包装要严密，不能发生泄露，运输多采用精液运输箱（图 8-5-4）或广口保温瓶。

图 8-5-3　猪精液保存恒温箱　　　　　　　　图 8-5-4　猪精液运输箱

（3）尽量避免在运输过程中产生剧烈震荡和碰撞，可在输精瓶或输精袋周围放入碎的泡沫或气垫。

（4）精液运输过程中要注意保持温度的恒定。场内使用，可直接用厚棉垫包裹精液放入泡沫箱进行运输。短距离运输时，可采用恒温精液运输箱进行运输。

（5）精液运输过程中要防止阳光直射到泡沫箱，更不能直射到输精瓶上。

二、牛精液的保存与运输

（一）精液的保存

目前，牛的精液保存普遍采用液氮罐，该法保存时间长，精液的使用不受时间、地域以及种公牛寿命的限制，对人工授精技术的推广及现代畜牧业的发展均具有十分重要的意义。

1. 液氮罐的使用

（1）使用前要认真检查。新购或长期未用的液氮罐，必须外部无破损、无异常，内部干燥无异物，颈管和盖塞完全、贮精提筒完好，盛装液氮经 1d 的预冷并观察其损耗率，各项指标合格后方可使用。

（2）填充液氮时要小心谨慎。对于新罐或处于干燥状态的罐一定要缓慢填充并进行预冷，以防降温太快损坏内胆，减少使用年限。或者将液氮运输罐的液氮经漏斗注入贮存罐内，为了防止液氮飞溅，可在漏斗内衬一块纱布。

（3）及时补充液氮。当液氮消耗掉 1/2 时，应立即补充液氮。罐内液氮的剩余量可用称量法来估算，也可用带刻度的木尺或细木条等插至罐底，经 10s 后取出，通过测量结霜的长度来估算。

（4）液氮罐放置在阴凉、通风且干燥的室内，不得暴晒，不可横倒放置。

（5）做好定期的清洗和保养工作。每年应清洗一次罐内杂物，将空罐放置 2d 后，用 40～50℃ 中性洗涤剂擦洗，再用清水多遍冲洗，干燥后方可使用。使用过程中，如发现罐的外壁结霜，说明罐的真空失灵，要尽快转移精液。

（6）防冻伤。液氮是一种超低温液体，如溅到皮肤上会引起类似烧伤一样的冻伤，因此在灌充和取出液氮时应注意自身的防护以免冻伤。

2. 精液的贮存　贮存精液时必须迅速放入经预冷的提筒内，浸入罐内液氮面以下，将提筒手柄置于罐口的槽沟内。

取用冻精时，操作要敏捷迅速，镊子在液氮罐口预冷，冻精不可提出液氮罐口，冻精脱离液氮的时间不得超过 20s，注意不要摩擦颈管内壁，不可过分的弯曲提筒的手柄，取完后要迅速将冻精再次浸入液氮内，及时盖上罐塞。在向另一个液氮贮存罐内转移冷冻精液时，冻精在空气中转移时间不得超过 5s，并迅速将精液再次浸入液氮内。

（二）冷冻精液的运输。

由冷冻精液站提供的冷冻精液必须经过精子活率检查，查验种公牛品种、公牛号及数量，与标签一致无误后方可运输。盛装精液的液氮罐必须确保其保温性能，液氮罐应加外保护套或装入液氮罐运输箱（图 8-5-5）内，罐与罐之间要用填充物隔开，在罐底加防震软垫，防止颠簸撞击，严防倾倒，装卸车时要严防液氮罐碰击，更不能在地上随意拖拉，以免损坏液氮罐，缩短使用寿命。运输途中应随时检查并及时补充冷源。

三、羊精液的保存与运输

1. 精液的保存　目前，养羊生产中精液多采用低温（0～5℃）保存。采精后应尽快完成精液的稀释，为防止精子的冷休克反应，应使用含有卵黄的稀释液，并进行缓慢降温，稀释倍数以 2～4 倍为宜。把稀释后的精液分装至贮精瓶中（羊的输精量小，可按 10～20 个输精剂量分装），封口，外包以数层棉花或纱布，最外层用塑料袋扎好，防止水分渗入。把包装好的精液置于冰箱或广口保温瓶（图 8-5-6），从 30℃ 缓慢降至 0～5℃ 时，降温速度以每分钟下降 0.2℃ 左右为宜，需 1～2h 完成降温过程。精液保存期间，尽量保持温度恒定。

2. 精液的运输　若需要运输，可在广口保温瓶内放入冰块，把包装好的精液放在冰块上，盖好，注意定期添加冰源。在精液运输过程中，要注意避光，尽量减少震荡和碰撞。分装的小管和小

图 8-5-5　液氮罐运输箱

瓶应装满，这样可以减少摇晃。运输包装应严密、防潮，同时应附有公羊品种编号、采精日期、精液剂量、稀释液种类、稀释倍数、精子活率和密度等详细说明书。如无冰源可采用化学致冷法，在冷水中加入一定量的氯化氨或尿素，可使水温达到 0～5℃。

图 8-5-6　广口保温瓶

 背景知识

（一）精液保存的原理

1. 常温保存的原理　精液常温保存的温度一般在 15～25℃，又称为室温保存或变温保存。常温保存不需要特殊设备，简单易行，便于普及和推广，适用于各种动物精液的短期保存，尤其适合公猪精液的保存。其保存原理是，精子在弱酸性环境中，其活动受到抑制，能量消耗减少，而当 pH 一旦恢复到中性，精子活力即可复苏。因此，可在稀释液中加入弱酸性物质（如己酸），把 pH 调整到6.35 左右。不同酸类物质对精子产生的抑制区域和保护效果不同，一般认为有机酸好于无机酸。也可向稀释液内充入一定量的二氧化碳气体，溶入水形成碳酸，变成弱酸性环境。

2. 低温保存的原理　低温保存是将稀释后的精液置于 0～5℃的环境中保存，保存效果通常比常温保存时间长，但公猪的精液不如常温保存效果好。低温保存原理为，当温度缓慢降至 0～5℃时，精子呈"休眠"状态，精子代谢机能和活动力减弱，当温度回升后，精子又逐渐恢复正常的代谢机能而不丧失其受精能力。

3. 冷冻保存的原理　精液冷冻保存是用液氮（－196℃）或干冰（－79℃）做冷源，达到长期保存的目的。该方法因保存时间长，精液的使用不受时间和地域的限制，是比较理想的一种保存方法，对人工授精技术的推广及现代畜牧业的发展都具有十分重要的意义。目前，牛的冷冻精液在生产上的普及率已达到 100%。其保存原理为，精子在超低温下，其运动和代谢完全停止，生命以"静止"状态保存下来，当温度回升后，又能复苏且不丧失受精能力。但精子的复苏率只有 50%～70%，部分精子在冷冻过程中死亡。关于大部分精子在冷冻过程中为什么没有死亡，复苏后仍具有活力，对此科学工作者做过多年的探索和解释，其中比较公认的是玻璃化学说，而冰晶的形成又是造成精子死亡的主要因素。这是因为：其一，水分形成冰晶后体积增大且形状不规则，对精子产生机械压力，破坏精子原生质表层和内部结构，引起精子死亡；其二，当精液冷冻时，精子外的水分先局部冻结，形成高渗溶液，使精子脱水，原生质变干而死亡。而玻璃化是精子在超低温下，水分子保持原来无次序排列，呈现纯粹的超微颗粒结晶，避免了原生质脱水和膜结构受到破坏，解冻后仍可恢复活力。

（二）冻精冷链体系

冷冻精液在保存、运输和使用的各个环节都要持续保冷，这一保冷体系称为冻精冷链体系。主要措施是在各县市建冻精二级配送站，在基层人工授精站配备必需的液氮罐、冰箱、冰壶，使种源基地与二级配送站、人工授精站之间建立完整的冷链体系，确保冻精质量，以满足现代畜牧业发展及品种改良工作需要。

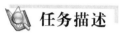

思考题

1. 如何进行猪精液的保存和运输？
2. 如何运输冷冻精液？

任务六 发情鉴定及配种

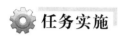

任务描述

发情鉴定是家畜繁殖工作的重要环节。通过发情鉴定，可以判断母畜的发情阶段，预测排卵时间，以确定适宜的配种时机，及时进行自然配种或人工授精，从而达到提高受胎率的目的。同时，还可以观察母畜发情是否正常，以便发现问题，及时解决。

任务实施

一、母牛的发情鉴定与输精

（一）牛的发情鉴定技术

1. 外部观察法

（1）观察方法。主要根据母牛的发情症状来判断，一般从 5 个方面进行，即全身反应、外生殖器变化、分泌物状况、行为变化及生产力等。

（2）结果判定。发情母牛表现为精神兴奋不安、哞叫、爬跨或接受爬跨，食欲减退，泌乳量下降，弓腰举尾，频频排尿，外阴充血肿胀，阴门流出大量透明黏液。发情初期黏液量少而稀薄；发情盛期黏液量大而浓稠，呈纤缕状或玻璃棒状；发情后期黏液量减少，混浊而且浓稠，最后变成乳白色，并黏于阴唇、尾根和臀部形成结痂。

2. 直肠检查法

（1）准备工作。将母牛牵入保定栏内保定，并将牛尾拉向一侧。检查者将指甲剪短磨光，带上长臂手套，并涂抹少量的润滑剂。

（2）检查方法。检查者站在母牛的正后方，手指并拢呈锥形旋转伸入肛门，进入直肠并将宿粪清出。然后，用手掌向骨盆腔底部下压找到子宫颈，手轻握子宫颈向前滑动到角间沟。从角间沟用食指与中指跨在左侧子宫角向前滑动，找到左侧卵巢触摸其大小、形状、质地以及卵泡的发育情况。检查右侧卵巢时，应沿子宫角回退至角间沟处，按同样的方法触摸右侧卵巢。根据卵泡的发育阶段及母牛的症状，判断母牛发情阶段。

（3）结果判定。牛的卵泡发育是一个连续的过程，为了便于区分，确定最佳的输精时间，通常将卵泡发育分为 4 个时期。

第一期（卵泡出现期）：卵泡稍增大，直径为 0.5～0.7cm，直肠触诊为一硬性隆起，波动不明显。这一期中，母牛一般开始有发情表现。

第二期（卵泡发育期）：卵泡发育到直径 1.0～1.5cm，呈小球状，波动明显。此期母牛处于外部表现盛期，持续 10～12h。

第三期（卵泡成熟期）：卵泡不再继续增大，卵泡壁变薄，紧张度增强，直肠触诊时有"一触即破"的感觉，似熟葡萄。此期母牛外部发情表现趋于结束，进入发情末期，此期持续 6～8h。

第四期（排卵期）：卵泡破裂，卵泡液流出，卵巢上留下一个小的凹陷。排卵后 6～8h 可摸到肉样感觉的黄体，其直径为 0.5～0.8cm。

母牛最佳的输精时间一般选择在卵泡成熟期之后，此期母牛性欲减退，没有明显的发情症状。

（二）母牛的输精技术

1. 准备工作

（1）输精器材的准备。输精器具使用前必须彻底清洗与消毒。

（2）母牛的准备。母牛经发情鉴定后，将其牵入保定栏内保定，外阴清洗消毒，尾巴拉向一侧。

（3）输精员准备。输精员穿好工作服，指甲剪短磨平，手臂清洗消毒，涂润滑剂。

（4）精液准备。将解冻的细管精液棉塞端插入输精器推杆 0.5cm，剪掉细管封口部，装上钢管套，外面套上塑料套管并固定在输精器上，试推推杆有精液渗出即可（图8-6-1）。

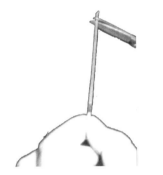

图 8-6-1　精液的准备

2. 输精操作　目前，养牛生产中普遍采用直肠把握子宫颈输精法（图 8-6-2）。左手伸入直肠内把握住子宫颈，右手持输精器，先向斜上方伸入阴道内 5～10cm，避开尿道开口，然后再水平插入到子宫颈口，两手协同配合，把输精器插入子宫颈内 2～3cm 皱褶处，慢慢注入精液。输精过程中，输精器不要握得太紧，要随着母牛的摆动而灵活伸入；保持子宫颈

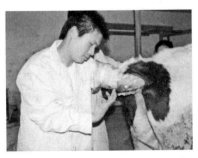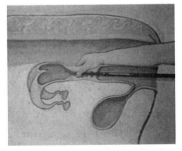

图 8-6-2　牛的直肠把握子宫颈输精

的水平状态，输精枪稍用力前伸，每过一个子宫颈皱褶都会发出"咔咔"的响声；但要避免盲目用力插入，防止生殖道黏膜损伤或穿孔。

二、母羊的发情鉴定与输精

(一) 羊的发情鉴定技术

1. 外部观察法　发情母羊兴奋不安，不时地高声"咩"叫，并接受其他羊的爬跨。同时，食欲减退、频频排尿，用手按压母羊背部表现站立不动、摆尾，有交配欲。发情母羊的外阴部及阴道充血、肿胀、松弛，并有黏液流出。

2. 试情法　把处理好的试情公羊（结扎输精管或戴试情布）按比例 1：（30～40）放入母羊群中，观察母羊对试情公羊的反应。如果母羊已发情，会接受试情公羊的爬跨。

(二) 母羊的输精技术

羊的输精多在发情结束前进行，一般采用开膛器输精法（图 8-6-3）。助手倒提羊，输精员将已消毒的开膛器旋转插入母羊阴道内，打开开膛器并找到子宫颈外口，另一只手持输精器沿开膛器插入子宫颈口 0.5～1.0cm 缓慢注

图 8-6-3　羊的开膛器输精

入精液，然后撤出输精器，并将半开半闭状态的开膛器慢慢取出。最后输精员轻拍母羊腰背部，防止精液倒流。

三、母猪的发情鉴定与输精

(一) 猪的发情鉴定技术

母猪发情时，精神兴奋不安、流涎磨牙、嘶叫，常追逐同伴并企图爬跨，外阴充血肿胀，并有黏液流出阴门之外。用手按压猪背腰部，若母猪出现"静立反射"，并且尾巴上翘露出阴门，则表示该母猪达到发情高潮。也可把公猪赶至母猪栏外，让其闻公猪叫声，嗅公猪气味，若母猪发情，则有竖耳拱背、呆立不动的表现。

(二) 母猪的输精技术

1. 准备工作　根据母猪情况选择不同规格输精管（图 8-6-4）；用 0.1% 的高锰酸钾清洗消毒发情母猪外阴部；从保温箱取出输精瓶并颠倒几次，每头份精液 80～120mL，总精子数 30 亿～50 亿个。

2. 输精方法　输精时，先把输精管海绵头涂以少量润滑剂，一只手将母猪阴唇分开，另一只手持输精管呈 45° 角斜上方插入母猪阴道内，当感到向前推进有阻力时，说明海绵头已到达子宫颈外口。然后将输精管左右旋转推送 3～5cm，当海绵头插入子宫颈管内后，子宫颈管受到刺激会收缩，使海绵头锁定在子宫颈管内。回拉时感到有一定阻力，此时便可输精（图 8-6-5）。在输精过程中，输精员同时按摩母猪阴户或大腿内侧，以刺激母猪的性兴奋，促进精液吸收。输精时不要太快，一般需 3～10min 输完。输精完毕缓慢抽出输精管，并用手指按压母猪臀部使其安静片刻，以防精液倒流。

图 8-6-4　猪用输精器械

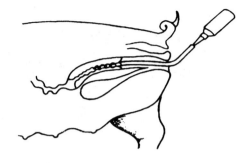

图 8-6-5　母猪的输精

四、母鸡的输精

（一）准备工作

1. 母鸡的选择　输精母鸡应是营养中等、泄殖腔无炎症的母鸡。开始输精的最佳时间应为产蛋率达到 70% 的种鸡群。

2. 器具及用品准备　准备输精器数支、原精液或稀释后的精液、注射器、酒精棉球等。

（二）输精操作

翻肛员右手打开笼门，左手伸入笼内抓住母鸡双腿，把鸡的尾部拉出笼门口外，右手拇指与其他四指分开横跨于肛门两侧的柔软部分向下按压，当给母鸡腹部施加压力时，泄殖腔便可外翻，露出输卵管口（图 8-6-6）。此时，输精员手持输精管对准输卵管开口中央，插入 1～2cm 注入精液。在输入精液的同时，翻肛员立即松手解除对母鸡腹部的压力，输卵管口便可缩回而将精液吸入。鸡的输精每周一次，使用原精液 0.025～0.030mL，稀

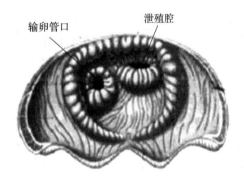

图 8-6-6　母鸡输精示意

释精液 0.1mL。输精时间应选择在大部分母鸡产蛋之后进行，最好在 16：00 左右。

背景知识

一、雌性动物生殖器官的结构功能

雌性动物的生殖器官由卵巢、输卵管、子宫、阴道和外生殖器组成（图 8-6-7）。母禽的生殖器官仅包括卵巢和输卵管两部分（图 8-6-8）。

（一）卵巢

1. 形态和位置　卵巢是雌性动物的性腺。家畜的卵巢成对存在，其大小、形态和位置因畜种、年龄及雌性动物所处的不同生理繁殖阶段而异。牛、羊的卵巢均为较扁的卵圆形，位于子宫角尖端的两侧。马卵巢呈蚕豆形，较长，附着缘宽大，游离缘上有特有的排卵窝，卵泡发育成熟后均在此凹陷内破裂排出卵子。猪的卵巢变化较大，初生仔猪卵巢呈肾形；接

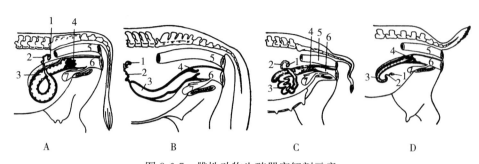

图 8-6-7　雌性动物生殖器官解剖示意

A. 牛　B. 马　C. 猪　D. 羊

1. 卵巢　2. 输卵管　3. 子宫角　4. 子宫颈　5. 直肠　6. 阴道　7. 膀胱

（耿明杰．2006. 畜禽繁殖与改良）

近性成熟，由于许多卵泡发育而呈桑葚形；性成熟后，卵巢上有大小不等的卵泡、红体和黄体突出于卵巢表面，凹凸不平，似串状葡萄。家禽只有左侧卵巢，右侧于孵化第七～九天就停止发育，到孵出时已退化，仅留残迹。

2. 机能　卵巢是产生卵细胞的器官，同时卵泡颗粒细胞还分泌雌激素，以促进其他生殖器官及乳腺的发育。排卵后形成的黄体可分泌孕激素，它是维持母畜怀孕所必需的激素之一。

（二）输卵管

1. 形态和位置　输卵管位于卵巢和子宫角之间，是一对长而弯曲的细管，是卵子进入子宫必经的通道，由子宫阔韧带外缘形成的输卵管系膜固定。输卵管可分为漏斗部、壶腹部和峡部 3 个部分。输卵管的前端（卵巢端）扩大成漏斗状，称为漏斗。漏斗的边缘不整齐，形似花边，称为输卵管伞。牛、羊的输卵管伞不发达，马的输卵管伞较发达，猪的输卵管伞最发达。输卵管伞的一端附着于卵巢的上端，马附着于排卵窝。紧接漏斗的膨大部为输卵管壶腹，长度约占输卵管的 1/2，是精子和卵子结合的部位。壶腹后段变细，为峡部。家禽的

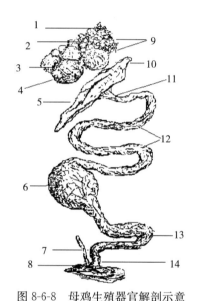

图 8-6-8　母鸡生殖器官解剖示意

1. 卵巢柄　2. 小卵母细胞　3. 成熟卵母细胞
4. 破裂痕　5. 输卵管开口
6. 峡部（内有形成过程中的蛋）
7. 退化的输卵管　8. 泄殖腔　9. 排空的卵泡
10. 漏斗部　11. 漏斗部的颈　12. 蛋白质分泌部
13. 子宫　14. 阴道

（耿明杰．2006. 畜禽繁殖与改良）

输卵管是一条长而弯曲的管道，前端开口于卵巢下方，后端开口于泄殖腔，分为漏斗部、蛋白质分泌部、峡部、子宫部和阴道部。

2. 机能　输卵管借助纤毛的摆动、管壁的蠕动将卵巢排出的卵子经过输卵管伞向壶腹部运送；将精子反向由峡部向壶腹部运送。同时，进入输卵管的精子获得受精能力，在输卵管壶腹部完成受精作用，并进行早期卵裂。

（三）子宫

1. 形态和位置　子宫大部分在腹腔，少部分在骨盆腔，背侧为直肠，腹侧为膀胱，前

接输卵管，后接阴道，借助于子宫阔韧带悬于腰下腹腔。多数动物的子宫都是由子宫角、子宫体和子宫颈3部分组成。

牛、羊的子宫角弯曲如绵羊角，两角基部之间有纵隔将两子宫角分为对分子宫（也称双间子宫），子宫颈口突出于阴道，颈管发达，壁厚而硬。猪的子宫有两个长而弯曲的子宫角，经产母猪可长达1.2～1.5m，宽1.5～3.0cm，形似小肠，两角基部之间的纵隔不明显，为双角子宫。兔的子宫属于双子宫型，两个完全分离的子宫分别开口于阴道，仅有子宫角而无子宫体。

2. 机能 雌性动物发情配种时，子宫颈口开张，有利于精子进入，并具有阻止死精和畸形精子进入子宫的能力，以防止过多的精子到达受精部位。大量的精子可暂时贮存在子宫颈隐窝内。进入子宫的精子借助子宫肌的收缩运送到输卵管，在子宫内膜分泌液的作用下使精子完成获能。

子宫也是胚胎发育和胎儿娩出的器官。子宫黏膜内有子宫腺，分泌物对早期胚胎有营养作用。随着胚泡附植的完成和胎盘的形成，胎儿可通过胎盘进行气体、养分及代谢物的交换，这对胚胎的发育极为重要。到妊娠末期，胎盘产生的雌激素逐渐增加，为增强子宫的收缩能力创造条件，而且能使子宫、阴道、外阴及骨盆韧带变松软，为胎儿顺利娩出创造条件。

（四）阴道

阴道位于骨盆腔，背侧为直肠，腹侧为膀胱和尿道。阴道前接子宫，有子宫颈口突出于其中（猪除外），形成一个环形隐窝，称为阴道穹隆或子宫颈阴道部；后接尿生殖前庭，以尿道外口和阴瓣为界，未交配过的幼畜（尤其是马和羊）阴瓣明显。各种家畜阴道长度：牛为22～28cm，羊为8～14cm，猪为10～15cm，马为20～30cm。

阴道既是交配器官，又是分娩时的产道。阴道内的生化和微生物环境能保护上生殖道免受微生物的入侵。阴道还是子宫颈、子宫黏膜和输卵管分泌物的排出管道。

（五）外生殖器

外生殖器官包括尿生殖前庭、阴唇和阴蒂。尿生殖前庭是左右压扁的短管，前接阴道，后连阴门。阴道与前庭之间以尿道口为界。阴唇构成阴门的两侧壁，为尿生殖道的外口，位于肛门下方。两阴唇间的裂缝称为阴门裂，一般家畜阴门裂上角钝，下角锐，马则相反。阴蒂位于阴门裂下角的凹陷内，由海绵体构成，被覆以复层扁平上皮，具有丰富的感觉神经末梢，为退化了的阴茎。马的阴蒂最发达，猪的长而弯曲，末端为一小圆锥。

二、生殖激素

（一）生殖激素概述

1. 生殖激素 一般把直接作用于生殖活动，并以调节生殖过程为主要生理功能的激素，称为生殖激素。生殖激素的种类很多，有的由生殖器官本身产生，如雌激素、孕激素等；有的来源于生殖器官以外的组织和器官，如促卵泡素、促黄体素等。

2. 生殖激素与畜禽繁殖的关系 畜禽的生殖活动是一个极为复杂的过程，所有的生殖活动，如雌性动物卵子的发生、卵泡的发育和排卵、发情的周期性变化、受精、妊娠、分娩以及泌乳活动等，都与生殖激素有着密切的关系。一旦生殖激素分泌失调，将会引起繁殖机能下降，严重导致不育。

近年来，人们充分利用外源生殖激素人为控制畜禽的繁殖活动并得到了广泛应用，如同期发情、诱导发情、超数排卵等技术。此外，生殖激素作为药品也广泛用于某些不孕不育症的治疗。

3. 生殖激素的分类 生殖激素的种类很多。根据来源和功能大致可分为 5 类：①下丘脑释放激素；②垂体促性腺激素；③胎盘促性腺激素；④性腺激素；⑤其他激素，如前列腺素、外激素等。根据化学结构可分为 3 类：①含氮激素，包括蛋白质、肽类和氨基酸衍生物；②类固醇（甾体）激素；③脂肪酸类激素。主要生殖激素的名称、来源、化学结构及主要生理功能如表 8-6-1 所示。

表 8-6-1　主要生殖激素的名称、来源、化学结构及生理功能

种类	名称	简称	来源	化学结构	主要生理作用
下丘脑释放激素	促性腺激素释放激素	GnRH	下丘脑	10 肽	促进垂体前叶释放 LH 和 FSH
	催产素	OXT	下丘脑合成垂体后叶释放	9 肽	促进子宫收缩和排乳
垂体促性腺激素	促卵泡素	FSH	垂体前叶	糖蛋白	促进卵泡发育和精子发生
	促黄体素	LH	垂体前叶	糖蛋白	促进排卵，形成黄体，促进孕酮分泌
	促乳素	PRL	垂体前叶	糖蛋白	促进黄体分泌孕酮，刺激乳腺发育，促进睾酮分泌
胎盘促性腺激素	孕马血清促性腺激素	PMSG	马胎盘	糖蛋白	具有 FSH 和 LH 双重活性
	人绒毛膜促性腺激素	HCG	灵长类胎盘绒毛膜	糖蛋白	与 LH 相似
性腺激素	雌激素	E	卵巢、胎盘	类固醇	促进雌雄动物发情行为，维持第二性征，刺激生殖器官的发育
	孕激素	P_4	卵巢（黄体）胎盘	类固醇	维持妊娠，促进子宫腺体及乳腺泡发育，对促性腺激素的分泌有抑制作用
	雄激素	A	睾丸间质细胞	类固醇	维持雄性动物第二性征和性欲，促进副性腺发育及精子发生
	松弛素	RLX	卵巢、胎盘	蛋白质	促使子宫颈、耻骨联合和骨盆韧带松弛，有利于分娩
其他激素	前列腺素	PG	广泛分布	不饱和脂肪酸	溶解黄体，促进子宫收缩等
	外激素		外分泌腺	脂肪酸萜烯类等	影响畜禽的性行为和性活动

4. 生殖激素的作用特点

（1）高效性。生理状况下，畜禽体内生殖激素含量极低，但所起的生理作用十分明显。例如，母牛体内每毫升血液的孕酮水平只要达到 6～7ng 便可维持正常妊娠。

（2）累积性。例如给雌性动物注射孕酮后，在 10～20min 内就有 90% 从血液中消失，但其作用却在若干小时甚至数天后才能显示出来。

（3）选择性。各种生殖激素均有其特定的靶器官或靶细胞，生殖激素必须与靶器官或靶细胞中的特异性受体（内分泌激素）或感受器（外激素）结合后才能产生生物学效应。如催产素作用于子宫，促卵泡素作用于卵巢。

（4）协同性和抗衡性。某些生殖激素之间对某种生理现象有协同作用，例如子宫的发育需要雌激素和孕酮的共同作用。生殖激素间的抗衡作用现象也可经常见到，例如雌激素能引起子宫兴奋、增加蠕动，而孕酮则可抵消这种兴奋作用。

（二）生殖激素的主要功能与应用

1. 促性腺激素释放激素（GnRH）

（1）生理功能。GnRH 能促进垂体前叶合成和释放 LH 和 FSH，其中以 LH 为主。然而，长时间或大剂量应用 GnRH 或高活性类似物，会出现抗生育作用，即抑制排卵、延缓胚胎附植、阻碍妊娠，甚至引起性腺萎缩。

（2）应用。GnRH 的分子结构简单，易于合成，目前，人工合成的高活性类似物已得到广泛应用，其中 $LRH-A_3$ 在促进雌性动物发情、受胎，治疗卵泡囊肿等方面取得了较好的效果。

2. 催产素（OXT）

（1）生理功能。①刺激哺乳动物乳腺导管肌上皮细胞收缩，导致排乳。在生理条件下，催产素的释放是引起排乳反射的重要环节，给奶牛挤奶前按摩乳房，就是利用排乳反射引起催产素水平升高而促进乳汁排出。②刺激子宫平滑肌收缩。母畜分娩时，催产素水平升高，使子宫阵缩增强，迫使胎儿从阴道产出。产后幼畜吮乳可加强子宫收缩，有利于胎衣排出和子宫复原。③引起子宫分泌 $PGF_{2\alpha}$，引起黄体溶解而诱导发情。

（2）应用。临床上催产素常用于促进分娩，治疗胎衣不下、子宫脱出、子宫出血和子宫内容物（如恶露、子宫积脓或木乃伊）的排出等。为了增强子宫对催产素的敏感性，最好在使用催产素之前先用雌激素处理。

3. 促卵泡素（FSH）

（1）生理功能。具有促进卵巢生长，刺激卵泡生长发育和精子生成的作用。

（2）应用。生产上 FSH 可用于治疗雌性动物不发情、卵巢静止、卵巢发育不全、卵巢萎缩等繁殖障碍；配合孕激素使用可使接近性成熟的雌性动物提早性成熟；用于动物的超数排卵。

4. 促黄体素（LH）

（1）生理功能。①促进雌性动物排卵及黄体的生成；②刺激雄性动物睾丸间质细胞合成和分泌睾酮，对副性腺的发育和精子最后成熟具有重要作用。

（2）应用。LH 对排卵延迟、不排卵和卵泡囊肿有较好疗效。对于由黄体发育不全引起的胚胎死亡或习惯性流产，可在配种时和配种后连续注射 $2\sim3$ 次 LH，促使黄体发育和分泌，防止流产。LH 还可治疗公畜不育，对公畜性欲减退、精液浓度低等疾病有一定疗效。

5. 促乳素（PRL 或 LTH）　PRL 的主要生理功能是促使黄体分泌孕酮（绵羊、大鼠），促进乳腺发育和泌乳，增强畜禽的繁殖行为和母性行为，如禽类就巢性、家兔产前脱毛选窝等。另外，PRL 可促进鸽子等鸟类的嗉囊发育，分泌鸽乳，用于哺喂雏鸽。

6. 孕马血清促性腺激素（PMSG）　PMSG 主要由马属动物的子宫内膜杯细胞分泌，一般在妊娠 40d 左右开始出现，$60\sim120d$ 含量最高，此后逐渐下降，至 170d 几乎完全消失。

PMSG 具有类似 FSH 和 LH 的双重活性，但以 FSH 为主，对雌性动物有着明显的促进卵泡发育、排卵和促进黄体形成功能。其应用与 FSH 相似，用 PMSG 代替价格较贵的 FSH 进行超数排卵，可取得一定效果。但由于 PMSG 半衰期长，在体内不易清除，使用时要增加 PMSG 抗体。

7. 人绒毛膜促性腺激素（HCG）　　HCG 由人和灵长类动物胎盘绒毛膜的合胞体滋养层细胞合成和分泌，大量存在于孕妇尿液中，血液中也有少量。一般在孕后第八天开始分泌，8～9 周时升至最高，21～22 周时降至最低。目前应用的 HCG 商品制剂，主要来自于孕妇尿液和流产刮宫液，是一种经济的 LH 替代品。

8. 雄激素

（1）生理功能。①刺激精子的发生，延长精子在附睾内的存活；②促进雄性副性器官（如前列腺、精囊腺、尿道球腺、输精管、阴茎等）的发育和分泌功能；③促进雄性第二性征的表现，如骨骼粗大、肌肉发达等；④促进雄性动物的性行为和性欲表现。

（2）应用。在临床上主要用于治疗雄性动物性欲不强和性功能减退。常用的药物为丙酸睾酮，皮下或肌内注射均可。

9. 雌激素　　雌激素是促使雌性动物性器官发育和维持正常性机能的主要激素。目前，已有多种雌激素制剂在畜牧生产和兽医临床上应用，其中最常用的是二甲酸雌二醇、双烯雌酚、苯甲酸雌二醇等。雌激素与催产素配合可治疗产后胎衣不下，排出干尸化（木乃伊）胎儿，治疗母畜子宫疾病。雌激素与孕激素配合，可用于奶牛和山羊的人工诱导泌乳。

10. 孕激素

（1）生理功能。①在妊娠初期，孕酮可促进子宫腺体发育，有利于早期胚胎的营养、发育和附植；②抑制子宫收缩，维持正常妊娠；③对雌性动物的发情具有双重作用，少量孕酮与雌激素协同促进发情表现，大量孕酮与雌激素对抗抑制母畜发情。

（2）应用。孕激素多用于防止习惯性流产、同期发情、妊娠诊断等。

11. 松弛素　　松弛素的主要生理功能是促使骨盆韧带、耻骨联合松弛，子宫颈松软，有利于分娩。生产上，松弛素主要用于子宫镇痛、预防流产和诱发分娩。

12. 前列腺素　　前列腺素广泛存在于机体各种组织和体液中，主要来源于精液、子宫内膜、母体胎盘和下丘脑。前列腺素种类很多，其中 PGE、PGF 对动物繁殖较重要，尤其是 $PGF_{2\alpha}$。

$PGF_{2\alpha}$ 具有溶解黄体、促进子宫平滑肌收缩、有利于分娩活动等作用。天然的前列腺素提取困难，价格昂贵，因此在生产实践中多应用人工合成 $PGF_{2\alpha}$，主要用于处理同期发情和治疗持久黄体或黄体囊肿。

13. 外激素　　外激素是生物体向环境释放的一种激素，起着传递化学信息并引起对方产生特殊反应的一类生物活性物质。外激素主要由皮脂腺、汗腺、唾液腺、下颌腺、泪腺、耳下腺、包皮腺等释放，有些家畜的尿液和粪便中也含有外激素。外激素可诱导畜禽多种行为，如识别、聚集、性活动等，其中诱导性活动的激素为性外激素。性外激素在养猪生产中应用较多，如母猪催情和试情、公猪采精训练等。此外，外激素还可以解决猪群的母性行为和识别行为，为仔猪寄养提供方便。

三、雌性动物的性机能发育

雌性动物一生中，性机能的发育是一个由发生、发展直至衰退停止的过程，一般分为初情期、性成熟期、体成熟期及繁殖机能停止期。为了指导生产，还涉及适配年龄的问题。

1. 初情期　　初情期是指雌性动物第一次出现发情现象和排卵的时期。到达初情期的动物虽有发情表现，但不完全，发情周期也往往不正常，其生殖器官仍在继续生长发育中。此阶段配种有受精的可能性，但不宜配种。影响初情期早晚的因素较多，主要有品种、气候、营养水平、出生季节等。

2. 性成熟期　初情期后，随着年龄的增长，生殖器官进一步发育成熟，发情排卵活动已趋正常，具备了正常繁殖后代的能力，此时称为性成熟。性成熟后，由于身体发育尚未成熟，故一般不宜配种。过早配种怀孕，一方面会妨碍雌性动物自身的生长发育，导致后期的生产性能下降；另一方面也会影响胎儿的发育，导致后代体重减轻、体质衰弱或发育不良。

3. 初配适龄　性成熟后再经过一段时间的发育，动物各器官和组织发育基本完成，具有了本品种固有的外貌特征，能承担繁衍后代的能力，并可进行配种，此时称为初配适龄。一般当雌性动物体重达到成年体重的 70％ 时就可以配种。初配适龄在生产中具有重要的指导意义，配种时间过早、过晚对生产都不利，具体时间应根据个体生长发育情况进行综合判定。

4. 体成熟期　雌性动物在初配适龄后配种受胎，身体仍未完全发育成熟，经过一段时间后才能达到体成熟。

5. 繁殖机能停止期　雌性动物经过多年的繁殖活动，繁殖机能逐渐衰退，甚至丧失繁殖能力。在畜牧生产中，一般在家畜繁殖机能停止之前，只要生产效益明显下降，就对其进行淘汰。

各种家畜的生理成熟期如表 8-6-2 所示。

表 8-6-2　各种家畜的生理成熟期

动物种类	初情期（月龄）	性成熟期（月龄）	初配适龄	体成熟期	繁殖终止期（岁）
黄牛	8～12	10～14	1.5～2.0 岁	2～3 岁	13～15
奶牛	6～12	12～14	1.3～1.5 岁	2～3 岁	13～15
马	12	15～18	2.5～3.0 岁	3～4 岁	18～20
驴	8～12	18～30	2.4～3.0 岁	3～4 岁	
猪	3～6	5～8	8～12 月龄	9～12 月龄	6～8
绵羊	4～5	6～10	12～18 月龄	12～15 月龄	8～11
山羊	4～6	6～10	12～18 月龄	12～15 月龄	7～8
兔	4	5～6	6～7 月龄	6～8 月龄	3～4

四、发情生理

（一）发情的概念

雌性动物到一定年龄后，受下丘脑—垂体—卵巢轴调控，每隔一定时间，卵巢上就有卵泡发育，逐渐成熟而排卵，此时雌性动物的精神状态和生殖器官及行为都发生较大变化，如精神不安、食欲减退、阴门肿胀、流出黏液、愿意接近雄性、接受雄性动物或其他雌性动物的爬跨等，称为发情。

（二）发情周期

母畜性成熟以后，表现出周而复始的性活动周期。即在生理或非妊娠条件下，母畜每间隔一定时期均会出现一次发情，通常把一次发情开始至下次发情开始或一次发情结束至下次发情结束所间隔的时期，称为发情周期。牛、猪、山羊、马、驴的发情周期平均为 21d，绵羊为16~17d，兔为8~15d。发情周期中划分的依据是根据机体所发生的一系列生理变化，一般多采用四期分法和二期分法（图8-6-9）。

$$
发情周期
\begin{cases}
卵泡期
\begin{cases}
发情前期：卵泡发育的准备期 \\
发情期：性欲高潮期
\end{cases} \\
黄体期
\begin{cases}
发情后期：黄体形成期 \\
间情期（休情期）：黄体活动期
\end{cases}
\end{cases}
$$

图 8-6-9　发情周期分期

（三）发情持续期

发情持续期是指母畜从发情开始到发情结束所持续的时间，相当于发情周期中的发情期。各种母畜的发情持续期为：牛1~2d，羊1.0~1.5d，猪2~3d，马4~7d。由于季节、饲养管理水平、年龄及个体条件的不同，母畜发情持续期的长短也有所差异。

（四）异常发情

1. 安静发情　又称隐性发情或静默发情，是指母畜发情时外部表现不明显，但卵巢上有卵泡发育、成熟并排卵。常见于产后第一次发情、带仔，以及营养不良的牛、马和羊。雌激素分泌不足或体内缺乏孕酮均可引起安静发情。

2. 短促发情　指母畜发情持续时间短，如不注意观察，往往错过配种时机。常见于青年动物和奶牛。其原因可能是神经内分泌系统的功能失调，发育的卵泡很快成熟破裂排卵，缩短了发情期，也可能是由于卵泡突然停止发育或发育受阻而引起。

3. 断续发情　是指母畜发情延续很长，且发情时断时续。多见于早春或营养不良的母马。其原因是卵泡交替发育的结果。当其转入正常发情时，就能发生排卵，配种也能正常受胎。

4. 持续发情　持续发情是慕雄狂的症状之一，表现为持续强烈的发情行为，常见于牛和猪，马也可能发生。患慕雄狂的母牛，表现为极度不安，大声哞叫，频频排尿，追逐爬跨其他母牛，产奶量下降，食欲减退，身体消瘦，外形往往具有雄性特征，如颈部肌肉发达等。

5. 孕后发情　又称妊娠发情或假发情，是指怀孕母畜仍有发情表现。母牛在怀孕最初3个月内，常有3%~5%的母牛发情，绵羊孕后发情可达30%。孕后发情的主要原因是由于激素分泌失调，即妊娠黄体分泌孕酮不足，而胎盘分泌雌激素过多所致，容易引起流产，称为"激素性流产"。生产上常常会因为误配而造成流产，因此要认真区分。

（五）产后发情

产后发情是指母畜分娩后的第一次发情，不同家畜的产后发情各有特点。母猪在分娩后3~6d内一般可出现发情，但不排卵。在仔猪断奶后1周之内，80%左右的母猪出现第一次正常发情。母牛一般在产后40~50d正常发情。母羊大多在产后2~3个月发情，不哺乳的绵羊可在产后20d左右出现发情。母马往往在产驹后6~12d发情，一般发情表现不太明显，甚至无发情表现，但有卵泡发育且可排卵，若配种可受孕，俗称"配血驹"。母兔在产后1~2d就有发情，卵巢上有卵泡发育成熟并排卵。

（六）发情季节

雌性动物发情主要受神经内分泌调控，但也受外界环境条件的影响，季节变化是影响发情周期的重要环境因素。某些动物的发情发生在某一特定季节，称为季节性发情。在其他季节，卵巢机能处于静止状态，不出现发情排卵，称为乏情期。在发情季节，有些动物出现多次发情，称为季节性多次发情，如马、驴和绵羊等；有些动物在发情季节只有一次发情，称为季节性单次发情，如犬。猪、牛、湖羊等动物全年均可发情，配种没有明显的季节性，称为非季节性发情。

五、卵子的发生与形态结构

（一）卵子的发生

雌性生殖细胞分化和成熟的过程称为卵子发生。卵子的发生包括增殖期、生长期和成熟期。

1. 卵原细胞的增殖　动物在胚胎期性别分化后，雌性胎儿的原始生殖细胞便分化为卵原细胞。卵原细胞通过多次有丝分裂形成初级卵母细胞。

2. 卵母细胞的生长　卵原细胞经最后一次分裂形成初级卵母细胞后，便被卵泡细胞包绕，共同构成原始卵泡，初级卵母细胞的生长是伴随卵泡的生长而实现的。卵泡细胞为卵母细胞的生长提供营养，卵母细胞的体积增大，透明带开始出现。

3. 卵母细胞的成熟　卵母细胞的成熟需经过两次成熟分裂。卵泡中的卵母细胞是一个初级卵母细胞，在排卵前不久完成第一次成熟分裂。

大多数动物在排卵时，卵子尚未完成成熟分裂。牛、绵羊和猪的卵子，在排卵时只是完成第一次成熟分裂，即卵泡成熟破裂时，放出次级卵母细胞和一个极体，排卵后次级卵母细胞开始第二次成熟分裂，直到精子进入透明带，卵母细胞被激活后，放出第二极体，这时才完成第二次成熟分裂。

（二）卵子的形态和结构

1. 卵子的形态和大小　哺乳动物的卵子为圆球形，凡是椭圆、扁圆、有大型极体或无极体的、卵黄内有大空泡的、特大的或特别小的、异常卵裂等都属于畸形卵子。卵子较一般细胞含有更多的细胞质，细胞质中含有卵黄，所以卵子比一般细胞大得多。大多数哺乳动物的卵子，直径为70～140 μm。

2. 卵子的结构　卵子的主要结构包括放射冠、透明带、卵黄膜及卵黄等部分（图8-6-10）。

（1）放射冠。卵子周围致密的颗粒细胞呈放射状排列，故名放射冠。放射冠位于卵子最外层，对卵母细胞提供养分并进行物质交换。

（2）透明带。为一均质的蛋白质半透明膜，一般认为它是由卵泡细胞和卵母细胞形成的细胞间质组成。其作用是保护卵子，在受精时发生透明带反应，防止多个精子进入，使受精正常进行。同时，透明带存在与精子特异性结合的位点，使异种动物的精子不能和透明带结合。

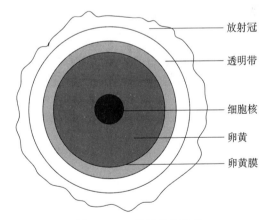

图 8-6-10　卵子结构示意

（3）卵黄膜。是卵母细胞的皮质分泌物，其作用主要是保护卵母细胞完成正常的生命活动，以及在受精过程中发生卵黄膜封闭作用，阻止多精子受精。

（4）卵黄。排卵时卵黄较接近透明带，受精后卵黄收缩，透明带和卵黄膜之间的卵黄周隙扩大，排出的极体即在周隙之中。此外，卵黄为卵子和早期胚胎发育提供营养物质。

（5）卵核。位于卵黄内，雌性动物的主要遗传物质就分布在核内。

六、卵泡的生长发育与排卵

（一）卵泡的生长发育

卵泡是包裹卵母细胞或卵子的特殊结构。在胚胎期，雌性动物就已形成大量原始卵泡贮存于卵巢皮质部，卵泡的生长贯穿于胚胎期、幼龄期和整个生育期。卵泡发育从形态上可分为原始卵泡、初级卵泡、次级卵泡、三级卵泡和成熟卵泡 5 个阶段（图 8-6-11）。

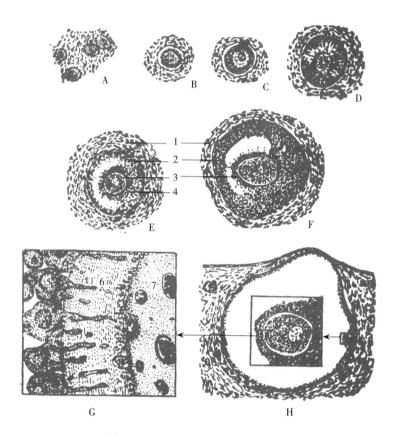

图 8-6-11　哺乳动物卵泡发育模式

A. 原始卵泡　B. 初级卵泡　C. 次级卵泡　D. 三级卵泡　E. 出现新月形腔隙的三级卵泡

F. 出现卵丘的三级卵泡　G. 卵黄膜的微绒毛部分伸向透明带　H. 成熟卵泡

1. 卵泡外膜　2. 颗粒层　3. 透明带　4. 卵丘　5. 颗粒层细胞　6. 透明带　7. 卵黄

（杨利国 . 2003. 动物繁殖学）

1. 原始卵泡　排列在卵巢皮质外周，是体积最小的卵泡，其核心为一卵母细胞，周围为一层扁平状的卵泡上皮细胞，没有卵泡膜和卵泡腔。

2. 初级卵泡　由原始卵泡发育而成，排列在卵巢皮质外围，是由卵母细胞和周围的一层立方形卵泡细胞组成，卵泡膜尚未形成，也无卵泡腔。

3. 次级卵泡　在生长发育过程中，初级卵泡移向卵巢皮质的中央，卵泡上皮细胞增殖形成多层立方形细胞，细胞体积变小，称颗粒细胞。随着卵泡的生长，卵泡细胞分泌的液体聚积在卵黄膜与卵泡细胞（或放射冠细胞）之间形成透明带。此时尚未形成卵泡腔。

4. 三级卵泡　随着卵泡的发育，卵泡细胞分泌的液体进入卵泡细胞与卵母细胞间隙，形成卵泡腔。随着卵泡液的增多，卵泡腔也逐渐扩大，卵母细胞被挤向一边，并被包裹在一团颗粒细胞中，形成半岛突出在卵泡腔中，称为卵丘。其余的颗粒细胞紧贴于卵泡腔的周围，形成颗粒层。

5. 成熟卵泡　又称葛拉夫氏卵泡。三级卵泡继续生长，卵泡壁变薄，卵泡液增多，卵泡腔增大，卵泡扩展到整个卵巢的皮质部而突出于卵巢的表面。

（二）排卵

成熟的卵泡突出于卵巢表面并破裂，卵母细胞和卵泡液及部分卵丘细胞一起排出，称为排卵。

1. 排卵的类型　大多数哺乳动物排卵都是周期性的，根据卵巢排卵特点和黄体的功能，哺乳动物的排卵可分为两种类型，即自发性排卵和诱发性排卵。

（1）自发性排卵。卵巢上的成熟卵泡自行破裂排卵并自动形成黄体。牛、猪、羊、马等动物属此种类型。

（2）诱发性排卵。又称刺激性排卵，卵泡发育成熟后，必须通过交配或其他途径使子宫颈受到机械性刺激后才能排卵，并形成功能性黄体。骆驼、兔、猫等属于诱发性排卵动物。

2. 排卵时间　部分动物的排卵时间如下：牛在发情结束后 8～12h，猪在发情开始后16～48h，羊在发情结束时，兔在交配刺激后 6～12h。

3. 排卵数目　牛、马等大家畜一般为 1 枚，个别的可排 2 枚；绵羊 1～3 枚；山羊 1～5枚；猪 10～25 枚；兔 5～15 枚。

（三）黄体形成与退化

成熟的卵泡破裂排卵后，卵泡腔产生负压，卵泡膜血管破裂流血，并充溢于卵泡腔内形成凝血块，称为红体。此后颗粒层细胞增生变大，并吸取类脂质而变成黄体细胞。同时卵泡内膜血管增生分布于黄色细胞团中，卵泡膜的部分细胞也进入黄色细胞团，共同构成了黄体。黄体在排卵后 7～10d（牛、羊、猪）或 14d（马）发育至最大体积。

黄体是一种暂时性的分泌器官，主要作用是分泌孕酮。在发情周期中，如果雌性动物没有妊娠，所形成的黄体在黄体期末退化，这种黄体称为周期性黄体。周期性黄体通常在排卵后维持一定时间才退化，退化时间牛为 14～15d，羊为 12～14d，猪为 13d，马为 17d。如果雌性动物妊娠，则黄体存在的时间长，体积也增大，这种黄体称为妊娠黄体。妊娠黄体分泌孕酮以维持妊娠需要，直至妊娠结束时才退化。但马、驴的妊娠黄体退化较早，一般在孕后160d 即开始退化，以后靠胎盘分泌孕酮维持妊娠。黄体退化的经典说法是由于子宫黏膜产生的 $PGF_{2\alpha}$ 作用所致。

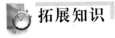
拓展知识

一、乏　情

乏情是指达到初情期的雌性动物不发情，卵巢无周期的性机能活动，而是处于相对静止状态。乏情分为两种，一种是生理性乏情（如季节性乏情、哺乳期乏情），母畜垂体前叶

FSH 和 LH 分泌量减少，活性低，不足以引起卵泡的发育和排卵；另一种是病理性乏情，如母畜卵巢上有持久黄体存在，抑制了卵泡发育。

二、发情控制

发情控制技术是采用某些激素、药物或饲养管理措施，人为干预母畜个体或群体的发情排卵过程，以不断提高家畜繁殖力的一种应用技术。

（一）同期发情

同期发情是指对处于不同发情周期进程或乏情状态的母畜群体，利用某些激素制剂处理，使它们的发情周期进程达到一致，并在预定的时间内集中发情的技术。其意义在于促进人工授精技术和胚胎移植技术的推广，使配种、妊娠、分娩和培育等生产过程相继得到同期化，便于组织和管理生产，以达到节省人力、时间和降低管理成本等目的。

1. 原理 在母畜的发情周期中，根据卵巢上的变化可分为卵泡期和黄体期。卵泡期结束即进入黄体期，黄体期结束即进入卵泡期。由此可见，黄体是发情周期运转的关键，人为调控黄体的存留时间或孕激素的作用时间，是母畜同期发情技术的理论基础。人工延长黄体期或缩短黄体期是目前进行同期发情常采用的两种技术途径。

2. 处理方法 目前进行发情同期化的途径有两种：一是延长黄体期，对母畜应用孕激素，经过一定时间即可引起母畜的同时发情；二是缩短黄体期，利用 $PGF_{2\alpha}$ 使黄体溶解，人为地中断黄体期，停止孕酮分泌，从而使垂体促性腺激素释放，引起发情。

（1）阴道栓塞法。将泡沫海绵栓或脱脂棉团经灭菌后，浸吸一定量的孕激素制剂，放置于子宫颈外口附近，使细绳的一端暴露于阴门外，作用一定时间取出栓剂。为了提高发情率，取出前 2d，于肌内注射前列腺素类似物，效果会更佳。此法通常用于牛、羊，不适用于猪。为防止海绵栓刺激阴道黏膜产生轻度的炎症，可添加适宜的杀菌、消炎药物。

（2）皮下埋植法。将成型的孕激素药剂或装有孕激素药物的带孔塑料细管，埋植于皮下组织，经一定时间后取出，在埋植期间药物被缓慢吸收。

（3）前列腺素（$PGF_{2\alpha}$）法。给药方法有子宫内灌注法和肌内注射法。子宫内灌注法的效果优于肌内注射法，激素用量减少 1/2，但操作麻烦。由于牛、羊子宫颈管的特点，使用灌注法较为困难，一般以肌内注射为主。为了使一群母畜获得较高的同期发情率，往往采取间隔一定时间进行两次注射。例如，母牛间隔 11d，第二次注射 $PGF_{2\alpha}$ 后大多在 48～72h 内发情。

（二）诱导发情

诱导发情是对处于乏情状态的母畜，利用某些外源生殖激素或其他手段，人为引起母畜正常发情排卵并进行配种的技术。其意义在于缩短母畜的繁殖周期，增加胎次，提高母畜繁殖率和经济效益。

为了使产后长期不发情或产后提前配种以及一般性乏情的母畜发情，用孕激素处理 1～2 周，可引起发情。如在处理结束时注射 PMSG 效果更好。对于哺乳期乏情的母畜，除用上述激素处理外，还可以采用提前断奶的方法。因持久黄体而长期不发情的母畜可注射 $PGF_{2\alpha}$ 或其类似物，使黄体溶解，随后引起发情。

三、排卵控制

排卵控制主要是指用激素处理母畜，控制其排卵的时间和数量。主要包括诱发排卵和超数排卵。

（一）诱发排卵

用激素处理母畜，控制其排卵时间的技术称诱发排卵。其意义在于使精子和卵子尽快结合受精，提高受胎率。诱发排卵是在配种前数小时或配种的同时，给母畜注射一定剂量的促排卵激素，如 LH、HCG、LRH-H_2 或 LRH-H_3。

（二）超数排卵

在雌性动物发情周期的适当时间，注射促性腺激素，使卵巢中有较多的卵泡发育并排卵，这种方法称为超数排卵，简称超排。

1. 原理　在自然状态下，母畜卵巢上约有 99％ 的有腔卵泡发生闭锁、退化，只有 1％ 能发育成熟排卵。因此，应用超过体内正常水平的外源促性腺激素，可使母畜体内将要发生闭锁的有腔卵泡继续发育，从而成熟排卵。实验表明，在家畜有腔卵泡发生闭锁前注射 FSH 或 PMSG，能使大量卵泡不发生闭锁，若在排卵前再注射 LH 或 HCG 即可弥补内源性 LH 的不足，可保证这些卵泡成熟排卵。

2. 用于超数排卵的激素

（1）PMSG。随着 PMSG 的剂量增大，卵巢的反应也会增强，发情提前。但激素的剂量过大，超排效果不稳定，而且容易引起卵巢囊肿。由于 PMSG 在体内半衰期较长，使用时一般只进行一次肌内注射。

（2）FSH。该激素在体内的半衰期短，注射后在较短时间内便失去活性。因此，使用时需做分次注射，并且注射剂量为由多到少的递减过程。

（3）$PGF_{2\alpha}$ 及其类似物。在超排中常作为配合药物使用，其作用主要是溶解黄体，增强超排效果。

（4）促排卵类药物。在供体母畜出现发情时，静脉注射外源性 HCG、LH 和 GnRH 等，可以增强排卵效果，减少卵巢上残余的卵泡数。

超数排卵是胚胎移植实际应用过程中非常重要的一个环节，不同种用个体，其处理方法和所用激素的种类、剂量也有差异。

思考题

1. 分别阐述牛、猪和羊的发情鉴定要点。

2. 如何确定母畜的适配年龄？

3. 母畜发情有哪些生理变化？

4. 发情周期分为哪几个阶段？其实质是什么？

5. 异常发情有哪些类型？如何判别？

6. 简述同期发情的原理及处理方法。

任务七　妊娠诊断

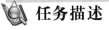 **任务描述**

母畜配种后应尽早地确定其是否妊娠，这对于保胎、减少空怀、提高繁殖率等有着非常重要的意义。简便有效的妊娠诊断方法，尤其是早期妊娠诊断的方法，一直是生产中极为重

视的问题。通过妊娠诊断确定已妊娠的母畜要加强饲养管理，做好保胎工作；对未妊娠的母畜要查明原因，及时补配。

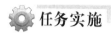 **任务实施**

一、牛的妊娠诊断

（一）直肠检查法

1. 准备工作

（1）母牛站立保定，将尾巴拉向一侧，掏出宿粪，清洗外阴。

（2）检查人员将指甲剪短磨光，穿好工作服，戴上长臂手套，清洗并涂抹润滑剂。

2. 检查方法 检查人员站于母牛正后方，五指并拢呈锥形，旋转伸入直肠，摸到子宫颈，再将中指向前滑动，分别触摸两个子宫角或孕体状况。若不确定是否妊娠，可继续向前，在子宫角尖端外侧或其下侧寻找到卵巢，触摸卵巢有无黄体存在。

3. 结果判定

①未孕症状。子宫颈、子宫体、子宫角及卵巢均位于骨盆腔内，经产多次的牛，子宫角可垂入骨盆入口前缘的腹腔内。两角大小相等，形状也相似，弯曲如绵羊角状，经产牛有时右角略大于左角，弛缓，肥厚。

②妊娠症状。妊娠18～25d，子宫角变化不明显，一侧卵巢上有黄体存在，则疑似妊娠；妊娠30d，两侧子宫角不对称，孕角比空角略粗大、松软，有波动感，收缩反应不敏感，空角弹性较明显；妊娠45～60d，子宫角和卵巢垂入腹腔，孕角比空角约大2倍，孕角有波动感，胎儿如鸭蛋或鹅蛋大小，角间沟稍变平坦；妊娠90d，孕角大如婴儿头，波动明显，空角比平时增大1倍，子叶如蚕豆大小；妊娠120d，子宫沉入腹底，只能触摸到子宫后部及子宫壁上的子叶（直径2～5cm），子宫中动脉粗如手指，并出现明显的妊娠脉搏。

4. 注意事项 做早期妊娠检查时，要抓住典型症状，不仅检查子宫角的形状、大小、质地的变化，也要结合卵巢的变化，做出综合判断。检查人员应小心谨慎，避免粗暴，如遇母牛努责，应暂时停止操作，等待直肠收缩缓解时再进行检查。

（二）超声波诊断法

1. 准备工作 B超仪调至备用状态；将母牛站立保定，清洗外阴，并清除宿粪。

2. 检查方法 将腔内探头慢慢置于受检牛直肠内，隔着直肠壁紧贴子宫角缓慢移动并不断调整探查角度，观察B超实时图像，直至出现满意图像为止，根据图像判断是否妊娠。

3. 结果判定 在子宫内检测到胚囊、胚斑和胎心搏动即判为阳性；声像图显示一个或多个圆形液性暗区，判为可疑，择机再检；声像图显示子宫壁无明显增厚变化、无回声暗区，判为阴性。

（1）空怀母牛子宫声像图（图8-7-1）。声像图显示子宫体呈实质均质结构，轮廓清晰，内部呈均匀的等强度回声，子宫壁很薄。

（2）怀孕母牛子宫声像图（图8-7-2）。牛配种后33d，声像图显示胚囊实物如一指大小，胚斑实物如1/3指大小。妊娠40d以上时，声像图表现更明显，胚囊和胚斑均明显可见，有时还可见胎心搏动。

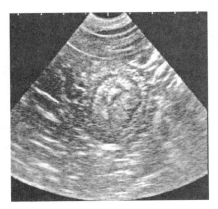

图 8-7-1　未孕牛子宫图像
（耿明杰.2013.动物繁殖技术）

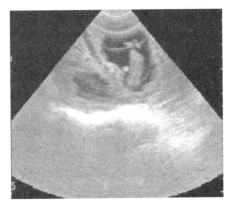

图 8-7-2　妊娠 43d 牛子宫图像
（耿明杰.2013.动物繁殖技术）

二、羊的妊娠诊断

（一）外部观察法

怀孕母羊发情周期停止，性情变得较为温顺，采食量增加，毛色变得光亮润泽。但仅靠外部表现不易早期确诊母羊是否妊娠，因此还应结合触诊法来确定。

（二）触诊法

1. 一般触诊法　待检母羊自然站立，检查人员弯腰用两只手以抬抱方式在腹壁前后滑动，抬抱的部位是乳房的前上方，用手触摸是否有胚胎胞块。注意抬抱时手掌要展开，动作要轻，以抱为主。

2. 直肠—腹壁触诊法　将待查母羊用肥皂灌洗直肠排出粪便，使其仰卧，然后用直径 1.5cm、长约 50cm、前端圆如弹头状的光滑木棒或塑料棒作为触诊棒，使用时涂抹润滑剂，经肛门向直肠内插入 30cm 左右，插入时注意贴近脊椎。一只手用触诊棒轻轻把直肠挑起来以便托起胎胞，另一只手则在腹壁上触摸，如有胞块状物体即表明已妊娠；如果摸到触诊棒，将棒稍微移动位置，反复挑起触摸 2～3 次，仍摸到触诊棒即表明未妊娠，挑动时不要损伤直肠。触诊法在早期妊娠诊断是很重要的，这种方法准确率很高。

三、猪的妊娠诊断

1. 准备工作　B 型超声诊断仪 1 台，耦合剂或液体石蜡，妊娠 18～35d 母猪数头，一次性手套若干。

2. 检查方法　在限饲栏内的母猪不需保定，母猪侧卧、趴卧或站立均可以操作。用湿毛巾擦除母猪腹部的粪便等污物。母猪站立时在探头上涂布耦合剂，侧卧与趴卧时在探查部位涂布耦合剂。将探头紧贴母猪腹部倒数第二对乳头外 5～10cm 处皮肤，向耻骨前缘、骨盆腔入口方向，或呈 45°角斜向对侧上方，进行前后和上下的定点扇形扫查。随妊娠日龄的增长，探查部位逐渐前移。

3. 结果判定　当看到典型的孕囊暗区即可确认早孕阳性。

▶ **背景知识**

一、受 精

受精是指精子和卵子结合，产生合子的过程。精子和卵子在受精前必须经历一系列变化才能进行受精。

（一）配子的运行

配子的运行是指精子由射精部位（或输精部位）、卵子由排出部位到达受精部位的过程。与卵子相比，精子的运行路径更长、更复杂些。

1. 精子的运行　在自然交配情况下，公畜将精液射入母畜阴道部或子宫，马和猪属于子宫射精型，牛、羊等属于阴道射精型，精子经过子宫颈、子宫体、子宫角，进入输卵管，到达受精部位（输卵管上 1/3 处的壶腹部）。

（1）精子通过子宫颈。阴道内射精的动物如牛、羊，在自然交配时精子存放在阴道内，一部分精子借自身运动和黏液向前运动进入子宫，另一部分精子进入子宫颈"隐窝"，形成精子库，缓慢释放。子宫颈是精子运行中的第一道栅栏，精子通过子宫颈筛选，既保证了运动和受精能力强的精子进入子宫，也防止过多的精子同时拥入子宫。绵羊一次射精将近 30 亿个精子，但通过子宫颈进入子宫者不足 100 万个。

（2）精子通过子宫。穿过子宫颈的精子在子宫肌收缩活动的作用下进入子宫，大部分进入子宫内膜腺，形成第二个精子库。精子从中不断释放，并在子宫肌和输卵管系膜的收缩、子宫液的流动以及精子自身运动等作用下通过宫管连接部，进入输卵管。精子进入子宫后，白细胞反应增强，一些死精和活动力差的精子将被吞噬，使精子又一次得到筛选。宫管连接部为精子运行的第二道栅栏，大量精子滞留于该部，不能继续向输卵管释放。

（3）精子在输卵管内运行。进入输卵管的精子，靠输卵管的收缩、管壁上皮纤毛的摆动，使精子继续前行。在壶峡连接部精子因峡部括约肌的有力收缩被暂时阻挡，成为精子到达受精部位的第三道栅栏。各种动物能够到达输卵管壶腹部的精子一般不超过 1 000 个。

精子由射精部位到达受精部位所需的时间与雌性动物的生理状况有关，少者几分钟，多者几小时，一般情况下为 20min 左右。精子在体内的存活时间为 1～2d，马最长可达 6d。维持受精能力的时间比存活时间要短些，牛 28h、猪 24h、绵羊 30～36h。

2. 卵子的运行　接近排卵时，输卵管伞充分开放、充血，将排出的卵子接纳入喇叭口。猪和马的伞部发达，卵子易被接受；牛、羊因伞部不能完全包围卵巢，有时造成排出的卵子落入腹腔，再靠纤毛摆动形成的液流将卵子吸入输卵管。被伞部接纳的卵子，借输卵管内纤毛的颤动、平滑肌的收缩以及腔内液体的作用，运送到受精部位。

卵子在输卵管内运行的时间，牛约为 80h，猪 50h，绵羊 72h；但卵子保持受精能力的时间，大多数动物在 1d 之内。

（二）配子在受精前的准备

受精前，哺乳动物的精子和卵子都要经历一个进一步生理成熟的阶段，才能顺利完成受精过程，并为受精卵的发育奠定基础。

1. 精子的获能　哺乳动物的精子在受精前，必须在雌性生殖道内经历一段时间之后，在形态和生理上发生某些变化，才具有受精能力的现象称为精子获能。获能后的精子耗氧量增加，呈现一种非线性、非前进式的超活化运动状态。一般认为，精子获能的主要意义在于使精子为顶体反应做准备和精子超活化，促进精子穿越透明带。

精子获能的部位开始于子宫，结束于输卵管。精子在雌性生殖道内获能的时间，因动物种类不同而异，一般牛3~4h、猪3~6h、绵羊1.5h、兔5~6h。精子获能也可在体外人工培养液中完成。获能的精子，若重新置于精清中便又失去受精能力，这种现象称为去能。如果去能的精子再回到母畜生殖道内，可再次获能。在哺乳动物，去能因子无种间特异性。

2. 卵子在受精前的准备 刚排出的卵子在进入输卵管壶腹部前尚不具备受精能力，在卵子运行到达输卵管壶腹部的过程中，进一步达到了生理成熟阶段，同时可能存在卵子表面的某种物质与输卵管壶腹分泌液中的某种物质发生反应的变化，1~3h后卵子才具备被精子穿入的能力。

（三）受精过程

受精过程即指精子和卵子相结合的生理过程。哺乳动物的受精过程主要包括以下5个阶段（图8-7-3）。

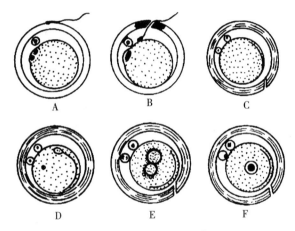

图 8-7-3 受精过程示意
A. 精子与透明带接触 B. 精子进入透明带
C. 精子进入卵黄 D、E. 雄、雌原核形成 F. 配子配合
（耿明杰．2006. 畜禽繁殖与改良）

1. 精子穿过放射冠 卵子的外周被放射冠细胞所包围。受精前大量精子包围着卵细胞，精子顶体释放一种透明质酸酶，溶解放射冠，使精子接近透明带，此过程需要大量精子的共同作用。但此时卵子对精子无选择性，即不存在种间特异性。

2. 精子溶解透明带 进入放射冠的精子，其顶体分泌顶体素（酶），将透明带溶出一条通道，精子借自身运动穿过透明带。这时卵子对精子有严格的选择性，只有相同种类动物的精子才能进入透明带。当精子穿过透明带，触及卵黄膜时，引起卵子发生一种特殊变化，将处于休眠状态的卵子"激活"，同时卵黄发生收缩，释放某种物质，传播到卵的表面及卵黄周隙，阻止后来的精子再进入透明带内，这种变化称为透明带反应。

3. 精子进入卵黄 穿过透明带的精子在卵黄膜外停留片刻之后，带着尾部一起进入卵黄内。精子一旦进入卵黄后，卵黄膜立即会发生一种变化，卵黄紧缩、卵黄膜增厚，并排出部分液体进入卵黄周隙，拒绝新的精子再进入卵黄，这种现象称为卵黄封闭作用。这是一种防止2个以上的精子进入卵子的保护机制。

4. 原核形成 进入卵黄内的精子尾部脱落，头部逐渐膨大变圆，变成雄原核。精子进入卵黄后不久，卵子进行第二次成熟分裂，排出第二极体，形成雌原核。

5. 配子配合 两性原核形成后，相向移动，彼此接触，随即便融合在一起，核仁核膜消失，两组染色体合并成一组。从两个原核的彼此接触到两组染色体的结合过程，称为配子配合。至此，受精结束，受精后的卵子称为合子。

二、妊　　娠

妊娠是指母畜从受精开始，经过胚体和胎儿的生长发育，直至胎儿成熟产出体外的生理变化过程。

（一）胚胎的早期发育

从受精卵第一次卵裂至发育成原肠胚的过程，称为胚胎的早期发育（图8-7-4）。根据形态特征，可将早期胚胎的发育分为以下几个阶段：

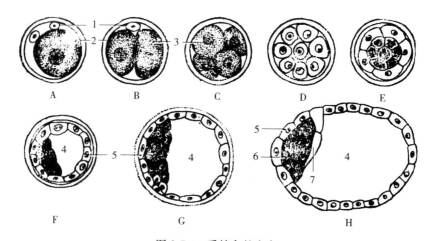

图 8-7-4　受精卵的发育

A. 合子　B. 2细胞期　C. 4细胞期　D. 8细胞期　E. 桑葚期　F～H. 囊胚期

1. 极体　2. 透明带　3. 卵裂球　4. 囊胚腔　5. 滋养层　6. 内细胞团　7. 内胚层

（耿明杰 . 2006. 畜禽繁殖与改良）

1. 桑葚胚 受精卵形成后立即在透明带内进行卵裂，由单细胞合子分裂形成2细胞胚、4细胞胚、8细胞胚等。当卵裂球细胞数达到16～32个时，由于透明带的限制，卵裂球在透明带内形成致密的细胞团，形似桑葚故称桑葚胚。桑葚期主要在输卵管内完成，此阶段主要靠自身的卵黄获取营养。

早期胚胎的每个卵裂球都具有发育成为一个新个体的全能性，利用此特性可进行胚胎分割和移植。

2. 囊胚 桑葚胚继续发育，细胞开始分化。胚胎的一端，细胞密集成团，称为内细胞团，进一步发育为胎儿；另一端，细胞只沿透明带的内壁排列扩展，这一单层细胞称为滋养层，则发育为胎膜和胎盘。在滋养层和内细胞团之间出现囊胚腔，此时的胚胎称囊胚。囊胚后期，透明带崩解，囊胚体积迅速增大，变为扩张囊胚。囊胚阶段主要靠子宫乳获取营养物质。

3. 原肠胚　随着胚胎继续发育，出现了内、外两个胚层，此时的胚胎称原肠胚，该期称原肠期。原肠胚形成后，在内胚层和滋养层之间出现了中胚层。3 个胚层的建立和形成，为胎膜和胎体各类器官的分化奠定了基础。

（二）妊娠的识别

在妊娠初期，孕体即能产生某种化学因子（激素）作为妊娠信号传给母体，母体随即产生相应的生理反应，以识别或确认胚胎的存在。由此孕体和母体之间建立起密切的联系，这一过程称为妊娠识别。

妊娠识别后，母体即进入妊娠的生理状态，但各种动物妊娠识别的时间不同，猪为受精后 10～12d、牛 16～17d、绵羊 12～13d、马 14～16d。

（三）胚胎的附植

胚胎一旦在子宫中定位，便结束游离状态，开始同母体建立紧密的联系，这个过程称为着床或附植。

1. 附植时间　胚胎附植是个渐进的过程，准确的附植时间差异很大。胚胎的滋养层与子宫内膜发生紧密联系的时间为：牛在受精后 45～60d，马 90～105d，猪 20～30d，绵羊 28～35d。

2. 附植部位　胚胎在子宫内的附植部位，通常都是对胚胎发育最有利的位置。所谓有利，一是指子宫血管稠密的地方，以提供丰富的营养；二是距离均等，避免拥挤。胚胎在子宫中附植的位置，因动物种类不同而异。牛、羊单胎时，多在排卵同侧子宫角下 1/3 处附植，双胎时则均匀分布于两侧子宫角；马单胎时，常迁至对侧子宫角基部附植，而产后发情配种（配血驹）受胎时，胚泡往往在上次妊娠空角的基部附植；猪的多个胚胎平均等距离分布在两个子宫角内附植。

（四）胎膜和胎盘

1. 胎膜　胎膜是胎儿的附属膜，是卵黄囊、羊膜、绒毛膜、尿膜和脐带的总称（图 8-7-5）。

（1）卵黄囊。哺乳动物胚胎发育初期都有卵黄囊的发育，其上分布有稠密的血管，是主要的营养器官，起着原始胎盘的作用。随着胎盘的形成，卵黄囊逐渐萎缩，最后只在脐带中留下一点遗迹。在啮齿类和鸟类动物中，卵黄囊内含有大量卵黄，经过囊壁的血管消化、吸收，供给胚胎的发育和生长。

（2）羊膜。是包裹在胎儿外的最内一层膜，呈半透明状。羊膜内含有羊水，胎儿即漂浮在羊水中，对胎儿起缓冲作用。

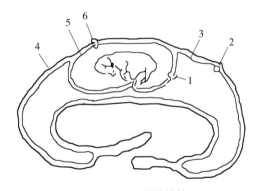

图 8-7-5　胎膜的结构

1. 尿膜羊膜　2. 尿膜绒毛膜　3. 尿膜
4. 绒毛膜　5. 羊膜　6. 绒毛膜羊膜
（杨利国 . 2003. 动物繁殖学）

（3）尿膜。由胚胎的后肠向外生长形成，其功能相当于胚体外的临时膀胱，并对胎儿的发育起缓冲保护作用。

（4）绒毛膜。是胚胎的最外层膜，表面覆盖绒毛，嵌入子宫黏膜腺窝，形成胎儿胎盘的基础。除马、驴、兔外，其他家畜的绒毛膜均有部分与羊膜接触，形成羊膜绒毛膜。

（5）脐带。是胎儿和胎盘联系的纽带，被覆羊膜和尿膜。脐带随胚胎的发育逐渐变长，使胚体可在羊膜腔中自由移动。

2. 胎盘　胎盘是指尿膜绒毛膜和妊娠子宫黏膜发生联系并共同构成的组织，其中尿膜绒毛膜部分称为胎儿胎盘，而子宫黏膜部分称为母体胎盘。

（1）胎盘的类型。根据绒毛膜表面绒毛的分布将胎盘分为弥散型、子叶型、带状和盘状4种类型（图 8-7-6）。

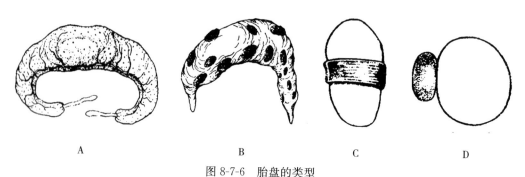

图 8-7-6　胎盘的类型
A. 弥散型胎盘　B. 子叶型胎盘　C. 带状胎盘　D. 盘状胎盘

①弥散型胎盘。胎盘绒毛膜上的绒毛分散而均匀地分布在整个绒毛膜表面，如马、驴、猪等。此类胎盘构造简单，结合不牢，易发生流产；分娩时出血较少，易于脱落。

②子叶型胎盘。以反刍动物牛、羊为代表，尿膜绒毛膜的绒毛集中成许多绒毛丛，相应嵌入母体子宫黏膜上皮的腺窝中。此类胎盘结合紧密，产后易出现胎衣不下。

③带状胎盘。绒毛集中于绒毛膜的中央，呈环带状，故称带状胎盘。犬、猫等食肉动物为此类胎盘。

④盘状胎盘。在胎儿发育过程中，绒毛集中于一个圆形的区域，呈圆盘状。人和灵长类属此类型。

（2）胎盘的功能。胎盘是一种功能复杂的器官，具有物质运输、合成及分解代谢、分泌激素及免疫等多种功能。

（五）妊娠生理

妊娠之后，由于发育中的胎儿、胎盘和黄体的形成及其所产生的激素都对母体产生极大的影响，因而，母体在形态上和生理上产生了很多变化，这些变化对妊娠诊断有很好的参考价值。

1. 全身的变化　妊娠后，母体食欲增加，体重增加，被毛光润，性情温顺。但妊娠后期，由于消化力不足，在优先满足迅速发育胎儿所需养分的情况下，自身消耗较大，常变得比较消瘦。妊娠后期，胎儿对钙、磷等矿物质需要量增多，若不及时补充，母畜容易出现后肢跛行，牙齿磨损较快。妊娠中后期（马、牛5个月，羊3个月，猪2个月以后），孕畜腹部膨大，排粪尿次数增多，行动谨慎，容易疲劳和出汗。

2. 生殖器官的变化

（1）卵巢。母畜妊娠后，卵巢上的妊娠黄体质地较硬，比周期黄体略大，持续存在于整个妊娠期，分泌较多孕酮，以维持妊娠。妊娠早期，卵巢偶有卵泡发育，致使孕后发情，但多数不排卵而退化，闭锁。

（2）子宫。妊娠期间，子宫通过增生、生长和扩展的方式以适应胎儿生长的需要。妊娠前半期，子宫体积的增长，主要是由于子宫肌纤维增生肥大所致，妊娠后半期则主要是胎儿生长和胎水增多，使子宫壁扩张变薄。由于子宫重量增大，并向前向下垂，因此至妊娠的后半期，一部分子宫被拉入腹腔，但至妊娠末期，由于胎儿增大，又会被推回到骨盆腔前缘。

（3）子宫颈。子宫颈是妊娠期保证胎儿正常发育的门户。子宫颈上皮的单细胞腺分泌黏稠的黏液封闭子宫颈管，称子宫栓。牛的子宫颈分泌物较多，妊娠期间有子宫栓更新现象，马、驴的子宫栓较少。子宫栓在分娩前液化排出。

（4）子宫动脉。妊娠期内子宫血管变粗，分支增多，特别是子宫动脉和阴道动脉子宫支更为明显。随着脉管的变粗，动脉内膜的皱襞增加并变厚，而且和肌层的联系疏松，所以血液流过时造成脉搏从原来清楚的搏动变为间隔不明显的流水样的颤动，称为妊娠脉搏（孕脉）。这是妊娠的特征之一，不同母畜孕脉的强弱及出现时间不同。至怀孕末期，牛、马的子宫动脉粗如食指。

（5）阴道和阴门。妊娠初期，阴门收缩紧闭，阴道干涩；妊娠后期，阴道黏膜苍白，阴唇收缩；妊娠末期，阴唇、阴道因水肿而柔软，有利于胎儿产出。

（六）妊娠期

妊娠期是母畜妊娠全过程所经历的时间，妊娠期长短主要受畜种、品种、年龄、胎儿因素、环境条件等因素的影响。各种家畜的平均妊娠期：牛282d、猪114d、绵羊150d、山羊152d、马340d、兔30d。

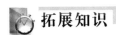 **拓展知识**

一、胚胎移植

胚胎移植，俗称借腹怀胎，是指将一头良种母畜的早期胚胎取出，移植到同种的、生理状况相同的母畜体内，使其继续发育成新个体。通常，将提供胚胎的个体称为供体，接受胚胎的个体称为受体。利用胚胎移植技术可充分发挥优良母畜的繁殖潜力，加速品种改良，提高生产效率，克服不孕，保存品种资源，也是研究胚胎分割、体外受精、核移植等其他胚胎工程技术实施的必不可少的环节。

（一）胚胎移植的生理学基础

1. 母畜发情后生殖器官的孕向发育　母畜发情后的最初一段时期（周期性黄体期），不论受精与否，其生殖系统均处于受精后的生理状态，即卵巢上出现黄体、子宫内膜增生、子宫腺体发育等，为早期胚胎发育创造良好的条件。所以，发情后母畜生殖器官的孕向变化，为胚胎的成功移植及其在受体内的正常发育提供了理论依据。

2. 早期胚胎的游离状态　早期胚胎（附植之前）处于游离状态，尚未与母体建立实质性的联系，其发育主要依赖于自身贮存的养分。因此，此阶段的胚胎离开母体后短时间内可以存活，当放回与供体相似的环境中又可以继续发育。

3. 早期胚胎的免疫耐受性　受体母畜的子宫或输卵管对于具有外来抗原物质的胚胎和胎膜组织，在同一物种之内，一般不发生免疫排斥反应。

4. 胚胎遗传特性的稳定性　胚胎的遗传信息在受精时就已确定，受体仅在一定程度上影响胎儿的体质发育，而不能改变其遗传特性。

（二）胚胎移植的基本原则

1. 移植环境的一致性　胚胎移植后所处的生活环境要与胚胎的发育阶段相适应，包括以下 3 个方面内容：供体和受体的亲缘关系比较接近，一般要求同种；发情要同步；胚胎采取与移植的部位相一致。

2. 胚胎收集的期限　从生理学角度讲，胚胎采集和移植的期限不能超过周期黄体的寿命，最迟要在周期黄体退化之前数天进行。因此，胚胎采集多在发情配种后的 3～8d 内进行。

3. 胚胎的质量　在胚胎移植的操作过程中，胚胎不应受到任何不良因素的影响，移植的胚胎必须经过鉴定确认是发育正常的胚胎。

4. 经济效益或科学价值　胚胎移植技术应用时，应考虑成本和最终收益。通常，供体胚胎应具有独特的经济价值，如生产性能优异或科研价值重大；受体生产性能一般，但繁殖性能良好，环境适应能力强。

（三）胚胎移植的操作程序

1. 供体和受体的准备　供体应具有较高的育种价值，生殖机能正常，超排效果良好；受体可选用非优良品种的个体，但应具有良好的繁殖性能和健康状态，体型中等偏上。

2. 供体的超数排卵　在母畜发情周期的适当时期，利用外源促性腺激素进行处理，从而增加卵巢的生理活性，诱发多个卵泡同步发育成熟并排卵。

3. 供体的发情鉴定与配种　经超数排卵处理的母畜发情后应适时配种。为了获得较多发育正常的胚胎，应根据育种的需要，使用活率高、密度大的精液，输精次数增加到 2～3 次，输精间隔 8～10h。

4. 胚胎的采集

（1）时间。胚胎采集的时间一般在配种后 3～8d 进行，牛最好在配种后 6～8d。

（2）方法。

①手术法。通过外科手术将母畜的输卵管及子宫角移出腹侧，向输卵管或子宫角内注入冲卵液，采集早期胚胎。其优点是适合各种母畜的胚胎采集，获得的胚胎数量较多；缺点是操作复杂，易引起输卵管粘连，严重时会造成不孕。

当胚胎处于输卵管或刚进入子宫角时（排卵后 1～3d），用注射器的磨钝针头刺入子宫角尖端，注入冲卵液，从输卵管的伞部接取，此法适用于牛、羊、兔等。对于猪和马冲洗方法则相反，由伞部注入冲卵液，从子宫角尖端接取。若确认胚胎已经进入子宫角内，可采用子宫角采胚法，即从子宫角上端注入冲卵液，在基部接受，或者反向冲洗（图8-7-7）。

②非手术法。此法简单易行，对生殖器官的伤害程度较小，生产上多适用于牛、马等大家

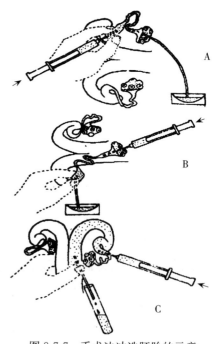

图 8-7-7　手术法冲洗胚胎的示意

A. 由子宫角向输卵管伞部冲洗

B. 由伞部向子宫角冲洗

C. 由子宫角上端向基部冲洗

（张忠诚 . 2004. 家畜繁殖学）

畜。非手术法收集胚胎可利用双通式或三通式导管冲卵器，其外管前端均连接一气囊。当冲卵器插入子宫角大弯处时，给气囊充气（一般 15～20mL）使其胀大，一方面固定于子宫角内，另一方面防止冲卵液经子宫颈流出。将冲卵液通过内管注入子宫角，然后导出冲洗液，反复冲洗 5～10 次，每次注冲洗液 10～40mL。冲洗完一侧后，用同样方法再冲洗另一侧（图 8-7-8）。

5. 胚胎鉴定　生产中常用形态学方法进行胚胎的级别鉴定，通过放大 80～100 倍，观察胚胎的形态、卵裂球的形态、卵裂球的大小与均匀度、色泽、细胞密度、与透明带间隙以及细胞变性等情况，将胚胎进行质量分级。

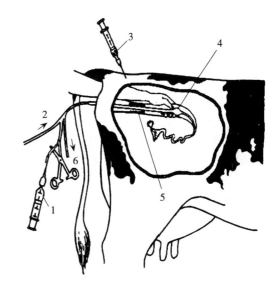

图 8-7-8　牛的非手术法冲洗胚胎示意
1. 注气口　2. 冲卵液入口　3. 麻醉
4. 气囊　5. 子宫颈　6. 回收液出口
（耿明杰 . 2011. 动物繁殖技术）

6. 胚胎的保存　胚胎的保存是指将胚胎在体内或体外正常发育温度下，暂时贮存起来而不使其活力丧失；或将其保存于低温或超低温情况下，代谢中止，一旦恢复正常发育温度，又能继续发育。目前，哺乳动物胚胎的保存方法较多，包括异种活体保存、常温保存、低温保存和超低温冷冻保存等。

7. 胚胎的移植　同采集胚胎一样，胚胎的移植也有手术法和非手术法两种，前者适于各种家畜，后者仅适于牛、马等大家畜。

（1）手术法移植。在受体腹部做一切口，找到排卵一侧的卵巢并观察黄体的发育状况，用移液管将鉴定为发育正常的胚胎注入同侧子宫角上端或输卵管壶腹部。

（2）非手术法移植。牛的非手术移植，其方法是将一只手伸入直肠，先检查黄体位于哪一侧及其发育情况，然后握住子宫颈（如同直肠把握输精操作），另一只手将装有发育正常胚胎的移植器经阴道、子宫颈、子宫体最后插入与黄体同侧的子宫角内，将胚胎注入。

二、体外受精

体外受精是指哺乳动物的精子和卵子在体外人工控制的环境中完成受精过程的技术，简称 IVF。在生物学中，把体外受精胚胎移植到母体后获得的动物称为"试管动物"。在医学上，由 IVF 胚胎移植获得的婴儿，称"试管婴儿"。此项技术成功于 20 世纪 50 年代，到目前为止，已先后在小鼠（1968 年）、大鼠（1974 年）、牛（1982 年）、山羊（1985 年）、绵羊（1985 年）和猪（1986 年）等动物上获得了成功。

1. 卵母细胞的体外成熟　从活体或屠宰动物的卵巢上采集卵母细胞，经挑选和洗涤后，移入成熟培养液中，在 39℃、5％二氧化碳、饱和湿度条件下培养 20～30h。此时，卵丘细胞充分扩张，从形态学上即可认为卵子达到成熟。但检查卵子培养效果最准确的依据是受精试验。

2. 精子体外获能 哺乳动物精子的获能方法有培养和化学诱导两种方法。啮齿动物、家兔和猪的精子通常采用培养获能法：从附睾中采集的精子，只需放入一定介质中培养即可获能，如小鼠和仓鼠；射出的精子则需用溶液洗涤后，再培养获能，如家兔和猪精子的处理。牛、羊的精子常用化学药物诱导获能，诱导获能的药物常用肝素和钙离子载体。为促进精子运动，获能液中常添加肾上腺素、咖啡因和青霉胺等成分。

3. 体外受精 受精即获能精子与成熟卵子的共培养，除钙离子载体诱导获能外，精子和卵子一般在获能液中完成受精过程。隔一定时间检查受精情况，如出现精子穿入卵内，精子头部膨大，精子头部和尾部在卵细胞质内存在，第二极体排出，原核形成和正常卵裂等即确定为受精。

4. 早期胚胎的体外培养 精子和卵子受精后，受精卵需移入发育培养液中继续培养以检查受精状况和受精卵的发育潜力，质量较好的胚胎可移入受体的生殖道内继续发育成熟或进行冷冻保存。

应用体外受精技术可获得大量胚胎，使胚胎生产"工厂化"，为胚胎移植及相应胚胎工程提供胚胎来源，不仅在畜牧业上具有广阔的应用前景，而且在医学上可以治疗不孕症，同时对于丰富受精生物学的基础理论也具有重大意义。

三、性别控制和性别鉴定

动物的性别与生产密切相关，根据生产需要，人们希望某一性别的后代多些或少些，如奶牛场都希望多生母犊。另外，性别控制还可减少或排除有害基因，防止性连锁疾病的发生，促进养殖业的遗传进展和群体的更新。

（一）性别控制

1. X、Y 精子的分离 精子分离的主要依据是 X、Y 精子具有不同的物理性质（体积、密度、电荷、运动性）和化学性质（DNA 含量、表面雄性特异性抗原）。目前，应用较多、较为准确的方法是流式细胞仪分离法和免疫法。

（1）流式细胞仪分离法。这是目前分离 X、Y 精子较准确的方法，它的理论依据是：X、Y 精子的 DNA 含量不同，当用专用荧光染料染色时，DNA 含量高的精子吸收的染料就多，发出的荧光也强，反之发出的荧光就弱。研究表明，所有哺乳动物 X 精子的染色体通常比 Y 精子的大，且所含的 DNA 也比 Y 精子多，如牛为 3.8%、猪为 3.6%、马为 4.1%、羊为 4.2%。

（2）免疫学分离法。精子表面存在雄性特异性组织相容性抗原（H-Y 抗原），利用 H-Y 抗体检测精子细胞膜上存在的 H-Y 抗原，再通过一定的分离程序，就能将精子分离成为 H-Y$^+$ 和 H-Y$^-$ 两类精子，进行人工授精，即可获得预期性别的后代。

2. 控制受精环境 染色体理论并非性别决定机制的全部，外部环境中的某些因素也是性别决定机制的重要条件，例如营养、pH、温度、输精时间、年龄胎次、激素水平等。由于 X、Y 两类精子在子宫颈内游动速度不同，因此到达受精部位与卵子结合的优先顺序不同。另外，Y 精子对酸性环境的耐受力比 X 精子差，当生殖道内的 pH 较低时，Y 精子的活力减弱，失去较多的与卵子结合的机会，故后代雌性较多。

（二）性别鉴定

1. 细胞遗传学法 主要是通过核型分析，对胚胎性别进行鉴定。准确率高，但对胚胎浪费较大，加上耗时、费力，难以在生产中应用。

2. 免疫学方法 利用 H-Y 抗血清或 H-Y 单克隆抗体检测胚胎上是否存在雄性特异性 H-Y 抗原，从而鉴定胚胎性别的一种方法。用此法对牛、猪和绵羊的雌性鉴定准确率分别为 89%、81% 和 85%。

3. Y 染色体特异性 DNA 探针法 它是近 10 年发展起来的用雄性特异性 DNA 探针和 PCR 扩增技术对哺乳动物早期胚胎进行性别鉴定的一种新方法。该法因有可靠的操作程序，具有高效、快速的特点，近年来得到迅速的发展，但利用 PCR 法进行胚胎性别鉴定的最大问题是样品的污染问题。

四、胚胎分割

胚胎分割是通过对胚胎进行显微操作，人工制造同卵双胎或同卵多胎的技术，它是扩大良种胚胎来源的一条重要途径，其理论依据是早期胚胎的每一个卵裂球都具有独立发育成个体的全能性。胚胎分割有两种方法：一种是对 2～16 细胞期胚胎，用显微操作仪上的玻璃针或刀片将每个、两个或 4 个卵裂球为一组进行分割，分别放入一个空透明带内，然后移植；另一种是用上述相同的方法将桑葚胚或早期囊胚一分为二、为四、为八，将每块细胞团移入一个空透明带内，然后移植。

目前，已得到了牛、绵羊、山羊、猪、兔等通过胚胎分割而产生的同卵双生后代；在家兔、猪、牛、绵羊和马上成功获得四分胚后代；在家兔、绵羊和猪上也相继获得八分胚后代。

五、胚胎嵌合

胚胎嵌合就是通过显微操作，使两枚或两枚以上胚胎融合成为一枚复合胚胎。由此而发育成的个体称为嵌合体。胚胎嵌合不但对品种改良和新品种培育有重大意义，而且为不同品种间的杂交改良开辟了新渠道。此外，对水貂、狐狸等毛皮动物，可以利用胚胎嵌合获得用交配或杂交法不能获得的毛皮花色类型，以成倍提高毛皮产品的商品价值。

胚胎嵌合的方法主要有分裂球融合法和内细胞团注入法，前者是将 2 个以上胚胎的卵裂球相互融合，形成一个胚胎；后者是把一个胚胎的内细胞团注入另一个胚胎的囊胚腔内，使其与原来的内细胞团融合在一起。

目前，已获得鼠、兔、绵羊、山羊、猪、牛等种内嵌合体，以及大鼠－小鼠、绵羊－山羊、牛－水牛和鹌鹑－鸡的种或属间嵌合体。但嵌合体动物的表型性状仅限于一代，不能传递给后代。

六、细胞核移植（克隆）

所谓细胞核移植技术，就是将供体细胞核移入去核的卵母细胞中，使后者不经过精子穿透等有性过程即无性繁殖就被激活、分裂并发育成新的个体，并使得核供体的基因得到完全复制。1997 年，苏格兰 Roslin 研究所的科学家利用成年母羊的乳腺细胞成功地"复制"出一只名叫"多莉"的小绵羊，这一划时代的科技成果震动了整个世界，引起了生物学相关领域的一场革命。目前，已相继获得了小鼠、绵羊、牛、家兔、山羊和猪等胚胎克隆的后代。体细胞核移植（克隆）的动物已在绵羊、山羊、牛等获得后代。

体细胞克隆哺乳动物的成功是高新生物技术的重大突破，具有划时代里程碑的作用。然而克隆技术本身也面临挑战。一方面克隆技术与 DNA 重组技术、核能技术等相似，有对人类正常生存、发展构成危害的一面，这就需要国际社会及各国政府制定相应的法律、法规及监督机制，以杜绝其危及人类。另一方面，克隆技术是一项环节多、技术要求高的新技术，离开发应用还有一段距离，本身还面临一些亟待解决的问题，胞质对后代遗传的影响还有待进一步研究。

七、胚胎干细胞

胚胎干细胞（ESC）是早期胚胎或原始生殖细胞经体外分化抑制培养而获得的可以连续传代的发育全能性细胞系。目前，ESC 已经引起广大学者的关注，对 ESC 的研究也取得了很大进展，相继建立了小鼠（1981 年）、仓鼠（1988 年）、猪（1990 年）、水貂（1992 年）、牛（1992 年）、兔（1993 年）、绵羊（1994 年）等的 ESC 系或类 ESC 系。ESC 在功能上主要特征是具有发育全能性和多能性，以及不断增殖的能力。因 ESC 特有的生物学特性，决定了其在生物学领域有着不可估量的应用价值。进行 ESC 建系和定向分化的同时，在核移植、嵌合体、转基因动物研究方面也进行了广泛的尝试，已经充分体现出 ESC 在加快良种繁育、生产转基因动物、哺乳动物发育模型、基因和细胞治疗等方面有着广阔的应用前景。

 思考题

1. 如何做好牛的早期妊娠诊断？
2. 阐述利用 B 超诊断仪进行母猪妊娠诊断的方法。
3. 精子和卵子在受精前需完成怎样的准备工作？
4. 简述受精的过程。
5. 妊娠母畜有哪些生理变化？
6. 简述胚胎移植的基本原则和操作程序。

任务八　接产与助产

 任务描述

接产和助产工作是家畜繁殖中的一项重要工作，助产不当或没有及时助产直接关系到母仔生命的安危及产后疾病的预防。因此，生产中既要掌握母畜接产与助产的基本理论，还要能熟练进行接产与助产操作。

任务实施

一、牛的接产与助产

（一）产前的准备

1. 产房准备　产房地面铺上清洁、干燥的垫草，并保持环境安静。根据配种记录，计算母牛分娩的预产期，在预产期前的 1～2 周将待产母牛转入产房。

2. 器械及物品的准备　准备好接产用具和药品，如水盆、纱布、药棉、剪刀、助产绳及碘酒、酒精、1%煤酚皂液或 0.1%～0.2%的高锰酸钾等消毒剂，有条件的牛场最好准备一套产科器械。

3. 助产人员的准备　助产人员应具有一定的助产经验，随时观察和检查母牛的健康状况，严格遵守接产操作程序。另外，由于母牛多在夜间分娩，所以要做好夜间值班。接产前，助产人员要将手臂彻底清洗并消毒。

4. 母牛的准备　临产前的母牛，用温水清洗外阴部，并用煤酚皂液或高锰酸钾溶液彻底消毒。分娩时，让母牛左侧卧或站立，以免胎儿受瘤胃压迫产出困难。

（二）助产方法

母牛正常分娩时，一般无需人为干预，接产人员的主要任务是监视分娩状况，并护理好新生犊牛，清除犊牛呼吸道黏液，剪断脐带，擦干皮肤，及时喂初乳。只有确定母牛发生难产时再进行助产。

当胎儿头部已露出阴门外，胎膜尚未破裂时，应及时撕破，使胎儿鼻端露出，以防胎儿窒息。出现倒生时，应迅速拉出胎儿，免得胎儿腹部进入产道后，脐带可能被压在骨盆底下，造成窒息死亡。如果破水过早，产道干滞，可注入液体石蜡进行润滑。胎儿头部通过阴门时，切忌快拉，以免发生阴道破裂或子宫外脱。如果母牛体弱，阵缩、努责无力，可用助产绳系住胎儿两前肢，趁母牛努责时顺势缓慢拉出胎儿。当母牛站立分娩时，应双手接住胎儿，以免摔伤。

（三）难产救助方法

当发现难产时，要及时、果断地进行协助。母牛难产时，先注入润滑剂或肥皂水，再将胎儿顺势推回子宫，胎位校正后，再顺其努责轻轻拉出，严防粗暴硬拉。对于阵缩、努责微弱或子宫颈狭窄的牛，可注射雌激素和催产素，刺激子宫收缩和宫颈开张。对于胎儿过大或难以矫正、无法助产的牛，要及时进行剖宫产。

（四）新生犊牛护理

1. 清除黏液　犊牛刚出生后，立即清除口腔、鼻腔周围的黏液，尽快擦干犊牛身体上的黏液，以防受凉。

2. 断脐消毒　脐带未断裂时，用消毒剪刀距腹部 6～8cm 处剪断。捏住脐带基部，捋去血水，断端用 5％碘酒消毒，一般不结扎，以利于干燥愈合。

3. 尽早喂初乳　饲喂初乳时间越早越好，一般在产后 0.5h 内，最长不能超过 1h。一般建议即挤即喂，使用奶壶饲喂或导管灌服。初乳饲喂量为犊牛体重的 8％～10％，大型牧场为便于操作一般统一灌服 4L。

4. 做好记录工作　记录是牛场管理的重点，从新生犊牛开始就要做好相关记录，如犊牛耳号、出生日期、体重、母牛的胎次、产犊难易程度等相关信息。

（五）产后母牛的护理

（1）产后要供给母牛足够的水和麸皮汤或益母草红糖水等，有利于胎衣的排出和子宫的复原。

（2）产后 1～2d 的母牛还应继续饮用温水，饲喂质量好、易消化的饲料，投料不宜过多，尤其不宜突然增加精料量，以免引起消化道疾病，一般 5～6d 后可以逐渐恢复正常饲养。

（3）对产后母牛的乳房、外阴部和臀部进行清洗消毒，勤换清洁的垫草。

二、羊的接产与助产

（一）产前的准备

1. 产房准备　产前 3～5d 对产房、运动场、饲槽、分娩栏等清扫干净，并用 3％～5％

碱水或 $10\%\sim20\%$ 的石灰乳溶液进行彻底消毒，保证地面干燥、空气新鲜、光线充足、防寒保暖（舍温不低于 $10℃$）。为了让分娩母羊熟悉产房环境，在临产前 $2\sim3d$ 就应将其圈入产房，确定专人管理，随时观察、发现。

2. 接产人员的准备 接产人员应具有丰富的接羔经验，熟悉母羊的分娩规律，严格遵守操作规程。接羔是一项繁重而又细致的工作，为确保接产工作的顺利进行，除专门接产人员以外，还必须配备一定数量的辅助人员。接产前，接产人员的手臂应清洗消毒。

3. 用具及器械的准备 肥皂、毛巾、药棉、纱布、听诊器、细绳、剪刀、镊子、常用产科器械及必需药品，如酒精、碘酒、新洁尔灭、缩宫素、抗生素等。

（二）助产方法

母羊正常分娩时，一般不予干扰，最好让其自行分娩，一般在胎膜破裂、羊水流出后几分钟至 $30min$，羔羊即可产出。正常分娩时，羔羊两前肢夹头先产出，其余随后产下（图 8-8-1）。产双羔时，先后间隔 $5\sim30min$，但也偶有长达数小时以上的。因此，当母羊产出第一羔后，用手掌在母羊腹部前侧适力颠举，如果可感触到光滑的羔体，说明分娩还未结束。当母羊产道较为狭窄或体乏无力时，需要人工助产。其操作方法是：人在母羊体躯后侧，用膝盖轻压其欣部，等羔羊前端露出后，用手推动母羊会阴部，待羔羊头部露出后，然后一手托住头部一手握住前肢，随母羊努责向后下方拉出胎儿。

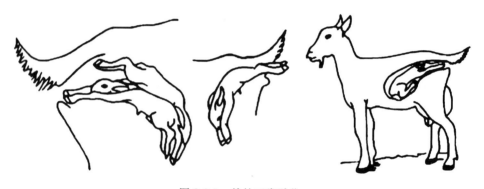

图 8-8-1 羊的正常胎位

（三）难产救助方法

少数母羊因胎儿过大或胎儿产势异常时，胎儿肢体显露后超过 $2\sim3h$ 仍未产出母体外，即可作为难产处理。胎儿过大，应把胎儿的两前肢拉出来再送进产道去，反复三四次扩大阴门后，配合母羊阵缩补加外力牵引，帮助胎儿产出。胎位、胎向不正，接羔人员应配合母羊阵缩间歇时，用手将胎儿轻轻推回腹腔，手也随着伸进阴道，用中指、食指矫正异常的胎位、胎向，并协助将胎儿拉出。因子宫阵缩及努责微弱引起的产力性难产，可肌肉或静脉注射适量催产素。因阴道、阴门狭窄和子宫肿瘤等引起的产道性难产，可在阴门两侧上方将阴唇剪开 $1\sim2cm$，将阴门翻起同时压迫尾根基部，以使胎头产出而解除难产；如果母羊的子宫颈过于狭窄或不能扩张，应施行剖宫产手术。

（四）新生羔羊护理

1. 清除黏液 羔羊出生后，用手先把其口腔、鼻腔里的黏液掏出擦净，以免因呼吸困难、吞食羊水而引起窒息或异物性肺炎。其余部位的黏液让母羊舔干，有利于母羊认羔。

2. 断脐　羔羊出生后脐带可自行断裂，或在脐带停止波动后距腹部 4～6cm 处用手拧断，断端用 3%～5% 碘酒消毒。

3. 假死羔羊处理　有些羔羊生下后不呼吸或呼吸微弱，但心脏仍有跳动，这种现象称为假死。假死羔羊的抢救方法：①首先清除呼吸道内的黏液或羊水，然后用酒精棉球或微量碘酒滴入羔羊鼻孔以刺激羔羊呼吸，或向羔羊鼻孔吹气、喷烟使其苏醒；②将羔羊两后肢提起悬空并轻轻拍打其背、胸部；③将假死羔羊放平，两手有节律地推压胸部两侧。

4. 做好记录　将羔羊编号，育种羔羊称量出生重，按栏目要求填写羔羊出生登记表。

（五）产后母羊的护理

注意观察胎衣排出，羊的胎衣通常在分娩后 2～4h 内排出。产羔母羊要保暖防潮，产后 1h 左右，给母羊饮水，一般为 1.0～1.5L，水温 25～30℃，忌饮冷水，可加少许食盐、红糖和麦麸。剪去母羊乳房周围的长毛，用温热的湿毛巾擦洗乳房，并挤掉少量乳汁，帮助羔羊吃上初乳。

三、猪的接产与助产

（一）产前的准备

1. 产房的准备　分娩前 5～7d 准备好产房，产房要求温暖干燥、清洁卫生、舒适安静、阳光充足、空气清新，并用 2%～5% 的来苏儿或 2%～3% 的氢氧化钠水喷雾消毒。产前 1 周将母猪转移到产房中。

2. 接产用具的准备　接产时应准备好下列用具：产仔哺育记录卡、手术剪刀、毛巾、碘酊、高锰酸钾、结扎线、耳号钳、断齿钳等。

（二）助产方法

仔猪产出后，立即用清洁毛巾擦去口鼻中的黏液，然后再擦干全身。个别仔猪在出生后胎衣仍未破裂，接产人员应马上用手撕破胎衣，以免仔猪窒息而死。仔猪产出后，多数脐带自行扯断，但往往脐带太长，不利于仔猪活动，因此应及时人工断脐。断脐时，先将脐带内的血液挤向仔猪腹部，在距腹部 3～5cm 处掐断，断端涂 5% 碘酊消毒。如果断脐后流血，可用手指捏住断端 3～5min，即可压迫止血。仔猪断脐后，立即进行称重、编号、剪齿、断尾等，并做好记录。

（三）难产救助方法

母猪一般不发生难产，如果出现反复阵痛、努责、呼吸和心跳加快等症状即为难产。发现母猪难产时，应马上进行助产，常用"推、拉、注、掏、剖"5 字助产技术。

1. 推　如仔猪胎位不正，可采取"推"的办法。接产者用双手托住母猪后腹部，随母猪努责时向臀部方向用力推，但不可硬压，调整好胎位后再行助产。

2. 拉　看见仔猪的头或腿部时出时进，只要胎位正，就可以拉出仔猪。

3. 注　如母猪分娩过程中出现产力不足，可肌内注射催产素 10～20IU，20～30min 起效。

4. 掏　产不出仔猪，需要掏出。饲养员剪短、磨光指甲，手和手臂先用肥皂水洗净，再用 75% 酒精消毒，然后涂以清洁的润滑剂，并将母猪外阴部也清洗消毒，趁母猪努责间歇时，将手指合拢成圆锥形伸入母猪产道，摸到仔猪的适当部位，将仔猪慢慢拉出。如果有两头仔猪同时挤在一起，先往腹部送回一头，抓住另一头随母猪努责拉出，掏出一头仔猪后，如转为正产，就不再继续掏了。掏完后，用手把 40 万 IU 的青霉素抹入阴道内，以防阴道炎。

5. 剖　上述方法采取后仔猪还生不出来，就应做剖宫产术。

（四）新生仔猪护理

1. 注意观察脐带　脐带断端一般于生后 1 周左右干缩脱落。此期注意观察，勿使仔猪间互相舐吮防止感染发炎，如脐血管或脐尿管闭缩不全，应进行结扎处理。

2. 保温　初生仔猪皮薄毛稀，皮下脂肪少，体温调节能力差，对极端温度反应敏感。尤其在冬季，应密切注意防寒保温，确保产房温度适宜。

3. 早吃初乳，吃足初乳　仔猪全部出生并处理后，让仔猪尽快吃初乳。吃奶前母猪乳头用 0.1% 高锰酸钾擦洗消毒，然后将体重轻的仔猪放在母猪前面的乳头吃奶，全窝仔猪应固定乳头吃奶。

4. 假死仔猪急救　个别仔猪产出后不呼吸，但心脏仍在跳动，手指轻压脐带根部可摸到脉搏。急救方法如下：①先除去口腔、鼻腔内的黏液，然后两手反复伸屈仔猪的两前肢和后肢，直到有呼吸为止。②向假死仔猪鼻内或嘴内用力吹气，促其呼吸。③用左手提起仔猪两后腿，头向下，再用右手拍胸敲背，可救活仔猪。也可以用酒精、碘酊、氨水等涂在仔猪鼻端，刺激鼻腔黏膜恢复呼吸。

（五）产后母猪的护理

产后 2~3d 内，喂料不宜过多，应用易消化的饲料调成粥状饲喂，喂量逐渐增加，经 5~7d 后可按哺乳母猪的标准饲喂。母猪分娩后及时清洗消毒其乳房和外阴部，保持产房的清洁卫生。同时应保持产房安静，让母猪有充分的休息时间。

背景知识

分娩是指雌性动物经过一定的妊娠期以后，胎儿在母体内发育成熟，母体将胎儿及其附属物从子宫内排出体外的生理过程。

一、分泌机理

1. 母体激素的变化　临近分娩时，母体内孕激素分泌下降或消失，雌激素、前列腺素（$PGF_{2\alpha}$）、催产素分泌增加，同时卵巢及胎盘分泌的松弛素促使产道松弛，母体在这些激素的共同作用下发生了分娩，这是导致分娩的内分泌因素。

2. 机械刺激和神经反射　妊娠末期，由于胎儿生长很快，胎水增多，胎儿运动的增强，使子宫不断扩张，承受的压力逐渐升高，当子宫的压力与子宫肌高度伸张状态达到一定程度时，便可引起神经反射性子宫收缩和子宫颈的舒张，从而导致分娩。

3. 胎儿因素　胎儿发育成熟后，胎儿脑垂体分泌促肾上腺皮质激素，从而促使胎儿肾上腺分泌肾上腺皮质激素。胎儿肾上腺皮质激素引起胎盘分泌大量雌激素及母体子宫分泌大量前列腺素，并使孕激素下降。雌激素使子宫肌对各种刺激更加敏感，而且还能促使母牛本身释放催产素。所以在母体的催产素与前列腺素的协同作用下，激发子宫收缩，并导致胎儿娩出。

4. 免疫学机理　妊娠后期，胎盘发生脂肪变性，胎盘屏障受到破坏，胎儿和母体之间的联系中断，胎儿被母体免疫系统识别为"异物"而排出体外。

二、分娩预兆

母畜在分娩前，在生理和形态上都会发生一系列变化，通常将这些变化称为分娩预兆。如阴唇松软、肿胀，阴道黏膜潮红；乳房膨大，乳头变粗，个别有漏乳现象；尾根两侧下陷，只能摸到一堆松软组织，即"塌窝"现象；食欲不振、精神抑郁、徘徊不安和离群寻找安静地（散养情况下）等现象。猪在临产前 6～12h，出现衔草做窝现象。家兔有扯咬胸部被毛和衔草做窝现象。马和驴在临产前数小时，表现不安、频繁举尾、蹄踢下腹部和时常起卧及回顾腹部等。根据这些变化，可预测动物分娩的时间，以便做好产前准备，确保母仔平安。

三、分娩过程

（一）影响分娩过程的因素

1. 产力　将胎儿从子宫中排出的力量称为产力，包括阵缩和努责。阵缩是指子宫肌有节律的收缩，是分娩的主要动力。努责是指腹肌和膈肌的强有力收缩，是胎儿产出的辅助动力。

2. 产道　产道是分娩时胎儿由子宫排出体外的通道，包括软产道（子宫颈、阴道、阴道前庭和阴门）和硬产道（骨盆），产道的大小、形状和松弛度会影响分娩。

3. 胎向　指胎儿纵轴与母体纵轴的相互关系，分为纵向、竖向和横向。纵向是正常胎向，横向和竖向都属反常胎向，易发生难产。

4. 胎位　指胎儿背部与母体背部的关系，分为上位、下位和侧位。上位是正常的，下位和侧位是反常的。如果侧位倾斜不大，仍可视为正常。

5. 前置　又称先露，是指胎儿先进入产道的部位。头和前肢先进入产道为头前置（正生）；臀部和后肢先进入产道为臀前置（倒生）。

6. 胎势　指胎儿在母体内的姿势，一般分为伸展或屈曲的姿势。正常的胎势为头纵向、上位、胎儿前肢抱头、后肢踢腹。

一般母畜分娩时，胎儿多是纵向，头部前置，马占 98%～99%，牛约占 95%，羊 70%、猪 54%。牛、羊双胎时多为一个正生，一个倒生，猪往往是正倒交替产出。正常分娩的胎位、胎势变化如图 8-8-2 所示。

（二）分娩过程

分娩过程是从子宫肌和腹肌出现阵缩开始，至胎儿及其附属物排出为止。分娩是有机联系的完整过程，分为开口期、胎儿产出期和胎衣排出期 3 个阶段。

1. 开口期　从子宫出现阵缩开始，至子宫颈口完全开张为止。这一期只有阵缩而无努责。初产母畜表现不安，时起时卧，徘徊运动，频频举尾，常做排尿姿势。但经产母畜一般比较安静，无明显表现。

2. 胎儿产出期　从子宫颈口完全开张至排出胎儿为止，阵缩和努责共同作用，而努责是排出胎儿的主要力量。此期母畜表现为极度不安、痛苦难忍、起卧频繁、前蹄刨地、后肢踢腹、回顾腹部、弓背努责、嗳气等。

牛的产出期约为 6h，也有长达 12h 的；马、驴产出期约为 12h，有的长达 24h；猪 3～4h；绵羊 4～5h；山羊 6～7h。

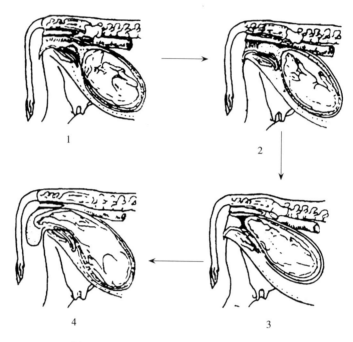

图 8-8-2　正常分娩的胎位、胎势变化示意
1. 纵向下位　2. 头、前肢后伸　3. 纵向侧位　4. 纵向上位

3. 胎衣排出期　从胎儿排出后到胎衣完全排出为止。胎儿排出后，母畜即安静下来，在子宫继续阵缩及轻度努责下使胎衣排出体外。

四、难　产

（一）难产分类

在分娩过程中，如果母畜产程过长或胎儿排不出体外称难产。由于发生的原因不同，可将难产分为产力性难产、产道性难产和胎儿性难产 3 种。①产力性难产：阵缩和努责微弱引起的难产；②产道性难产：子宫捻转，子宫颈、阴道及骨盆狭窄、产道肿瘤等引起的难产；③胎儿性难产：胎儿过大，胎位、胎向和胎势不正等引起的难产。在上述 3 种难产中，以胎儿性难产最为多见，在牛的难产中约占 75%，在马、驴的难产中可达 80%。

（二）难产的救助原则

（1）助产时，尽量避免产道感染和损伤，注意器械的消毒和规范使用。

（2）母畜横卧分娩时，尽量使胎儿的异常部分向上，便于操作。

（3）为了便于推回或拉出胎儿，尤其是产道干涩时，应向产道内灌注肥皂水或液体石蜡润滑剂。

（4）矫正胎儿反常姿势时，应尽量将胎儿推回子宫内，因为产道的容积较小，不方便操作，要掌握好推回的时机，尽量选择在阵缩的间歇期进行。矫正困难时可实行剖宫产术或截胎术。

（5）拉出胎儿时，应随着母牛的努责而用力。另外，在拉出胎儿时，要注意保护会阴，防止会阴被撕裂。

（三）难产的预防

难产虽不是常见的疾病，但极易引起仔畜死亡，如果处理不当，会使子宫和软产道受到损伤或感染，轻者影响生育，重者危及生命。因此积极预防难产，对家畜的繁殖具有重要的意义。

（1）切忌母畜配种过早，若母畜尚未发育成熟，分娩时容易因骨盆狭窄造成难产。

（2）妊娠期间，要对母畜合理饲养，给予完善的营养，以保证胎儿发育和母畜健康，减少难产发生的可能性。怀孕末期，要适当减少蛋白质饲料，以免胎儿过大。

（3）安排适当的使役和运动，可提高母畜对营养物质的利用，使全身及子宫肌的紧张性提高，有利于分娩时胎儿的转位，防止胎衣不下及子宫复位不全等。

（4）做好临产检查，对分娩正常与否做出早期诊断。

思考题

1. 母畜正常分娩时怎样进行助产？
2. 难产类型有哪几种？应如何救助？
3. 如何对产后母畜和新生仔畜进行护理？

任务九　繁殖生产管理

任务描述

在畜牧生产过程中，畜禽的繁殖力直接影响生产水平和经济效益。畜禽的繁殖力除受生态环境、营养、繁殖方法及技术水平等因素的影响外，个体本身的生理状况也起着重要作用。科学的饲养管理、正确的发情鉴定和适时输精、繁殖新技术的推广应用、繁殖障碍的防治等是保证和提高畜禽繁殖力的重要技术措施。

任务实施

一、繁殖指标统计方法

（一）家畜繁殖指标的统计

1. 受配率　指本年度内参加配种的母畜数占畜群内适繁母畜数（不包括因妊娠、哺乳及各种卵巢疾病等原因造成空怀的母畜）的百分比，主要反映畜群内适繁母畜发情配种的情况。

$$受配率 = \frac{配种母畜数}{适繁母畜数} \times 100\%$$

2. 受胎率　指妊娠母畜数占参加配种母畜数的百分率。在受胎率统计中又分为总受胎率、情期受胎率、第一情期受胎率和不返情率。

（1）总受胎率。指本年度末受胎母畜数占本年度内参加配种母畜数的百分比。其大小主要反映畜群质量和全年配种技术水平的高低。

$$总胎率 = \frac{本年度末受胎母畜数}{本年度内参加配种母畜数} \times 100\%$$

（2）情期受胎率。指受胎母畜数占配种情期数的百分比。

$$情期受胎率 = \frac{受胎母畜数}{配种情期数} \times 100\%$$

（3）不返情率。指配种后一定时间内（如30d、60d、90d等）未出现发情的母畜数占参加配种母畜数的百分比。30~60d 的不返情率，一般大于实际受胎率 7% 左右。随着配种时间的延长，不返情率逐渐接近于实际受胎率。

$$x \text{ 天不返情率} = \frac{配种后 x 天未返情母畜数}{配种母畜数} \times 100\%$$

3. 分娩率 指本年度内分娩母畜数占妊娠母畜数的百分比。其大小反映母畜妊娠质量的高低和保胎效果。

$$分娩率 = \frac{分娩母畜数}{妊娠母畜数} \times 100\%$$

4. 产仔率 指母畜的产仔（包括死胎）数占分娩母畜数的百分比。

$$产仔率 = \frac{产出仔畜数}{分娩母畜数} \times 100\%$$

单胎动物如牛、马、驴等，产仔率一般不会超过 100%，生产上多使用分娩率，而不用产仔率。多胎动物如猪、山羊、兔等，产仔率均会超过 100%，生产上应同时使用分娩率和产仔率这两个指标。

5. 仔畜成活率 指本年度内断奶成活的仔畜数占本年度产出活仔畜数的百分比。其大小反映仔畜的培育情况。

$$仔畜成活率 = \frac{成活仔畜数}{产出活仔畜数} \times 100\%$$

6. 繁殖率 畜群繁殖率是指本年度内出生的仔畜数占上年度末存栏适繁母畜数的百分比。

$$繁殖率 = \frac{本年度出生仔畜数}{上年度末适繁母畜数} \times 100\%$$

（二）家禽繁殖指标的统计

1. 产蛋量 指某群家禽一年内平均产蛋的枚数。

$$全年平均产蛋量（枚） = \frac{全年产蛋总数}{总饲养日/365} \times 100\%$$

2. 受精率 种蛋孵化后，经第一次照蛋确定的受精蛋数占入孵蛋数的百分比。

$$受精率 = \frac{受精蛋数}{入孵蛋数} \times 100\%$$

3. 孵化率 可分为受精蛋的孵化率和入孵蛋的孵化率两种，分别指出雏数占受精蛋数和入孵蛋数的百分比。

$$受精蛋孵化率 = \frac{出雏数}{受精蛋数} \times 100\%$$

$$入孵蛋孵化率 = \frac{出雏数}{入孵蛋数} \times 100\%$$

4. 育雏率 指育雏期末成活雏禽数占入舍雏禽数的百分比。

$$育雏率 = \frac{育雏期末成活雏禽数}{入舍雏禽数} \times 100\%$$

二、繁殖障碍的诊断与治疗

(一) 子宫内膜炎

1. 症状及诊断　子宫内膜炎在各种家畜中均有发生，以牛、猪、马为多见，根据临床症状及病理变化可分为卡他性子宫内膜炎和脓性子宫内膜炎。人工授精操作不规范、助产或难产受到感染、胎衣不下等均可引起子宫内膜炎。

卡他性子宫内膜炎：属子宫黏膜的浅层炎症，病理变化较轻，一般无全身症状。母畜发情持续期延长，发情表现较明显，黏液流出量多且混有絮状物，屡配不孕。直肠检查感到子宫角略肥大，松软、弹性减弱、收缩反应不敏感。

脓性子宫内膜炎：病理变化较深，有轻度的全身反应，如体温升高、精神不振、食欲减退等。发情周期紊乱，阴门流出灰白色、黄褐色的脓性分泌物。直肠检查感觉子宫角肿大、下沉，角壁肥厚且不平整，触压有波动感，收缩反应消失。

2. 治疗　临床上治疗子宫内膜炎多采用子宫冲洗结合灌注抗生素的方法。卡他性子宫内膜炎：可用无刺激药物即生理盐水、5％的葡萄糖溶液冲洗子宫，一般用量牛约为1 000 mL，马为1 500～2 000mL，加热至40℃边注入边排出，待冲洗液充分排净后，向子宫注入抗生素。脓性子宫内膜炎：一般选用5％盐水、0.1％的高锰酸钾、0.5％来苏儿等药物冲洗子宫，药液排尽后再用生理盐水冲洗，直至回流液清亮，取青霉素100万IU，链霉素200万 U溶解后灌入子宫内。也可在子宫内放置复方制剂如宫炎康、宫炎消、洁尔阴等。

(二) 子宫积水、积脓

1. 症状及诊断　子宫颈黏膜肿胀或其他原因使子宫颈阻塞或闭合，子宫内的分泌物不能排出，引发子宫积水或子宫积脓，牛较多见。患畜长期不发情，子宫颈外口脓肿、有分泌物附着或流出。直肠检查发现子宫显著增大，与妊娠2～3个月的状态相似，收缩反应消失，但摸不到子叶。

2. 治疗　注射前列腺素、催产素、雌激素等药物刺激子宫收缩，促进子宫内蓄积物的排出。

(三) 卵巢机能障碍的治疗

1. 加强饲养管理　多喂一些富含矿物质和维生素的饲料，注意饲料的搭配。对适繁母畜特别是孕畜合理使役，每天安排一定的运动时间。

2. 物理疗法

(1) 子宫热浴。可用生理盐水或1％～2％的碳酸氢钠溶液，加温至40～45℃向子宫内灌注，停留10～20min后排出。对卵巢发育不全、萎缩及硬化较适用。

(2) 卵巢按摩。适用于牛、马等大家畜。将手伸入直肠内，隔直肠壁按摩卵巢，每次持续3～5min。

(3) 激光治疗。应用氦氖激光治疗仪进行穴位照射。通常照射地户穴和交巢穴，根据治疗仪的功率及型号调整光斑直径和照射距离，每次10～30min，每天一次，连续7～10次为一疗程。对卵巢发育不全、卵巢囊肿效果较好。

3. 激素疗法　应用外源激素调整和恢复卵巢的机能，促进卵泡正常发育、排卵。卵巢发育不全、萎缩或硬化，可用促卵泡素、促黄体素等进行治疗，如成牛可一次肌内注射促卵泡素200～400IU、促黄体素200IU。持久黄体和黄体囊肿，首选前列腺素 $PGF_{2\alpha}$ 及其类似物。卵泡囊肿可用促黄体素、人绒毛膜促性腺激素肌内注射。

三、繁殖生产管理措施

1. 加强选种选育，选择繁殖力高的公、母畜（禽）留作种用 繁殖力受遗传因素影响很大，不同品种和不同个体的繁殖性能也有差异，尤其是种公畜（禽），其品质对后代群体的影响更大。因此，每年要做好畜禽群的更新，对老、弱、病、残的母畜（禽）应有计划地淘汰。选择种公畜（禽）时，应参考其祖先的繁殖性能，然后对其本身的生殖系统，如睾丸发育、性反射能力以及精液品质等进行检查。选择种母畜（禽）时，应注意性成熟的迟早、发情排卵的情况以及受精能力的大小。

2. 科学的饲养管理 加强饲养管理是保证种畜（禽）正常繁殖机能的物质基础。营养缺乏会使母畜（禽）瘦弱，内分泌活动受到影响，性腺机能减退，生殖机能紊乱，母畜（禽）常出现不发情、安静发情、发情不排卵、多胎动物排卵少、产仔数减少等现象；种公畜（禽）表现精液品质差、性欲下降等。缺乏运动或营养过度，易造成体内脂肪堆积，种用价值下降，繁殖力降低。

3. 保证优良的精液品质 品质优良的精液是保证获得理想繁殖力的重要条件。因此，首先饲养好公畜（禽），保证全价营养，同时还必须合理利用，配种不宜过频，加强公畜（禽）运动，定期检查精液品质。

4. 做好发情鉴定和适时配种 发情鉴定是掌握适时配种的前提，是提高繁殖力的重要环节。各种母畜（禽）发情各有特点，应根据不同母畜（禽）发情的外部表现、黏液分泌情况、卵巢上卵泡发育情况等进行综合判定，确定最佳的输精时间。

5. 遵守操作规程，推广繁殖新技术 严格遵守畜禽人工授精、冷冻精液的操作规范、充分运用发情控制和胚胎移植等繁殖新技术，挖掘畜禽的繁殖潜力。

6. 推广早期妊娠诊断技术、减少胚胎死亡和防止流产 配种后，如能尽早进行妊娠诊断，对于保胎、减少空怀、增加畜产品和提高繁殖率是很重要的。经过妊娠检查，确定已妊娠时，要加强饲养管理，避免流产。如果没有妊娠而又不发情，应根据具体情况及早进行治疗。

7. 消除畜禽的繁殖障碍 在人工授精工作中，要严格遵守操作规程，对产后母畜（禽）做好术后处理，加强饲养管理，尽量减少不孕症的出现。确认家畜患不孕症后，要认真分析不育的原因，并采取相应的措施，及时调整或治疗，使其尽快恢复繁殖力。对于遗传性、永久性和衰老性不育的畜禽应尽早淘汰。对于营养性和利用性不育，应通过改善饲养管理和合理利用加以克服。对于传染性疾病引起的不育，应加强防疫及时隔离和淘汰。

8. 做好繁殖组织和管理工作 提高繁殖力不单纯是技术问题，必须有严密的组织措施相配合。这就要求建立一支有事业心的技术队伍，定期培训、及时交流经验，做好各种繁殖记录。

📖▶ **背景知识**

一、繁 殖 力

繁殖力是指畜禽维持正常生殖机能、繁衍后代的能力，是评定种用畜禽生产力的主要指标。公畜（禽）的繁殖力主要表现在性成熟早晚、性欲强弱及精液品质等，母畜（禽）的繁殖力体现在性成熟早晚、发情排卵情况，以及配种受胎、泌乳和哺乳等生殖活动的机能。

1. 牛的正常繁殖力指标 由于不同地区的饲养管理条件、繁殖管理水平和环境气候差异等原因，繁殖力会有很大差异。我国奶牛的繁殖水平，一般成年母牛的情期受胎率为 $40\%\sim60\%$，年总受胎率 $75\%\sim95\%$，分娩率 $93\%\sim97\%$，年繁殖率 $70\%\sim90\%$，母牛产犊间隔为 $13\sim14$ 个月，双胎率为 $3\%\sim4\%$，繁殖年限一般为 $8\sim10$ 年。

2. 猪的正常繁殖力指标 猪的繁殖力很高，中国猪种一般产仔 $10\sim12$ 头，太湖猪平均 $14\sim17$ 头，个别可以产 25 头以上，年平均产仔窝数为 $1.8\sim2.2$ 窝。母猪正常情期受胎率为 $75\%\sim80\%$，总受胎率为 $85\%\sim95\%$，繁殖年限 $8\sim10$ 年。

3. 羊的正常繁殖力指标 在饲养条件较好的地区，绵羊多产双胎、多胎或者更多，其中湖羊繁殖率最强，其次为小尾寒羊，平均每胎产羔 2 只以上，最多可达 $7\sim8$ 只，2 年可产 3 胎或年产 2 胎。山羊多为双羔和三羔。羊的受胎率均在 90% 以上，情期受胎率为 70%，繁殖年限为 $8\sim10$ 年。

4. 家禽的正常繁殖力指标 家禽的繁殖力一般以产蛋量和孵化成活率来表示，因品种不同差异较大。蛋用鸡的产蛋量最高，一般为 $250\sim300$ 枚；肉用鸡的产蛋量最低，一般为 $150\sim180$ 枚。蛋用鸭产蛋量为 $200\sim250$ 枚，肉用鸭为 $100\sim150$ 枚，鹅为 $30\sim90$ 枚。

蛋的受精率一般在 90% 以上，受精蛋孵化率在 80% 以上，入孵蛋孵化率在 65% 以上，育雏率一般达到 $80\%\sim90\%$。

二、繁殖障碍

（一）雌性动物的繁殖障碍

1. 先天性不育

（1）生殖器官幼稚。母畜（禽）达到初情期后，一直无发情表现，有时虽出现发情，但屡配不孕。生殖器官幼稚主要表现在子宫角纤细，阴道和阴门狭小，卵巢发育不良。

（2）雌雄间性。分为真雌雄间性和假雌雄间性。真雌雄间性是同时具有两种性腺（卵巢和睾丸），常见于猪、牛和山羊。假雌雄间性性腺可能是卵巢或睾丸，而外生殖器官则属另一性别。雌雄间性的动物不能繁殖后代。

（3）异性孪生。异性孪生不育主要发生于牛。母牛产异性双胎时，其中的母犊约有 94% 不育，公犊正常。异性孪生的母犊性成熟后，仍无发情表现，阴门狭小，阴道短，阴蒂长，子宫发育不良或畸形，子宫角如细绳，卵巢如黄豆粒或玉米粒大小。貌似公牛，乳房几乎不发育。

（4）种间杂交的后代。一些亲缘关系较近的种间杂交虽能产生后代，但由于生物学上的某种缺陷或遗传因素，多无繁殖能力。如马和驴的杂交后代为骡，虽有生育的报道，但为数极少。

2. 营养性不育 由于饲养管理不当，引起雌性动物营养缺乏或过剩，出现繁殖障碍。营养性繁殖障碍生产中较为常见，程度有所不同，容易被忽视。日粮能量水平不足，可使泌乳牛及断奶后的母猪卵巢出现静止而不发情。蛋白质不足，母畜（禽）瘦弱，可表现不发情，卵泡发育停止。矿物质和维生素不足可引起不发情或发育受阻。饲料营养过剩，会引起母畜（禽）肥胖，影响卵子的发生及排出，致使卵巢静止。另外，过度肥胖还会引起妊娠母畜（禽）胎盘变性，流产率、死胎率、难产率等明显增加。

3. 环境气候性不育 环境气候对季节性繁殖的动物影响较为显著，如母马在早春和炎热季节卵泡发育较迟缓。高寒及高原地区在气温较低的月份，牛、猪安静发情较多见。

4. 管理利用性不育 母畜（禽）妊娠期间过度使役，可造成生殖机能减退，容易诱发流产及产道感染。运动不足会影响畜禽健康，发情症状不明显，分娩时易发生难产，造成胎衣不下、子宫不能复原等现象。另外，在人工授精工作实施中，技术员的技术水平低、不能适时输精、精液品质差、消毒不严格等，都会引起母畜（禽）的繁殖障碍。

5. 卵巢机能性不育

（1）卵巢发育不全、萎缩硬化。卵巢发育不全是指卵巢由于营养、激素等原因发育异常，导致母畜生殖器官发育不良，不能正常发情、排卵和受胎。如果卵巢机能衰退久而不能恢复，即可引起卵巢组织的萎缩、硬化。母畜（禽）卵巢萎缩硬化后，不能形成卵泡，出现不育。

（2）持久黄体。持久黄体是指母畜（禽）发情或分娩后，卵巢上黄体长期不消失。母畜（禽）饲养管理不当、饲料单一、缺乏矿物质和维生素、长期舍饲、运动不足、体内激素分泌失调等，均可引起持久黄体。母畜（禽）患持久黄体时，表现为长期不发情，阴道黏膜苍白、干涩，子宫颈关闭。直肠检查感到一侧或双侧卵巢上有黄体略突出于卵巢表面，呈蘑菇状，触摸粗糙而坚硬。

（3）卵巢囊肿。卵巢囊肿可分为卵泡囊肿和黄体囊肿两类，在牛、马、猪中较多见。母牛卵泡囊肿时，表现为长期发情，出现"慕雄狂"。病牛精神极度不安，大声咆哮，食欲明显减退或废绝，爬跨或追逐其他母牛。病程长时，母牛明显消瘦，体力严重下降，常在尾根与肛门之间出现明显塌陷，久而不治可衰竭致死。直肠检查时可感到母牛卵巢明显增大，囊肿直径达 3~5cm，如乒乓球大小。黄体囊肿较卵泡囊肿少见，雌性动物黄体囊肿时，一般是缺乏性欲，长期不发情。

6. 生殖道疾病性不育 在母畜（禽）繁殖障碍中，以生殖器官疾病所占比例最大，常见的主要有子宫内膜炎和子宫积水、积脓等。

（二）雄性动物的繁殖障碍

1. 生精机能障碍

（1）隐睾。在胚胎发育的一定时期，由于腹股沟管狭窄或闭合，睾丸未能沉入阴囊，即形成隐睾。单侧隐睾尚有一定的生育能力，双侧隐睾则完全丧失了繁殖力。凡隐睾的公畜都不能作为种用。

（2）睾丸炎。睾丸炎是由布鲁氏菌、结核杆菌及放线菌等感染所致，还可能因外伤等引起。公畜患睾丸炎后常表现为睾丸肿胀、发热或充血，影响精子生成，精液品质下降，严重时会出现生精障碍。

2. 副性腺机能障碍 公畜常患精囊腺炎，多由布鲁氏菌感染所致。病症较轻时，临床表现不明显，重症者出现发热、弓背、不爱走动，排粪或排精时有痛感。牛患精囊腺炎时，精液中混有絮状物，常伴有出血现象。

3. 性欲不强 性欲不强是雄性动物常见的繁殖障碍，表现为性欲不旺盛、性反应冷淡等。实践证明，环境的突然改变、采精技术不佳、过于肥胖等，都会引起性欲不强。

4. 精液品质不良　精液品质不良，主要表现为无精、少精、畸形精子超标、精子活力过低、精液中混有异物（如血、尿、脓汁）等。

思考题

1. 什么是畜禽繁殖力？评定繁殖力的指标主要有哪些？

2. 雌性动物的繁殖障碍有哪些类型？

3. 提高畜禽繁殖力应采取哪些综合措施？

参 考 文 献

陈国宏，张勤.2009.动物遗传原理与育种方法［M］.北京：中国农业出版社.

程凌.2006.养羊与羊病防治［M］.北京：中国农业出版社.

丁威.2010.动物遗传育种［M］.北京：中国农业出版社.

耿明杰.2006.畜禽繁殖与改良［M］.北京：中国农业大学出版社.

侯放亮.2005.牛繁殖与改良新技术［M］.北京：中国农业出版社.

李碧春.2008.动物遗传学［M］.北京：中国农业大学出版社.

李凤玲.2011.动物繁殖技术［M］.北京：北京师范大学出版社.

李立山.2010.养猪与猪病防治［M］.北京：中国农业出版社.

李婉涛.2011.动物遗传育种［M］.北京：中国农业大学出版社.

刘建新.2003.干草、秸秆、青贮饲料加工技术［M］.北京：中国农业科学技术出版社.

欧阳叙向.2001.动物遗传育种［M］.北京：中国农业出版社.

戚建允.2007.奶牛选种选配的工作实践［J］.河南畜牧兽医综合版，28（4）：20-21.

覃国森，洪涛.2006.养牛与牛病防治［M］.北京：中国农业出版社.

石波.2005.新型饲料添加剂开发与应用［M］.北京：化学工业出版社.

孙寿永.2008.动物模型Blup法及其应用的综述［J］.畜牧兽医杂志，27（3）：56-62.

王锋.2003.动物繁殖学［M］.北京：中国农业出版社.

王锋.2006.动物繁殖学实验教程［M］.北京：中国农业大学出版社.

王锋.2012.动物繁殖学［M］.北京：中国农业大学出版社.

王利红，张力.2012.养殖场环境控制及污物处理技术［M］.北京：中国农业出版社.

王铁岗.2009.动物遗传育种基础［M］.北京：化学工业出版社.

王玉才.2004.种畜禽鉴定工作中存在的问题及对策［J］.中国畜牧杂志，40（6）：59-60.

王玉梅.2011.畜牧场环境控制与规划［M］.北京：北京师范大学出版社.

吴健.2006.畜牧学概论［M］.北京：中国农业出版社.

徐相亭，秦豪荣，张长兴.2011.动物繁殖技术［M］.北京：中国农业出版社.

杨慧芳.2006.养禽与禽病防治［M］.北京：中国农业出版社.

杨久仙，宁金友.2005.动物营养与饲料加工［M］.北京：中国农业出版社.

杨通广，滕勇.2007.奶牛场的选种选配［J］.中国乳业（6）：60-64.

张力，杨孝列.2012.动物营养与饲料［M］.北京：中国农业大学出版社.

张响英，李彦军.2009.畜牧基础［M］.北京：化学工业出版社.

张忠诚.2004.家畜繁殖学［M］.北京：中国农业出版社.

张周.2001.家畜繁殖［M］.北京：中国农业出版社.

朱兴贵.2012.畜禽繁育技术［M］.北京：中国轻工业出版社.